Miaov.com
妙味课堂 · 出品

前端 HTML+CSS 修炼之道

视频同步 + 直播

聂常红 刘伟 著

人 民 邮 电 出 版 社
北 京

图书在版编目（CIP）数据

前端HTML+CSS修炼之道 : 视频同步+直播 / 聂常红，刘伟著. -- 北京 : 人民邮电出版社，2017.9
ISBN 978-7-115-46167-4

Ⅰ. ①前… Ⅱ. ①聂… ②刘… Ⅲ. ①超文本标记语言－程序设计②网页制作工具 Ⅳ. ①TP312②TP393.092

中国版本图书馆CIP数据核字(2017)第193417号

内容提要

本书详细讲解了 HTML 和 CSS 两大前端技术的基本理论知识、使用方法（包括许多实用技巧）以及它们的综合应用，每章都配置了大量的实用案例，图文并茂，效果直观。本书语言简洁明快、通俗易懂，不管是初学者还是具有一定基础的读者，都能从中得到很大的收获。

本书共 13 章，第 1 章主要讲解了前端开发涉及的相关概念、所需工具和软件以及 HTML 页面的基本结构；第 2~4 章主要讲解了 CSS 语法、选择器、CSS 应用到 HTML 页面的常用方式、CSS 的冲突与解决、CSS 字体属性、CSS 文本属性、CSS 背景属性、盒子模型的组成、盒子边框设置、盒子内边距以及外边距设置；第 5~10 章主要讲解了常用的文本标签、HTML5 文档结构标签、常用多媒体标签、页面元素所具有的类型以及类型之间的相互转换、使用 CSS reset 标签样式、使用<img> 标签在网页中插入图片、列表标签的应用、使用<a> 标签创建超链接、使用<base> 标签设置链接基准 URL、表格相关标签、CSS 表格属性、使用 CSS 格式化表格以及表格的综合应用、表单相关标签的使用、表单元素的 disabled 和 readonly 属性、表单新增属性、表单元素的默认样式及重置、表单美化等内容；第 11~12 章主要讲解了标准流排版、浮动排版和定位排版；第 13 章主要讲解了综合应用 HTML 和 CSS 开发一个静态网站的相关内容，包括网站前期规划、网页制作、网站建设技巧等内容。

本书为前端开发初学者而编写，也可作为各类院校及培训学校计算机及相关专业的教材，还可供从事前端开发工作的相关人员参考。

◆ 著　　　　聂常红　刘　伟
责任编辑　税梦玲
责任印制　彭志环
◆ 人民邮电出版社出版发行　　北京市丰台区成寿寺路 11 号
邮编　100164　　电子邮件　315@ptpress.com.cn
网址　http://www.ptpress.com.cn
北京盛通印刷股份有限公司印刷
◆ 开本：880×1230　1/16
印张：22.5　　　　2017 年 9 月第 1 版
字数：610 千字　　2017 年 9 月北京第 1 次印刷

定价：89.00 元

读者服务热线：(010)81055256　印装质量热线：(010)81055316
反盗版热线：(010)81055315
广告经营许可证：京东工商广登字 20170147 号

前 言

PREFACE

这是一本 Web 前端开发入门的学习书籍，它完成于我创办“妙味课堂”的七年后。在这七年间，有许多朋友都问过我同一个问题：我想学习前端开发，能不能给我推荐一本好书？每次遇到这种问题，我多少还是有些犯难的。虽然市面上好书不少，但细琢磨起来，给别人推荐一本技术类书籍，最起码需要满足两个条件：

一是自己看过以后，感觉这本书确实好；

二是这本书对学习者真得有帮助。

先说第一个条件，怎样才算是自己感觉真得好呢？无非是这种情况：自己曾经在某个阶段，被某些技术问题所困扰，就在这段迷茫期，刚好遇见一本好书，它恰到好处地解决了我的困惑，因此对这本书印象深刻、感觉很好。

第二个条件说的是你觉得好的书，如何能确保其他人也感觉好呢？为了满足这个条件，我需要去了解咨询者的学习基础，例如他学到了哪个阶段？做了哪些练习？经常遇到的困惑是什么？他的解决方案通常是什么？即便如此，阅读风格也会因人而异，有些人喜欢阅读幽默风趣比喻颇多的书籍，而有些人却不喜欢太多花里胡哨的内容，认为思路清晰、简洁明了地把问题描述清楚就行。因此，如果你完全站在对方的立场、设身处地去想这些实际问题，那么推荐一本书这种看似简单的小事，也变得困难了 。

因此，面对推荐书籍这样的问题，我的回答是这样：你想买一本真正适合自己的书，那你最好到书店里，亲自去翻翻那些书，如果遇到你看了超过 15 分钟以后还不愿撒手的书，那就果断把它买走吧！这本书应该适合当下的你。

这样的回答并不能让所有的咨询者满意，他们会执着地继续追问下去，直到我给他们推荐几本市场上卖得好的书，才十分感谢地离开。

好在这样的尴尬状况终于结束了，因为我们自己的图书即将出版！我可以非常兴奋、郑重其事地将这本书推荐给所有前端初学者，并且告诉你这本书为何适合你，因为这本书至少有以下这些特点。

第一，这本书完全根据妙味课堂的培训大纲改编而来，它既源于实战，又十分注重系统性和专业性，最关键的是：当你在学习这本书的知识点时，如果遇到技术问题，随时可以到妙味课堂的社区中去提问。妙味课堂是资深的前端开发培训机构，妙味的讲师们每天都在回答众多初学者的各类技术困惑，因此，我们极有把握在你简短的提问中准确判断出你的困惑是什么，并指导你去解决它。

第二，为了保证妙味课堂的教学质量，我们坚持做实体培训，经过七年时间的一线前端开发培训，我们深知学员会在什么地方有困惑，会在什么地方容易犯错误，这些问题的解决办法都汇集在妙味课堂的视频库。现在，我们把与本书相关的视频资源共享出来，希望能够帮助到正在用本书学习前端开发的你。

第三，在编写本书时，我们把妙味课堂多年来精心设计的案例（与本书相关的部分）几乎全都融入到本书中，你完全可以像我们的实体学员一样，一边学习一边动手实战！实战是学习的必经之路，也是检测是否真正掌握知识的关键！更何况，当你遇到练习上的难点时，妙味课堂社区上有非常多热心的学员与你一起讨论交流，讲师也会参与其中。在这种相互鼓励、相互帮助的氛围中，在讲师频繁到社区解答各种技术问题的条件下，还有什么理由学不会呢？

接下来我想和大家聊聊关于 Web 前端开发的学习路径。在此之前，你需要了解“Web 前端开发”这个职业的工作内容。职场上的“Web 前端开发工程师”需要解决的问题主要有四类：

一是浏览器端的各种界面展示问题；

二是产品与用户之间的一系列人机交互问题；

三是前端与后台开发者之间的数据处理问题；

四是产品功能上的程序逻辑问题。

在前端的表现形式上，会从 PC 端一直延伸到移动端。因此，学习前端开发需要经历以下几个阶段。

第一阶段：要把设计师精心设计的效果图和网站内容，通过一系列的技巧和编码方式，在浏览器上完美展现。以 PC 端为例，想要达成这个目标，意味着你必须要掌握 HTML 和 CSS，并能使用一些其他的辅助软件工具（如 PS 、编辑器、浏览器插件等），这样，才能在 PC 端浏览器上把设计师设计的静态图片变成浏览器内高效运行的 HTML 文件。那怎样才能算掌握 HTML 和 CSS 呢？你需要知道“布局”是怎么回事，需要熟悉各种各样的页面结构制作技巧，需要知道如何用运用恰当的 HTML 标签并以最佳的语义化去呈现，还需要能够编写灵活且易维护的 CSS 代码……最后架构出 PC 端的整套静态页面，使得它在不同的浏览器内都能完美展现。这是学习前端开发的基础，非常关键！不论前端开发的新技术迭代有多么迅速，都必须要先踏踏实实地掌握 HTML 和 CSS。这也是本书的定位。

第二阶段：能够完成整套的静态页面搭建之后，可以开始思考人机交互的诸多问题。作为前端开发人员，需要能开发出一个用户体验完善的网站界面。例如，看到一则网页新闻，被网页里面的一张小图片所吸引，轻点鼠标，图片即可放大呈现，左右滑动时图片还能以超细腻的动画方式进行切换。这是一个简单的交互体验，却能让用户产生好感，感觉这个网站是有生命的、有趣味的，这样，用户才愿意花更多时间停留在你的网页中。除了考虑用户体验，还要考虑各种数据交互问题、功能逻辑问题等，这些点点滴滴的问题组合起来，共同构成网站体验至关重要的环节。如果想做到这些，需要紧密配合上一阶段所讲述的布局结构，以及更多 CSS 命令，还需要你具有慎密的思维逻辑。这些问题是我们正在编写的 JavaScript 一书需要去解决的。

第三阶段：征服了 PC 端大屏幕上的一切，可以转战到一块更小的屏幕：移动端！别小看这个小小的屏幕，相对 PC 端，移动端对新特性的支持变多了，度量单位也随之变化，各种脑洞大开的移动端适配技巧纷纷登场，诸多挑战性能极限的解决方案也不断出炉。无论是单指滑屏、双指操作，还是长按短触、摇晃手机……任何用户行为，移动端皆可随其变化而发生响应。那些为了解决某些问题而诞生的各种框架、各类组件库等，但凡工程化级别的开发人员，必不会对其感到陌生。我们想要征服移动端、想要构建各种易用性更佳的移动化产品，就必须遵循移动端开发的规则。带着镣铐却仍要跳出更精彩的舞蹈，这才是高手的风范！这些精炼的内容，将会在我们后续推出的移动端开发一书中去呈现。

经历了以上三个阶段的学习，算是踏上了前端开发工程师修炼之路。在掌握了诸多开发技巧过后，应当要实践更多项目，以此来验证自身所学。系统化的学习，一定是循序渐进的，这是我们多年实体培训和课程优化、改革的心得。我希望这套打磨了七年时间、经过上万名实体学员检验的课程体系，能给你带来实质上的帮助。

值得一提的是，这些年妙味学员已经遍布全国各大 IT 公司，在腾讯、阿里、网易、新浪、360、小米、京东等公司都能看到他们奋斗的身影。他们时常回到妙味课堂的社区，和大家讨论技术问题。通过社区，除了技术问题外，还可以探讨职业规划、公司招聘等问题，也可以看看他们在技术上遇到的新问题，以及他们的解决方案。

最后，回到这本书的话题上。我们录制了一个短视频，请在学习之前，扫描封面的二维码进行播放。短视频中详细介绍了高效地利用本书进行学习的方法，例如：本书的案例源码下载地址、作业源文件下载方式、章节相对应的视频观看方式、提问和问题解答通道、QQ 交流群、作品提交平台、问题反馈等。

这套书籍的出版承载了我们极大的期望，尽管我们竭尽全力去编写，但书稿中难免会有不妥之处，若你在阅读本书时发现任何问题，或有不认同之处，请给我发送电子邮箱：leo@miaov.com，不胜感激。

致 谢

THANKS

在这里我希望表达内心诚挚的感谢，因为在这本书的形成过程中，有一些至关重要的人物，在多次重要时刻给予了我极为重要的帮助。首先，我要感谢人民邮电出版社的税梦玲女士，如果不是她的出现，我们出书的计划恐怕还要继续延后，在日常琐事的纷扰和拖延症的双重夹击下，若不是她积极主动努力安排，且在诸多问题上给予专业的指导，恐怕我们的书稿会一再延期、永无尽头……其次，我要感谢广州大学华软软件学院的聂常红老师，感谢她极为认真地参与本书架构体系的讨论、感谢她责任感十足地撰写书稿，并以她精湛的技术实力不断加速本书成稿进度，假如没有她帮我们整理此书，天晓得以我们口语化的表达方式，何时才能成书？最后，我还要感谢多年来坚持为妙味课堂默默付出的各位老师们，若不是他们不断更新课程案例、不断改良课程大纲、长期持续地贡献各种精巧有趣的课件代码，也就无法形成本书的课程体系和诸多令人拍案叫绝的课后练习，参与本书案例代码编写，以及对书稿进行了耐心校对的妙味老师有：莫涛、周逸之、钟毅、王允、倪志鹏、付强……感谢你们多年来的不断努力与辛勤付出！妙味课堂因为有你们才能绽放光彩！能与你们共事，是我此生最大的幸运！

妙味课堂创始人：刘伟（leo）

2017年6月12日

目 录

CONTENTS

第1章 探本溯源，前端开发基础漫谈

1.1 前端开发是做什么的 2

1.2 前端开发技术 5

1.2.1 HTML 超文本标记语言：搭建网页“结构” 5

1.2.2 CSS 层叠样式表：给网页添加“样式” 6

1.2.3 JavaScript：让网页响应某种“行为” 6

1.3 前端开发所需软件 7

1.3.1 Photoshop 8

1.3.2 编辑器 11

1.3.3 浏览器 12

1.4 第一个 HTML 页面 12

1.4.1 基本标记标签 13

1.4.2 标签嵌套关系 19

1.5 <div> 标签简介 19

练习题 20

第2章 CSS基础语法、选择器和样式冲突的解决方案

2.1 CSS 概述 22

2.2 定义 CSS 的基本语法 23

2.3 基本选择器 25

2.3.1 元素选择器 25

2.3.2 ID 选择器 26

2.3.3 类选择器 29

2.3.4 伪类选择器 33

2.3.5 伪元素选择器 35

2.3.6 通用选择器 38

2.4 复合选择器 39

2.4.1 交集选择器 39

2.4.2 并集选择器 40

2.4.3 后代选择器 41

2.4.4 子元素选择器 43

2.4.5 相邻兄弟选择器 44

2.4.6 属性选择器 45

2.5 CSS 选择器的使用方法 47

2.6 CSS 应用到 HTML 页面的常用方式 47

2.6.1 行内式 47

2.6.2 内嵌式 48

2.6.3 链接式 49

2.7 CSS 的冲突与解决 50

练习题 53

第3章 网页排版利器：CSS 字体、文本、背景属性设置

3.1 字体属性 55

3.1.1 字体粗细属性：font-weight 55

3.1.2 字体风格属性：font-style 56

3.1.3 字体大小属性：font-size 58

3.1.4 字体族属性：font-family 59

3.1.5 文本行高属性：line-height 62

3.1.6 字体属性：font 65

3.2 文本属性 66

3.2.1 颜色属性：color 66

3.2.2 水平对齐属性：text-align 69

3.2.3 首行缩进属性：text-indent 70

3.2.4 文本修饰属性：text-decoration 71

3.2.5 字符间距属性：letter-spacing 73

3.2.6 字间距属性：word-spacing 74

3.3 背景属性 75

3.3.1 背景颜色属性：background-color 75

3.3.2 背景图片属性：background-image 76

3.3.3 背景图片重复属性：background-repeat 77

3.3.4 背景图片位置属性：background-position 79

3.3.5 背景图片滚动属性：background-attachment 81

3.3.6 背景属性：background 83

练习题 84

第4章 剖析“盒模型”特性，详解布局方寸间的逻辑关系

4.1 盒子模型的组成 86

4.2 盒子边框（border）设置 88

4.2.1 设置边框风格 88

4.2.2 设置边框宽度 90

4.2.3 设置边框颜色 93

4.2.4 统一设置边框的宽度、颜色和风格 95

4.2.5 边框的形状 98

4.3 盒子内边距（padding）设置 100

4.3.1 内边距的设置 100

4.3.2 padding 内边距的特点 103

4.4 盒子外边距（margin）设置 105

4.4.1 外边距的设置 105

4.4.2 盒子外边距合并 107

4.4.3 相邻盒子之间的水平间距 113

练习题 116

第5章 世界是多样化的，标签是语义化的

5.1 常用文本标签 118

5.1.1 段落与换行标签 118

5.1.2 标题字标签 119

5.1.3 <strong> 标签 121

5.1.4 <em> 标签 122

5.1.5 <mark> 标签 122
5.1.6 < time> 标签 123
5.1.7 <span> 标签 124
5.1.8 空格和特殊字符的输入 124
5.2 文档结构标签 126
5.2.1 <header> 标签 127
5.2.2 < article> 标签 128
5.2.3 <section> 标签 129
5.2.4 < main> 标签 130
5.2.5 <nav> 标签 130
5.2.6 <aside> 标签 131
5.2.7 <footer> 标签 131
练习题 132

第6章 探究多媒体标签，揭秘各种元素类型

6.1 多媒体标签 134
6.1.1 <object> 标签 134
6.1.2 <embed> 标签 136
6.1.3 <video> 标签 137
6.1.4 <audio> 标签 138
6.2 元素类型 139
6.2.1 block 块级元素 139
6.2.2 inline 行内元素 140
6.2.3 inline-block 行内块元素 142
6.2.4 使用 display 属性改变元素类型 144
6.3 使用 CSS reset 标签样式 147
练习题 148

第7章 为网页配上精美图片、让列表清晰传达具象内容

7.1 使用 <img> 标签在网页中插入图片 150
7.1.1 网页常用图片格式 150
7.1.2 插入图片的基本语法 150
7.1.3 设置图片提示信息和替换信息 152
7.1.4 使用标签属性设置图片大小 153
7.1.5 使用 CSS 设置图片样式 154
7.2 使用列表标签创建列表 156
7.2.1 创建有序列表 156
7.2.2 创建无序列表 159
7.2.3 创建定义列表 161
7.2.4 创建嵌套列表 162
7.2.5 使用 CSS 列表属性设置列表样式 163
7.2.6 使用列表和列表属性创建纵向菜单 164
7.2.7 使用列表和 display:inline 创建横向菜单 166
7.2.8 使用列表和 display:inline-block 实现图文横排 167
练习题 169

第8章 使用超链接构建信息间的连接关系

8.1 使用 <a> 标签创建链接 171

8.1.1 创建链接的基本语法 171

8.1.2 设置链接目标窗口 172

8.1.3 链接路径的设置 173

8.2 使用 <base> 标签设置链接基准 URL 176

8.3 链接的类型 178

8.4 使用伪类设置链接样式 185

8.5 链接与内联框架 187

8.5.1 内联框架标签 <iframe> 187

8.5.2 修改内联框架默认样式 188

8.5.3 使用内联框架作为链接的目标窗口 188

8.5.4 使用内联框架的优缺点 189

练习题 190

第9章 呈现数据的利器：网页表格

9.1 表格概述 192

9.2 表格标签 194

9.2.1 <table> 标签 194

9.2.2 <tr> 标签 195

9.2.3 <td> 和 <th> 标签 195

9.2.4 <caption> 标签 195

9.2.5 <thead>、<tbody> 和 <tfoot> 标签 196

9.2.6 使用 colspan 属性实现单元格跨列合并 197

9.2.7 使用 rowspan 属性实现跨行操作 199

9.2.8 使用表格标签属性格式化表格 200

9.3 CSS 表格属性 202

9.4 使用 CSS 格式化表格 204

9.5 表格各元素的 display 属性值 206

9.6 表格综合案例 206

练习题 210

第10章 构建在控件之上的数据交互方案：网页表单

10.1 表单概述 212

10.2 <form> 标签 212

10.3 input 表单控件 213

10.3.1 input 表单控件概述 213

10.3.2 文本框 214

10.3.3 密码框 215

10.3.4 隐藏域 215

10.3.5 文件域 216

10.3.6 单选框和复选框 217

10.3.7 提交按钮 218

10.3.8 普通按钮 219

10.3.9 重置按钮 220
10.3.10 图像按钮 220
10.3.11 button 元素按钮 222
10.4 label 标签 223
10.5 选择列表 224
10.6 多行文本域 227
10.7 表单元素的 disabled 和 readonly 属性 228
10.8 表单新增属性 230
10.8.1 form 属性 230
10.8.2 formaction 属性 231
10.8.3 autofocus 属性 231
10.8.4 pattern 属性 232
10.8.5 placeholder 属性 233
10.8.6 required 属性 234
10.9 元素轮廓（outline） 235
10.10 表单元素的默认样式及重置 237
10.11 表单美化 238
10.11.1 单行文本框控件的美化 238
10.11.2 按钮控件的美化 239
10.11.3 单选框 / 复选框控件的美化 240
10.11.4 上传文件控件美化 242
10.11.5 下拉列表控件美化 244
10.12 表单的元素类型 245
练习题 245

第11章 玩转文档排版的犀利武器：浮动

11.1 标准流排版 247
11.2 浮动排版 248
11.2.1 浮动设置 249
11.2.2 浮动元素的表现及特征 249
11.2.3 浮动清除 260
11.2.4 使用空 div 清除浮动解决父元素高度塌陷问题 264
11.2.5 使用伪元素清除浮动解决父元素高度塌陷问题 265
11.2.6 使用 BFC 解决父元素高度塌陷问题 269
11.2.7 使用 overflow 属性解决父元素高度塌陷问题 272
11.2.8 使用 BFC 防止浮动元素覆盖文档流元素 274
练习题 276

第12章 平面之上的叠加艺术：定位

12.1 定位排版属性 position 278
12.1.1 静态定位 278
12.1.2 相对定位 278
12.1.3 绝对定位 281
12.1.4 固定定位 289

12.2 定位层级 295

12.3 定位相关知识 299

12.3.1 全屏的 div 设置 299

12.3.2 透明度 / 透明滤镜 300

12.3.3 margin 负值 305

12.3.4 元素的绝对居中 312

练习题 313

第13章 技术的世界只崇拜实干者：整站静态页面开发

13.1 网站前期规划 315

13.1.1 网站目录划分 315

13.1.2 网站文件夹、文件的命名 316

13.1.3 网站整体规划 319

13.2 网站首页制作 320

13.2.1 网站首页结构 320

13.2.2 网站首页之头部 &banner 版块的制作 320

13.2.3 以图换字 322

13.2.4 滑动门 325

13.2.5 CSS 精灵图 328

13.2.6 网站首页之课程介绍版块的制作 330

13.2.7 文字阴影 text-shadow 332

13.2.8 盒阴影 box-shadow 334

13.2.9 圆角 border-radius 337

13.2.10 网站首页之学员作品展示版块的制作 341

13.2.11 网站首页之讲师介绍版块的制作 341

13.2.12 网站首页之妙味服务版块的制作 342

13.2.13 网站首页之页脚版块的制作 343

13.3 网站其他页面的制作 343

13.4 网站优化 344

13.5 网站建设技巧 346

13.5.1 最小宽度 / 最小高度 346

13.5.2 最大宽度 / 最大高度 347

13.5.3 text-overflow 文本溢出 348

练习题 348

Chapter 1

第1章

探本溯源，前端开发基础漫谈

看文字太累？那就看视频！

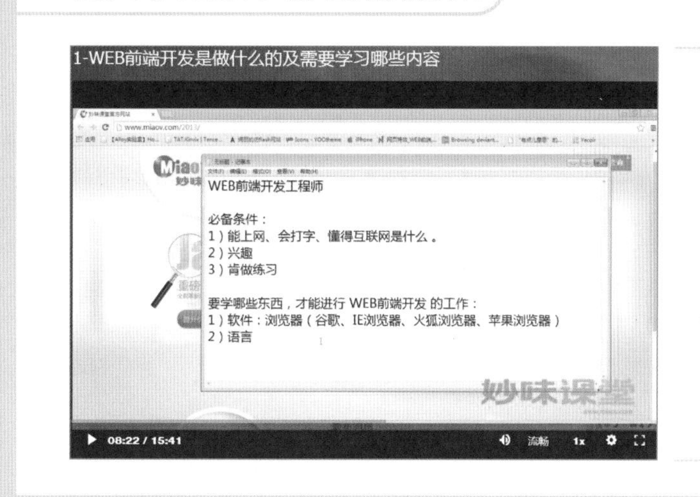

妙味视频

遇到困难？去社区问高手！

技术交流社区

在步入代码世界大门之前，我们很有必要来一场“热身运动”，譬如第一章所展示的这些基础知识，熟悉它们，就是你大展身手的开端。

许多公司都有制作网站的需求，他们希望把自己的产品或服务通过互联网展示给更多用户。在这种情况下，我们需要了解一个网站的制作过程会涉及哪些环节。一般来说，网站的诞生过程会经历这些环节：“网站策划 > 网页设计 > 前端开发 > 后端开发 > 测试发布”。从这个流程来看，我们的网站开发是一个系统工程，它需要多个部门之间紧密配合，而“前端开发”这个环节处于整个系统工程的中间部位，起到承上启下的核心作用，因此“前端开发工程师”这个职位越来越受到重视。接下来我们先和大家详细聊聊关于前端开发这些事。

1.1 前端开发是做什么的

前端开发是从网页制作演变而来的，在国内被大家所认知并接受是在 2005 年之后。在 2005 年之前，处于 1.0 时代的 Web 并没有“前端”这个概念，此时的网页内容主要就是一些文字和图片，用户使用网站的行为也以浏览为主，这样的网页使用几个网页制作软件，诸如 Photoshop+Dreamweaver+Flash 就能制作出来。所以 Web1.0 时代的网页开发也叫网页制作。2005 年之后，互联网进入 Web2.0 时代，对网页的开发要求越来越高，比起 1.0 时代，其开发难度加大，开发方式也有了本质改变，因此网页开发不再叫网页制作，而是叫前端开发。前端开发已经不再是掌握几个制作软件就可以做好的事了，它需要专业的前端工程师才能做好。随着互联网行业的发展，前端开发在产品开发环节中的作用变得越来越重要，因而近几年来前端工程师备受青睐，一般水平的前端工程师平均年薪可达 10 万元，资深前端工程师年薪高达 20~80 万元。但就这样的年薪，很多企业还是很难找到合适的前端工程师。图 1–1 是从拉勾网（一个专注互联网招聘的平台）随机截取的一段招聘信息截图。

图 1–1 拉勾网招聘职位信息

从上述企业的招聘信息来看，前端行业的就业薪资是较为可观的。读者朋友们，如果你对此感兴趣并能潜下心来，花一段时间认真学习前端开发相关技术并不断实践的话，相信有一天你也能成为一名专业的前端工程师，拿到上述月薪将不再是遥不可及的梦想了。

各位读者朋友们，在我们即将踏入前端学习之旅前，我们必须了解一些基本问题，例如，前端开发既然不仅仅是网页制作，那它是什么呢？如何才能做好专业的前端开发呢？下面将为大家一一讲解。

前端开发的主要工作就是开发用户操作界面，通俗来说就是网页。在 2005 年以前，网页功能比较单一，主要用于展示信息，在那个年代还不太注重交互和用户体验，网页内容也主要是文字和图片，如图 1–2 所示。2005 年以后，网页除了展示信息以外，还需要美观的设计、炫酷的交互、良好的用户体验、复杂的业务逻辑处理、跨终端的适配兼容等，如图 1–3 所示。

图 1–2 2005 年以前的网页

图 1-3　2005 年以后的炫酷的网页

如今这个时代，是讲究“颜值”和个人体验的时代。“高颜值”以及能与用户进行友好交互的网站会极大地吸引用户，用户会更加愿意深入地了解这样的网站。同时，“高颜值”以及交互性好的网站也能极大地提高网站的黏度（即网站黏滞程度，是吸引访客第二次访问或者在网页长时间停留的重要指标）。面对这些较高的要求，专业前端开发人员必须要具备以下能力。

1. 复杂炫酷的页面交互设计能力

在进行前端开发时，开发人员除了要将设计图完美还原以外，还需要对交互效果进行编写。当用户打开页面的时候，如果页面风格新颖、交互炫酷，那他就会感觉你的产品技术含量很高。相反如果页面风格老旧、交互呆板，他就会觉得你的产品不行，不买你的账。因此，前端开发工程师要具备设计复杂炫酷页面的能力。例如：妙味官网首页的 Logo 以及导航，在鼠标悬停和移开时的不同效果，就体现了一种较为炫酷的交互效果，如图 1-4 所示。

图 1-4　交互炫酷的页面

2. 良好的用户体验设计能力

用户体验是从用户的角度出发，不仅要把炫酷的视觉效果展现给用户，还要从功能上让用户有所感知。例如当用户注册微博账号时，电话号码提供错误或者没有输入密码，输入框右侧应有相应提示，如图 1-5 所示。这种用户体验的细节问题是否处理妥当，是判断一名前端工程师是否优秀的因素。

3. 复杂的业务逻辑处理能力

现在的前端工程师不仅要制作页面，还需要配合服务端工程师一起去实现某些功能。例如，微博的文章发布、用户搜索、评论留言等内容的开发，前端开发工程师对后端数据接收是否成功、搜索结果状态以及评论留言是否合法等进行逻辑判断处理。因此，前端开发工程师要具备处理复杂业务逻辑的能力。

图 1-5　用户输入数据不正确时显示提示信息

4. 能处理跨终端的适配兼容问题

近年来，智能手机发展迅猛，几乎人手一部，大街上随处可见“低头族”。随着手机、平板电脑等不同移动终端的普及，越来越多的人喜欢移动办公、移动学习、移动娱乐……人们经常会在不同的终端之间进行切换，因此，这就要求一个页面能实现跨终端的适配兼容——即能在不同终端中正确显示。比如域名 www.miaov.com，在 PC 和移动端浏览器中的显示如图 1-6 所示，该示例给我们展示了该域名跨终端适配兼容的其中一种情况，这种适配兼容运用于网站内容比较复杂的情况，通过后台判断，渲染不同模板进行输出或跳转。

还有一种情况，就是各终端显示的页面内容完全一样，但页面布局等样式会根据终端屏幕的大小进行自动切换，如图 1-7 所示就是响应式设计。响应式网页开发主要是基于一套代码来适配不同尺寸的终端，有关响应式网页开发技术请阅读本系列丛书的响应式开发。

图 1-6　妙味官网 PC 端和移动端的显示效果

图 1-7　响应式页面显示效果

综上所述，前端开发的工作主要是开发用户操作界面，其中涉及的内容包括实现炫酷的页面交互、提供良好的用户体验、配合服务端工程师处理复杂的业务逻辑和实现 Web 的跨终端适配兼容。至此，我们已经大致了解了前端开发到底是做什么的。现在的问题是如何成为一名合格的前端开发工程师？怎样才能将前端开发的各项工作做好？要成为专业的前端开发工程师、做好前端开发的各项工作，需要掌握哪些相关的技术呢？下一节我们将就这些内容进行介绍。

1.2 前端开发技术

在上一节我们已了解前端开发是做什么的，现在的问题是，如何才能成为一名合格的前端开发工程师？相信这个问题是大家比较关心的。如果大家在一些搜索引擎上搜索前端开发工程师需要具备什么技能，可以看到搜索结果中会出现许多诸如要掌握“HTML”“CSS”“JavaScript”“DOM”“Ajax”“React.js”“vue.js”“node.js”等技术的信息。一些想入行的朋友看到要学习这么多东西，可能会望而却步，不敢去了解它。其实前面所搜索到的结果，很多都是由前端开发的核心技术衍变而来的。不管前端开发技术怎么发展，万变不离其宗，它的核心都是 HTML、CSS 和 JavaScript 这三大技术。只要把这些核心技术的知识体系掌握扎实，就可以顺利地进行前端开发了，至于“React.js”“vue.js”“node.js”这些技术，不妨等基础稳妥扎实后，再慢慢地学习，毕竟很多“框架”或“类库”都是流行一时，没准正在看本书的你在学完本书后发现，有些技术早不流行了，而那些原生语言却依然有着强悍的生命力，仍然活跃在各类商业应用中。因此，从这个意义上来说，作为开发者，掌握原生语言的开发技能才是重点。

在人类社会，语言是人与人之间用来沟通的方式，比如和英国人说话需要用英语，和俄罗斯人说话就得用俄语。在计算机世界，我们要与计算机进行信息的交流同样需要语言，这个语言称为计算机语言。人类语言存在不同的类型，计算机语言也同样存在不同类型。针对不同的应用，我们需要使用不同的计算机语言，比如针对服务端进行业务逻辑和数据的处理需要 Java、C#、C++ 等计算机语言，而针对在浏览器中展现网页以及实现用户与网页的交互等效果的应用，则需要使用 HTML、CSS、JavaScript 等计算机语言。所以，要成为一名合格的前端开发工程师，必须熟练掌握 HTML、CSS、JavaScript。此外，还需要熟悉这些技术在不同浏览器上的兼容处理、网页的性能优化、SEO（搜索引擎优化）、工程化模块化开发，以及一些制图软件如 Photoshop，开发辅助工具，如 Google Chrome 的开发者调试工具等。

在本节将介绍 HTML、CSS、JavaScript，其他技术和软件及工具的介绍请参见本书后续相关章节和本系列其他图书。

1.2.1 HTML 超文本标记语言：搭建网页“结构”

HTML（Hypertext Markup Language），中文意思是超文本标记语言。为了方便记忆和理解，我们将 HTML 中的 3 个单词拆分开来，分别解释其中含义。

Hypertext（超文本）指的是页面中的各种内容。在一个网页中，有文字、超链接、图片、音频、视频等，这些内容共同构成了网站信息，这些信息以计算机语言的形式编写而成，因此称它们为“超文本”内容。

Markup（利润、盈利。在这里指标记或标签），HTML 语言在大多情况下，使用一对标签“<></>”来表示，其中“<>”为开始标签，“</>”为结束标签。标签的尖括号内放置着各种英文关键词，例如：“<div></div>”，它是一段 HTML 代码，用来表示一个“div”的标签对。值得注意的是 HTML 代码（标签）并不会显示在浏览器中，能在网页中显示的是标签对中包含的文字，比如：“<div>我们是内容</div>”这段代码在网页上能看到的就只有“我们是内容”这几个字，那些包含文字的标签是不可见的。标签的作用是组织 HTML 页面内容，让内容之间有一种结构关系。如果希望在网页中放置一段文字，可以使用“<p></p>”这样的标签对。例如“<p> 妙味课堂是国内知名的 IT 培训机构 </p>”，它将会把“妙味课堂是国内知名的 IT 培训机构”作为一段文字放置在网页中。又比如“<h1></h1>”这个标签对代表着网页中的一个一级标题，例如：“<h1> 前端概要 </h1>”，它将会把“前端概要”设置为一级标题放置在网页中。可见，不同的标签代表着网页上不同的内容。一个 HTML 页面就是由不同的标签组合而成的。在本书后续章节中还会介绍更多标签类型。

Language（语言），HTML 就是由各种各样的标签组成的语言，在这套语言体系内，描述着网页的“视频、音乐、文字、图片”等内容。

HTML 从诞生到现在经历多个版本，依次是 HTML2.0、HTML3.2、HTML4.0、HTML4.01、HTML5 这几个版本，另外，在 HTML4.01 发展到 HTML5 之前又出现了 XHTML1.0 和 XHTML2.0（未推行应用）两个版本。HTML5 相比于其他版本，增加了许多语义化标签，如 header、nav 等文档结构标签，音频和视频以及 canvas 画布等标签。

1.2.2 CSS 层叠样式表：给网页添加“样式”

CSS（Cascading Style Sheets），中文意思是层叠样式表，以下简称为“样式表”。样式表的作用就是给网页加样式。使用 HTML 标签搭建页面结构时，标签使用的都是自己本身在浏览器中的“模样”，即默认样式。这些默认样式大部分情况下都毫无美感。而 CSS 样式就相当于“化妆师”，把页面上的内容“梳妆打扮”一番，然后将美好的状态呈现在用户面前。例如，图 1-8 就是浏览器默认显示的样式，图 1-9 则是使用 CSS 稍加修饰以后的样式。

图 1-8　默认样式输出结果

图 1-9　CSS 样式输出结果

从图 1-9 中可以看到，使用 CSS 样式可以修改页面内容的对齐方式、颜色以及背景颜色等样式。两图相比较，图 1-9 更加丰富多彩，更能突出重点，也更吸引人。

1.2.3 JavaScript：让网页响应某种“行为”

JavaScript（简称 JS）是一种脚本式语言，它可以让网页响应某些“行为”。例如，用户在网页中用鼠标单击某个按钮以后，如果他希望浏览器能够切换下一张图片，这样的想法就可以通过 JS 来实现。在图 1-10 中，用户可以通过单击图片左、右两边的〈和〉箭头来实现图片的切换。

又或者我们希望在搜索框中输入部分内容时能在弹出的下拉框中显示出所有相关的数据供用户选择，如图 1-11 所示。这种根据部分内容弹出下拉框并显示出所有相关数据的效果使用 JS 将很容易实现。

图 1-10　单击图片两边的向左和向右箭头切换图片

图 1-11　根据部分内容实现相关数据的下拉显示

综上所述，我们可以看到：HTML、CSS 和 JavaScript 各司其职，分工合作，共同构建 Web 页面。其中，HTML 用于搭建页面结构，就像人的骨骼，有了骨骼才能支撑起身体；CSS 样式表相当于“化妆师”，让页面内容以美好的状态呈现在用户面前，这就如同每个人都有不同的穿衣风格一样；JS 能让页面具备响应各种“行为”的能力，产生各种交互效果，使页面真正的“鲜活”起来，就如同让一个原本静止的模特开始活动，他可以微笑、可以表演。

1.3 前端开发所需软件

工欲善其事，必先利其器，编写 HTML 页面之前必须了解一些常用的前端开发工具。前端开发工具主要分 3 类：图片编辑软件、代码编辑器、浏览器。这些工具在网页制作过程中发挥着很大的作用，下面对它们进行一一介绍。

1.3.1 Photoshop

Photoshop（简称 Ps）是一种图像处理软件。很多人都称 Ps 是“修图神器”，因为对于绝大多数普通用户来说，Ps 最大的用途就是美化用手机拍的照片。在前端开发时，也会经常使用 Ps，但此时使用 Ps 并不是用来修图的，而是用它来分割图片或测量图片尺寸。例如，开发人员需要根据设计图来制作页面，此时必须确定每个页面区域的尺寸、文字大小和颜色等数据，Ps 将在这时派上用场。下面介绍在前端开发中使用 Ps 来测量图片尺寸和分割图片的方法。

1. 使用 Ps 测量图片大小

在前端开发中使用 Ps 测量图片大小涉及以下 5 个步骤。

第一步 运行 Ps（本书使用的是 Photoshop CS6）软件，打开图 1–12 所示对话框。

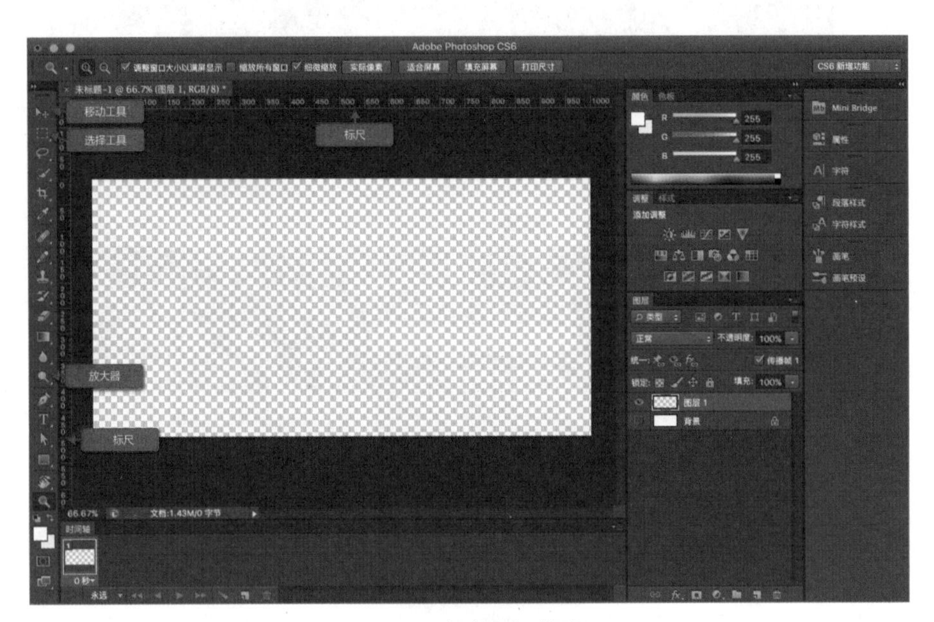

图 1–12　新建画布对话框

第二步 打开想要的文件：在图 1–12 中依次单击菜单“文件”→“打开”，打开“文件打开为”对话框，在对话框中找到需要打开的文件所在的位置后，单击“打开”按钮。

第三步 测量图片尺寸，分为以下 4 步。

① 放大图片：使用缩放工具，单击鼠标左键，放大图片。

② 选框选出边界：使用选框工具，沿边界画出选框，可以使用上下键来调整位置。

③ 画出辅助线：将鼠标放到标尺内，按下鼠标左键并拖动辅助线至选框边界。如果打开的页面没有标尺，可单击“视图”→“标尺”来调出标尺。

④ 测量：使用选框工具从辅助线开始框选出需要测量的区域，该区域的图片尺寸将通过选框来测量，如图 1–13 所示。

第四步 查看尺寸：依次单击菜单“窗口”→“信息”，打开信息面板，从信息面板中可以看到元素的尺寸，其中 W 代表宽度，H 代表高度，如图 1–14 所示。如果把鼠标移到选框区域内，还可以在信息面板上看到鼠标位置处的颜色等信息。

图 1-13　测量选框所选图片尺寸

图 1-14　在信息面板中查看所测量的图片尺寸

第五步 修改尺寸单位：在 Ps 中，标尺的单位可以有：像素（px）、厘米（cm）、百分比（%）等多种类型，但默认的单位是 cm。由于在网页中常用的单位是像素（px），因而在测量图片时需要修改 Ps 的标尺单位。可以通过以下步骤来切换 Ps 中的单位。

① 如图 1-15 所示，单击菜单中的“编辑”，并从下拉菜单中选择“首选项”，然后单击弹出菜单中的“常规”子菜单，此时弹出图 1-16 所示对话框。

② 在图 1-16 所示对话框中单击左窗口中的“单位与标尺”，在打开的右边窗口的“单位”栏中单击标尺下拉箭头，从弹出的下拉列表中选择“像素”，如图 1-16 所示。

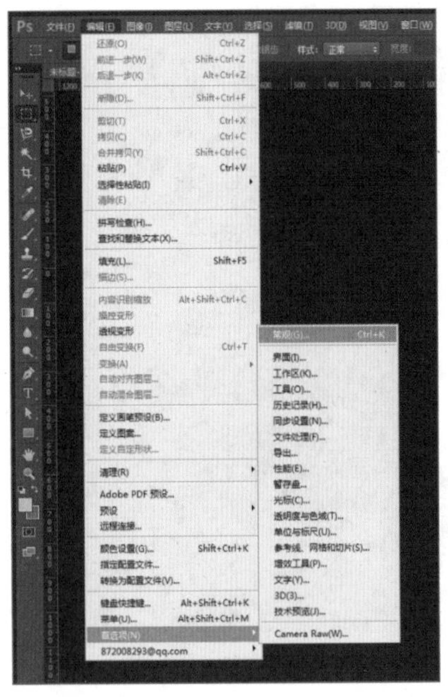

图 1-15　单击"编辑"菜单下的子菜单打开首选项窗口

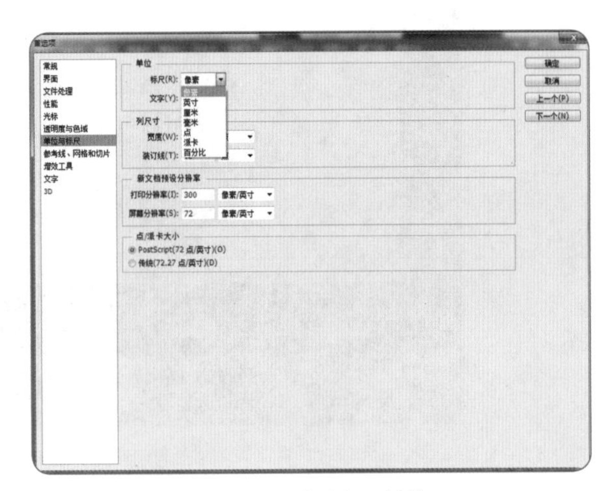

图 1-16　修改标尺单位

2. 使用 Ps 切图

在前端开发中使用 Ps 切图涉及以下 4 个步骤。

第一步 运行 Ps 软件，打开需要切图的图片，放大图片，先使用选框工具然后再画辅助线（先使用选框工具的目的是为了对齐像素），具体操作请参见"使用 Ps 测量图片大小"的步骤介绍。

第二步 使用选框工具选中要切的内容，如图 1-17 所示。

第三步 复制、粘贴要切割的内容到新画布：选中要切割的内容后，按 Ctrl+C 组合键复制选中的图片，然后依次单击菜单"文件"→"新建"，打开如图 1-18 所示新建画布对话框。在图 1-18 中根据实际情况设

图 1-17　选中要切的内容

图 1-18　新建画布对话框

置画布的宽度和高度，其余参数尽量保持不变。单击“确定”按钮，新建一个空白画布。在新画布中按 Ctrl+V 组合键粘贴选中的内容。

注意： 按 Ctrl+C 组合键复制图片时，一定要注意选中当前的图层，如图 1-19 所示。

第四步 保存图片：依次单击菜单“文件”→“存储 Web 所用格式“，将放置在新画布中的切割图片格式保存为“Web 所用格式”中的“PNG-24”格式，并勾选“透明度”，如图 1-20 所示。

注意： png 是图片的一种格式，png 支持透明度变化、渐变或带阴影的图片，png 格式的图片质量比较高。此外图片还有其他常见格式，如 jpg 和 gif，它们的区别参见表 1-1。

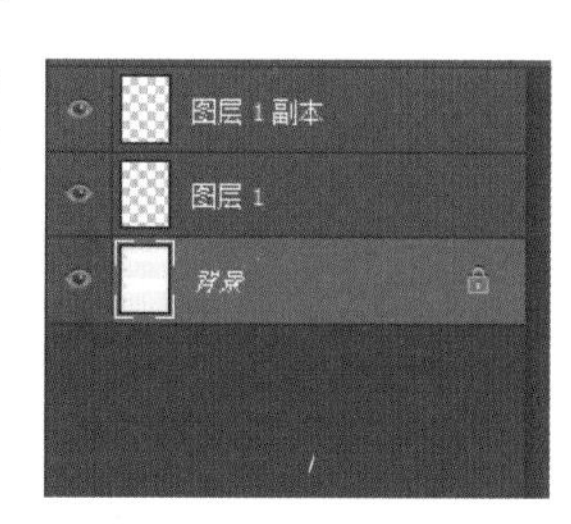

图 1-19　选中当前图层进行复制图片

图 1-20　将切割图片存储为 Web 所用格式的 PNG-24 格式

表 1-1　网页常见图片格式比较

图片格式	jpg	gif	png-24
是否支持透明度	不支持	不支持	支持
是否支持透明	不支持	支持	支持
图片大小	较大	较小	较大
图片质量	有损压缩	无损压缩，有静态和动态之分	无损压缩，图片质量较高
综合比较	在网页中，一般展示类的图片会使用 jpg 格式；如果图片是小图标且背景是透明的，可以使用 png 或 gif 格式；如果图片具有透明度、渐变效果或阴影，png-24 是最佳选择		

网站项目开发中较为常见的是以上 3 种图片格式，但图片格式种类却不仅仅有这 3 种，例如还有“PNG-8 格式、BMP 格式、PCX 格式、TIFF 格式”等，每种图片特点各不相同，限于本书篇幅，不在此过多介绍，感兴趣的读者可以自行查阅相关资料进行了解。

1.3.2 编辑器

编辑器是编写代码的工具，一个顺手的编辑器可以帮助开发人员更便捷地完成编码工作。现在市面的编辑器有很多种，从最古老的记事本到风靡一时的 Dreamweaver（DW），再到近年来的 Sublime、HBuilder、Webstorm 等，如图 1-21 所示。每款编辑器都各有特色，建议大家都上手试一试，用得顺手的就是最适合自己的。

记事本

Dreamweaver

Sublime

HBuilder

Webstorm

图 1-21　常用的前端开发编辑工具

1.3.3 浏览器

浏览器是用来展示网页内容的工具。前端开发人员编写的网页代码，都需要通过浏览器来呈现。

浏览器类型主要按内核来区分。不同的内核，对网页的语法解释也会有所不同，因此渲染出来的网页效果也将不相同。例如，支持 CSS3 的 3D 语法的浏览器，能够在网页中实现绚丽的立体效果，而在不支持这些特性的浏览器中，则无法观看到相应的效果。

目前，主流浏览器的内核以及开发厂商主要有：Trident\MSHTML、EdgeHTML（微软）、Gecko（火狐）、Webkit（苹果）、Chromium/Blink（谷歌）、Presto（Opera）等。根据浏览器的内核不同，浏览器划分为：微软系列浏览器（IE9、IE10 等）、火狐浏览器（Firefox）、苹果浏览器（Safari）、谷歌浏览器（Chrome）、Opera 浏览器。而国内很多浏览器，如搜狗、360、QQ 浏览器等，都是在微软、火狐等浏览器的内核基础上套上外壳，增加一些操作方面的功能等，最后冠上厂商的品牌名推向市场。因此搜狗等浏览器又被称为衍生浏览器，或被称为套壳浏览器。

目前，我们推荐使用谷歌浏览器（Chrome），因为这款浏览器不仅对标准的支持程度足够好、调试工具足够丰富，并且它的版本更新速度非常快，最重要的一点是：它的 JS 渲染引擎 V8 足够强大、异常迅猛。因此，Chrome 是前端开发专业人士的不二选择。

至此，我们已了解了前端开发到底是做什么的以及如何才能成为一个合格的前端开发工程师，明确了学习内容和学习目标。现在，就可以启动动力十足的学习引擎，开启前端开发学习之旅了！

1.4 第一个 HTML 页面

在 1.2 节介绍 HTML 语言时讲到：HTML 是一种“超文本标记语言”，它由许多 HTML 标签组成。注意：HTML 标签也称为元素。一个页面的创建离不开 HTML 语言，每个页面都是从搭建结构开始的，尽管页面变得越来越复杂，但是其底层结构依然会比较简单。本节将通过示例 1-1 所示的简单 HTML 页面来详细讲解 HTML 页面的基本结构。

【示例 1-1】 HTML 页面基本结构。

```
<!doctype html>
<html>
<head>
<meta charset="utf-8">
<title> 无标题文档 </title>
</head>
<body>
</body>
</html>
```

上述代码体现了 HTML 页面的基本结构，每个页面都是由示例 1-1 所示的结构开始构建的。根据功能的不同，整个 HTML 页面在结构上可以分成两层：一层是外层，由 <html> 和 </html> 标签对来标识；另外一层是内层，用于实现 HTML 页面的各项功能。根据实现功能的不同，又可以将内层细分为两个区域，即头部区域和主体区域。头部区域由 <head> 和 </head> 标签对标识。要在浏览器窗口显示的内容需要放在主体区域。主体区域的标识标签是 <body> 和 </body>。

打开任意一款编辑器，新建一个 HTML 页面，书写以上的 HTML 结构代码之后，以后缀名".html"保存。然后用 Chorme 浏览器打开该页面，会发现页面上一片空白，没有任何内容。这是因为我们还没有在代码的 <body></body> 标签中添加内容。在添加内容之前先介绍一下结构中所用到的各个标签的作用。

1.4.1 基本标记标签

下面分别讲解示例 1-1 中每一行代码的含义及使用方法。

（1）<!DOCTYPE > 文档类型声明

DOCTYPE 是 Document Type 的简写，用来告诉浏览器使用什么样的 HTML 或 XHTML 规范来解析网页。解析规范由 DOCTYPE 定义的 DTD（文档类型定义）来指定，DTD 规定了使用通用标签语言的网页语法。需要注意的是：在 HTML 文档中，DOCTYPE 应该位于页面的第一行。在 HTML5 以前，必须指定 DTD，例如下例代码是 XTHML 的过渡类型的文档声明：

```
<!DOCTYPE html PUBLIC "-//W3C//DTD XHTML 1.0 Transitional//EN" "http://www.w3.org/TR/xhtml1/DTD/
xhtml1-transitional.dtd">
```

在 HTML5 中，遵循"存在即合理"的原则，对规则的要求比较宽松，没有指定 HTML 标签必须遵循的 DTD，因而简写成以下形式：

```
<!DOCTYPE html>
```

DOCTYPE 是不区分大小写的，所以也可以写成 <!doctype html>。

目前，浏览器对页面的渲染有两种模式：怪异模式（浏览器使用自己的模式解析渲染页面）和标准模式（浏览器使用 W3C 官方标准解析渲染页面）。不同的渲染模式会影响到浏览器对 CSS 代码甚至 JavaScript 脚本的解析。如果使用 DOCTYPE，浏览器将按标准模式解析渲染页面，否则将按怪异模式解析渲染页面。使用怪异模式对运行在 IE 低版本浏览器下的页面影响很大。可见 DOCTYPE 对一个页面的正确渲染很重要。

（2）<html></html> 开始文档的实际 HTML 部分

<html> 标签是 HTML 页面中所有标签的顶层标签，页面中的所有标签必须放在 <html></html> 标签对之间。

（3）<head></head> 设置网页文档的头部信息

<head> 通常跟在 <html> 后面。<head> 和 </head> 标签对用于标识 HTML 页面的头部区域，<head> 和 </head> 之间的内容都属于头部区域中的内容。这个区域主要用来设置一些与网页相关的信息，如网页标题、字符集、网页描述的信息等，设置的信息内容一般不会显示在浏览器窗口中。

（4）<title></title> 网页文档的标题

<title> 标签的作用有两个：一是设置网页的标题，以告诉访客网页的主题是什么，设置的标题将出现在浏览器中的标签栏中，如图 1-22 所示；二是用于搜索引擎索引，作为搜索关键字以及搜索结果的标题使用。需要注意的是：搜索引擎会根据 <title> 标签设置的内容将网站或文章合理归类。所以标题对一个网站或文章来说特别重要。此外，到目前为止，标题标签是 SEO 中最为关键的优化项目之一，一个合适的标题可以使网站获得更好的排名。实践证明，对标题同时设置关键字时可以使网站获得更靠前的排名。有关 title 标题对搜索影响的示例请参见示例 1-3。

图 1-22　网页标题显示效果

为了让访客更好地了解网页内容以及使网站获得更好的排名，每个页面都应该有一个简短的、描述性的、最好能带上关键字的标题，而且这个标题在每个页面应该是唯一的。

标题设置语法如下：

```
<title> 标题内容 </title>
```

示例代码如下：

```
<title> 妙味课堂 -www.miaov.com</title>
```

知识点拓展：什么是搜索引擎？

搜索引擎（Search Engine，SE）是指根据一定的策略，运用特定的计算机程序从互联网上搜集信息，在对信息进行组织和处理后，为用户提供检索服务，将用户检索相关的信息展示给用户的系统。通俗解释：常用的百度搜索就是一种搜索引擎，它通过一些关键字迅速地找到用户需要的资料。在搜索引擎中，用户搜索的就是标题，所以一个切合内容的标题是至关重要的。

说明： 为了界面的统一性，全文中的示例运行结果截图统一套用了妙味官方的网址：www.miaov.com，各位读者在各自的电脑中进行这些示例文件时，在 Chrome 浏览器的地址栏中看到的 URL 将会是这样的格式：file:/// 文件保存路径 /html 文件名，如将 html 文件 ex1-1.html 保存在 d:\Web\lesson1 路径中，则访问 ex1-1.html 时浏览器中显示的 URL 将是：file:///D:/Web/lesson1/ex1-1.html。

（5）<meta> 定义文档元数据

<meta> 标签位于文档的头部，不包含任何文字内容。<meta> 用来定义文档的元数据，使用“名称 = 值”的形式来表示。一般使用它来描述当前页面的特性，比如：文档字符集、关键字、网页描述信息、作者等内容。<meta> 是一个辅助性标签，对 HTML 页面可以进行很多方面的特性的设置。下面，主要介绍如何使用 <meta> 来设置页面字符集、关键字和描述信息。

① 使用 <meta> 设置页面字符集

<meta> 标签可以设置页面内容所使用的字符编码，浏览器会据此来调用相应的字符编码显示页面内容和标题。当页面没有设置字符集时，浏览器会使用默认的字符编码显示。简体中文操作系统下，IE 浏览器的默认字符编码是 GB2312，Chrome 浏览器默认字符编码是 GBK。所以当页面字符集设置不正确或没有设置时，文档的编码和页面内容的编码有可能不一致，此时将导致页面内容和标题显示乱码。

在 HTML 页面中，常用的字符编码是“utf-8”。“utf-8”又叫“万国码”，它涵盖了地球上几乎所有地区的文字。我们也可以把它看成是一个世界语言的“翻译官”。有了“utf-8”，你可以在 HTML 页面上写中文、英文、韩文等语言的内容。默认情况下，HTML 文档的编码也是“utf-8”。这就使文档编码和页面内容的编码保持了一致，这样的页面在世界上几乎所有地区都能正常显示。

<meta> 标签设置字符集有两种格式，一种是 HTML5 版本的格式，一种是 HTML5 以下版本的格式，基本语法如下。

HTML4/XHTML 设置格式：

```
<meta http-equiv="Content-Type" content="text/html; charset= 字符集 ">
```

HTML5 对字符集的设置作了简化，格式如下：

```
<meta charset=" 字符集 ">
```

使用 <meta> 设置页面字符集的示例如下。

【示例 1-2】 HTML 页面字符集设置。

```
<!doctype html>
<html>
<head>
<meta charset="utf-8">
<title> 网页字符集设置 </title>
</head>
<body>
    妙味课堂 - www.miaov.com
</html>
```

上述代码在 HTML 页面的头部区域使用 <meta> 设置页面的字符编码为“utf-8”，在 Chrome 浏览器中运行的结果如图 1-23 所示。

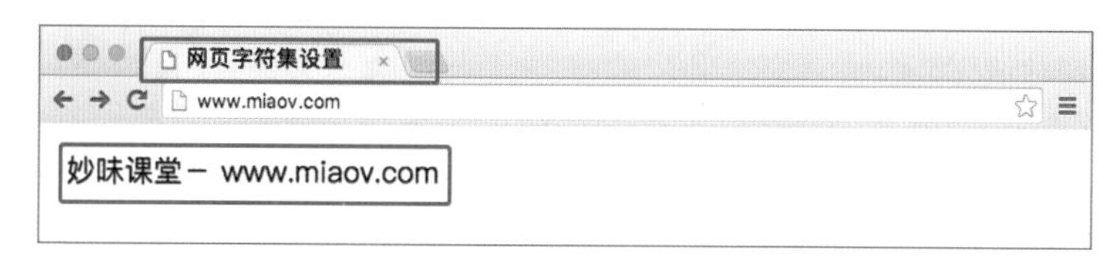

图 1-23　设置页面字符集正常显示页面内容

将示例 1-2 中的 <meta> 标签去掉后，再在 Chrome 浏览器中运行，结果如图 1-24 所示。

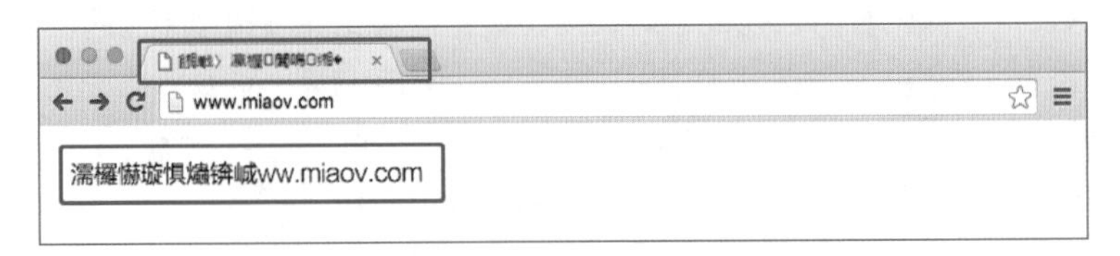

图 1-24 没有设置页面字符集时，页面显示乱码

对比图 1-23 和图 1-24，可见页面字符集设置的重要性。

② 使用 <meta> 设置关键字

关键字是为了便于搜索引擎搜索而设置的，用户在网页中是看不到关键字的。它的作用主要体现在搜索引擎优化。对于 SEO 优化而言，关键字起到画龙点睛的作用。为提高网页在搜索引擎中被搜索到的概率，可以设定多个与网页主题相关的关键字。需注意的是，虽然设定多个关键字可提高被搜索到的几率，但目前大多数的搜索引擎在检索时都会限制关键字的数量，一般 10 个以内关键字比较合理，关键字多了会分散关键字优化，反倒影响排名。

关键字设置语法如下：

```
<meta name="keywords" content="关键字 1, 关键字 2, 关键字 3, …">
```

语法说明：关键字之间可以使用逗号，也可以使用空格等符号。

示例代码如下：

```
<meta name="keywords" content=" JavaScript 教程 ,HTML5 培训 ,CSS3 培训 , 移动端培训 ">
```

③ 使用 <meta> 设置网页描述信息

网页的描述信息主要用于概述性地描述页面的主要内容，是对关键词的补充性描述，当描述信息包含部分关键字时，会作为搜索结果返回给用户。像关键字一样，搜索引擎对描述信息的字数也有限制，一般允许 70~100 字，所以描述信息的内容应尽量简明扼要。

描述信息设置语法如下：

```
<meta name="discription" content=" 网页描述信息 ">
```

示例代码如下：

```
<meta name="discription" content=" 妙味课堂是北京最资深的前端开发培训机构，妙味课堂拥有系统的 JavaScript、HTML5、CSS3、移动开发、远程培训等课程，并录制成最系统的前端开发视频教程，妙味课堂推出的 VIP 前端学习平台已经成为学习氛围最浓郁的前端学习圈。">
```

从 <title> 和 <meta> 两个标签的介绍中，可以看到，标题、网页描述信息以及关键词对 SEO 有着很大的作用，搜索引擎之所以能搜到网站，全都是标题、网页描述信息和关键词的功劳，所以我们必须做好标题、描述标签、关键词的设置与优化。下面的示例演示了如何使用标题、网页描述信息和关键词进行网页搜索。

【示例 1-3】使用标题和网页描述信息实现网页的搜索。

```
<!doctype html>
<html>
<head>
  <meta charset="utf-8">
  <meta name="description" content=" 妙味课堂是北京最资深的前端开发培训机构，妙味课堂拥有系统的 JavaScript、
    HTML5、CSS3、移动开发、远程培训等课程，并录制成最系统的前端开发视频教程，妙味课堂推出的 VIP 前端学习平
    台已经成为学习氛围最浓郁的前端学习圈 ">
  <meta name="keywords" content="JavaScript 远程培训 ,JS 远程培训 ,JavaScript 培训 ,JS 培训 ,JavaScript
    教程 ,HTML5 培训 ,CSS3 培训 , 北京前端培训 , 移动端培训 , 北京移动端培训 , 北京 JS 培训 , 北京 JavaScript 培训 ,
    北京 HTML5 培训 ">
  <title> 首页 - 妙味课堂 www.miaov.com</title>
</head>
<body>
……
</body>
</html>
```

上述代码中的标题中带有了关键字“妙味课堂”，所以当用户在百度搜索框中输入“妙味课堂”时会搜索到妙味课堂页面，同时在返回的搜索结果中，会以“首页—妙味课堂 www.miaov.com”作为搜索结果的标题，而返回的搜索结果描述信息则是上述代码中设置的网页描述信息，如图 1-25 所示。

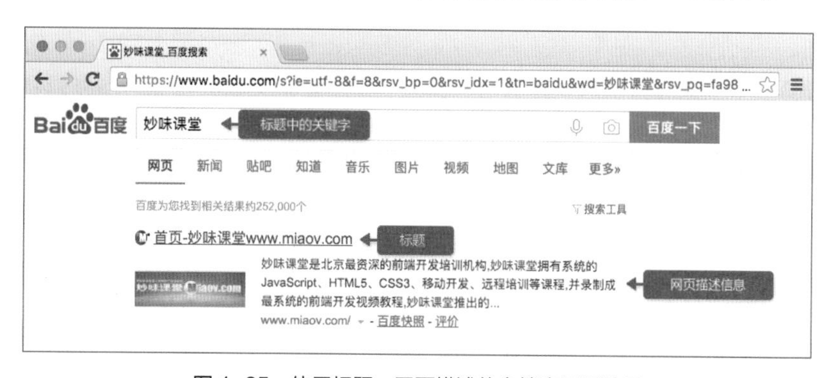

图 1-25　使用标题、网页描述信息搜索网页结果

图 1-25 是使用关键词搜索信息，同样可以搜索到图 1-26 的结果，但排名没有使用标题中的关键字进行搜索时靠前。

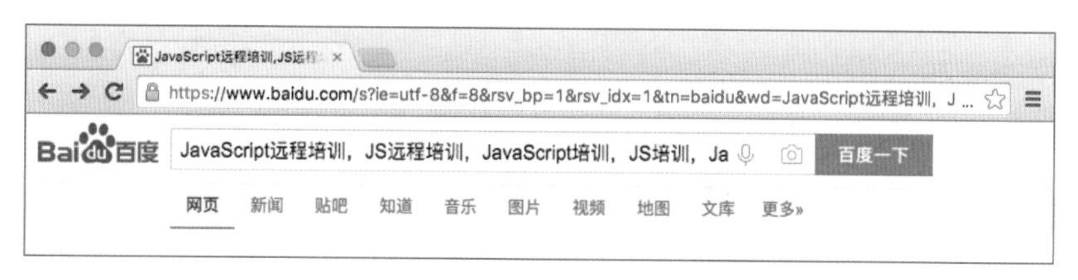

图 1-26　使用关键词搜索网页结果

（6）<body></body> 页面主体内容

body（身体，主体）代表了页面的主体部分，它是放置页面内容的地方，所有需要在浏览器窗口中显示的内容都需要放置在 <body></body> 标签对之间。用户可以通过浏览器看到写在 <body></body> 标签中的内容。

【示例 1-4】 <body> 标签的使用

```
<!doctype html>
<html>
<head>
<meta charset="utf-8">
<title> 主体标签的使用示例 </title>
</head>
<body>
    吼吼，好厉害，这是我们第一个 HTML 页面
</body>
</html>
```

当打开浏览器运行上述代码时就会发现，浏览器上会显示书写的文本，如图 1-27 所示。

图 1-27　body 标签使用结果

以上就是 HTML 基本结构中标签的含义及使用介绍，通过观察这些基本的标签，可以总结出标签的一些特点，如下所述。

① 标签是由尖括号包围的关键词，比如 <html>。

② 标签通常是成对出现的（称为双标签），有开始标签和结束标签。开始标签使用 < 标签名 > 表示，结束标签使用 </ 标签名 > 表示，比如 <html></html>。

③ 也有单独呈现的标签（称为单标签），比如 <meta charset="utf-8"/>。

④ 在开始标签中可以包含若干个属性。每个属性使用：属性名 = “属性值” 的格式进行设置，结束标签不包含任何属性。HTML 属性表示标签所具有的一些特性。比如标签的形状、颜色、用途等特性。比如 <meta> 标签中的 charset="utf-8"，“charset” 就是标签的一个属性，而 “utf-8 ” 则是它的值。

⑤ 如果是双标签的话，内容出现在两个标签之间，比如 <body> 内容 </body>。

⑥ 如果是单标签的话，内容在标签属性中赋值，比如后面将学到的 img 图片标签，图片地址就出现在 src 属性中：<img src="tupian.png"/>。

⑦ 标签不区分大小写，但是为了建立一个良好的编码习惯，标签请使用小写。

根据上面总结的标签特点，可得到如下所示的标签设置格式：

```
双标签：< 标签名称　属性 1=" 属性值 1"　属性 2=" 属性值 2"　…>　…</ 标签名称 >
单标签：< 标签名称　属性 1=" 属性值 1"　属性 2=" 属性值 2"　…/>
```

1.4.2 标签嵌套关系

在 HTML 结构中，标签与标签之间只存在两种关系：嵌套关系和并列关系。

1. 嵌套关系

嵌套关系又称为包含关系，可以通俗记忆为“父子级关系”。

在 1.4.1 小节中，我们发现 <meta> 标签和 <title> 标签都存在 <head> 标签中，此时 <head> 标签与 <meta> 标签的关系以及 <head> 标签和 <title> 标签的关系，体现的就是嵌套关系也是父子级关系，如图 1-28 所示。

2. 并列关系

并列关系也就是常说的同级关系，也可以通俗记忆为“兄弟关系”。

<meta> 标签和 <title> 标签都有一个共同的“父级”—— <head> 标签。所以 <meta> 标签和 <title> 标签的并列关系也叫作“兄弟关系”，如图 1-29 所示。

图 1-28　标签嵌套关系图示

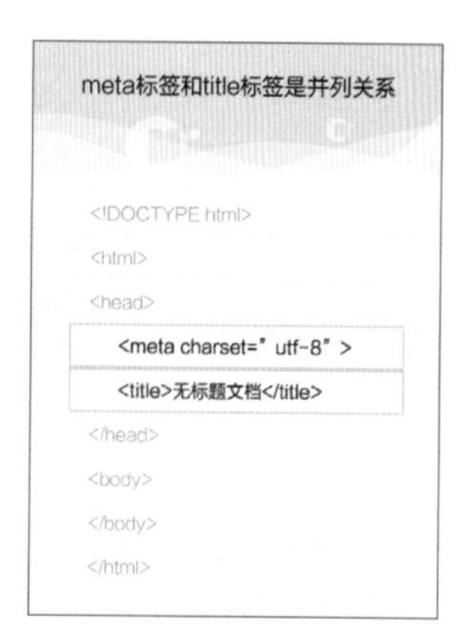

图 1-29　标签并列关系图示

这两种关系在以后的示例中会经常用到，大家一定要对这两种关系有所了解。

思考：在 HTML 基本结构中还有哪些父子级关系和兄弟关系？

1.5 <div> 标签简介

<div> 标签是最基本的，同时也是最常用的标签。该标签是一个双标签，出现在主体区域中，主要作为一个容器标签来使用，在 <div> 标签中可以包含除 <body> 之外的所有主体标签。每一对 <div></div> 标签在 HTML 页面中都会构建一个区块，我们可以通过 <div> 将页面划分成许多大小不一的区块，以便更好地控制和布局页面内容。因此，<div> 的主要作用就是用来对 HTML 结构进行布局。

<div> 属于块级元素，每个 <div> 独占一行，其宽度将自动填满父元素宽度，并和相邻的块级元素依次垂直排列，可以设定元素的宽度 (width) 和高度（height）以及 4 个方向的内、外边距。

【示例 1-5】<div> 标签的使用

```
<!DOCTYPE html>
<html>
<head>
<meta charset="utf-8">
```

```
<style>
div {
    margin: 8px;
    background: #CFF;
    border: 1px solid red;
}
</style>
</head>
<body>
  <div>div1</div>
  <div>div2</div>
</body>
</html>
```

上述代码中，分别创建了两个 div 块级元素。另外，为了更清楚地看出块级元素的表现效果，在头部区域添加了一个 <style></style> 标签对，其中放置的代码称为 CSS 代码，用于设置元素的格式。该示例中的 CSS 设置了 div 元素的边框、背景颜色样式以及 div 的外边距。打开浏览器运行上述代码的结果如图 1-30 所示。

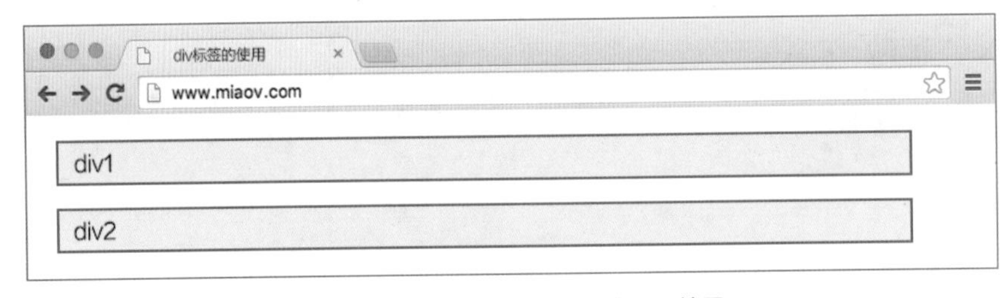

图 1-30　块级元素并列排列的显示结果

从图 1-30 可以看到，作为块级元素的两个 div 元素分别独占一行，其宽度自动填满父元素宽度，且依次垂直排列。

练习题

1. 请用自己的理解说明以下内容是什么意思？

（1）DOCTYPE 是什么？出现在什么位置？不写会出现什么问题？

（2）<head> 标签和 <body> 标签是什么意思？它俩有什么区别？

（3）<meta> 标签主要有哪些属性？作用分别是什么？

2. 使用所学 HTML 标签创建下图所示的 HTML 页面。

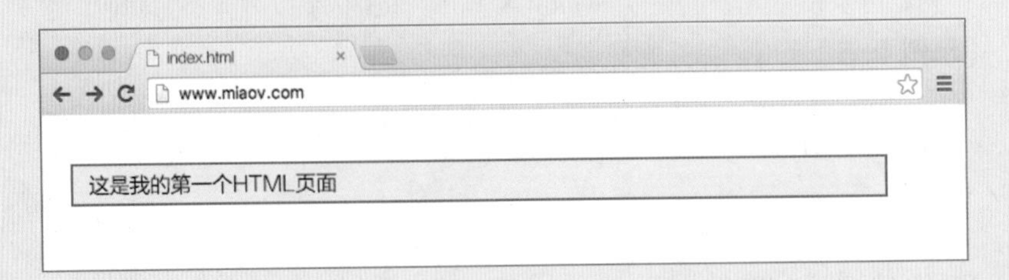

Chapter 2

第2章 CSS基础语法、选择器和样式冲突的解决方案

看文字太累？那就看视频！

妙味视频

遇到困难？去社区问高手！

技术交流社区

谈及网页，必有装扮。想美化网站样式、怎能绕过 CSS 样式？本章节皆为 CSS 基础内容。对于“打地基”这种事，千万别含糊！

在第 1 章的示例 1-5 中，我们看到页面的头部区域添加了 <style></style> 标签以及一些 CSS 代码。如果将该示例中的 <style> 标签对及其中的 CSS 代码删掉，运行结果将如图 2-1 所示。为方便对比，将示例 1-5 的运行结果在此再次显示，如图 2-2 所示。

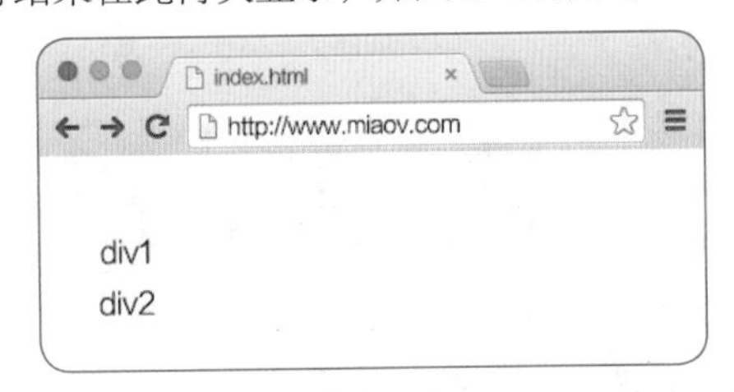

图 2-1　没有 CSS 代码设置样式的 div 元素运行结果

图 2-2　使用 CSS 代码设置样式的 div 元素运行结果

图 2-1 的运行结果是 <div> 没有经过任何打扮的土生土长的样子，而图 2-2 的运行结果则是经过了打扮后的样子。

虽然目前的打扮还很简单，但我们在掌握本章所讲技术以后，就可以运用 CSS 样式把它装扮得华丽精美漂亮，例如添加非常雅致的背景颜色、添加细腻精致的边框效果、对文字设置更丰富的变化样式等，因此，“三份长相，七分打扮”，这句话不但适用于人，对网页也同样适用。

CSS 可以让我们获得满意的页面展示效果，但要达到这个目的，必须先满足两个条件：一是正确地定义 CSS 样式表；二是在 HTML 页面中正确地使用 CSS。接下来，将带领大家走进迷人的 CSS 世界。

2.1 CSS 概述

CSS（Cascading Style Sheet），中文意思是层叠样式表或级联样式表，它是一种格式化网页的标准方式，用于控制网页的样式，并允许样式信息与网页内容相分离的一种技术。CSS 样式定义了如何显示 HTML 元素。对一个 HTML 元素可以使用多种方式设置样式，一个元素的多重样式将按特定的规则层叠为一个。元素的多重样式中如果存在对同一种表现形式的不同设置，将引起样式冲突，冲突的样式在层叠的过程中将按优先级来确定。CSS 样式的冲突与解决将在本章最后一节中进行详细介绍。

1. CSS 的来源

早期的网页中并没有 CSS，只有一些 HTML 标签。这些 HTML 标签最初只包含很少的显示属性，主要被设计为用于定义网页内容，对网页的表现形式并没有给予特别的关注。随着 Web 技术的发展，Web 得到越来越广泛的应用，随之而来的就是 Web 用户对网页表现形式的抱怨。为解决网页表现形式的问题，HTML 标签添加了越来越多的显示属性，同时，W3C 组织也把许多用于表现样式的标签加入到 HTML 规范中，如 font、b、strong、u 等。在这种情况下，当你打开一个界面美观的网页查看该网页 HTML 源码时，你将会发现整个网页的标签包含着大量用于显示设置的属性，以及到处充斥着 <font>、<b>、<u>、<table> 等仅仅只是为了修饰和布局的标签，这些代码无法复用，因此在整个网页中被迫重复使用，在光鲜亮丽的外表下，隐藏着代码的臃肿不堪！令人无奈的是那个时代几乎所有网站的页面都存在这样糟糕的情况。

这些仅仅用于表现的标签被大量使用，不但使网页结构越来越复杂，而且网页的体积也急剧增大，严重影响了网页的维护以及浏览速度。试想一下，若某一天你要修改网页的文字的颜色，就只能把网站中所有用来修饰文字的 <font> 标签找出来一一修改，一段时间后，可能你又需要将网页的文字修改为其他颜色，这样又得重复前面的工作。可以想象，使用这种方式修改网页元素的格式，不管是对开发人员，还是对维护人员，都将是一个噩梦！由此可见，在一个网页中混杂大量结构标签与表现标签，必将为以后的维护工作埋下隐患！

为解决这些弊端，W3C 组织对 Web 标准引入了 CSS 规范。这套规范明确规定着：HTML 标签用于确定网页的结构内容，而 CSS 则用于决定网页的表现形式。

2. CSS 的发展历程

CSS 的发展经过了以下 6 个历程。

① CSS 最早被提议是在 1994 年，最早被浏览器支持则是在 1995 年。

② 1996 年 12 月，W3C 发布了 CSS1.0 规范。

③ 1998 年 5 月，W3C 发布了 CSS2.0 规范。

④ 2004 年 2 月，W3C 发布了 CSS2.1 规范。

⑤ 2001 年 5 月，W3C 开始进行 CSS3 标准的制定。

⑥ CSS3 的开发朝着模块化发展，以前的规范在 CSS3 中被分解为一些小的模块，同时 CSS3 中加入了许多新的模块。自 2001 年一直到现在，不断有 CSS3 模块的标准发布，但到目前为止，有关 CSS3 的部分标准还没有最终定稿。

3. CSS 的优点

使用 CSS 展现网页有许多优点，归纳来说主要具有以下 4 点。

（1）将格式和结构分离

CSS 和 HTML 各司其职，分工合作，分别负责格式和结构。格式和结构的分离，有利于格式的重用及网页的修改维护。

（2）精确控制页面布局

CSS 扩展了 HTML 的功能，能够对网页的布局、字体、颜色、背景等图文效果实现更加精确的控制。

（3）可制作体积更小、下载更快的网页

使用 CSS 后，我们不但可以在同一个网页中重用样式信息，当将 CSS 样式信息制作为一个样式文件后，还可以在不同的网页中重用样式信息。此外，还可以极大地减少表格布局标签、表现标签以及许多用于设置格式的标签属性。这些变化极大地减小了网页的体积，从而使网页的加载速度更快。

（4）可实现许多网页同时更新

利用 CSS 样式表，可以将站点上的多个网页都指向同一个 CSS 文件，从而在更新这个 CSS 文件时，实现对多个网页的同时更新。

2.2 定义 CSS 的基本语法

CSS 对网页的样式设置是通过一条条的 CSS 规则来实现的，每条 CSS 规则包括两个组成部分：一是选择器，二是一条或多条属性声明。一条以上的 CSS 规则就构成了一个样式表。

定义 CSS 的基本语法：

```
选择器 {
    属性 1: 属性值 1;
    属性 2: 属性值 2;
    ...
}
```

语法说明：选择器指定了对哪些网页元素进行样式设置。所有可以标识一个或一类网页元素的内容都可以作为选择器来使用，比如 HTML 标签名、元素的类名、元素的 ID 名等。根据选择器的构成形式，可将选择器分为基本选择器和复合选择器，这两类选择器将在接下来的两节内容中详细介绍。每条属性声明实现对网页元素进行某种特定格式的设置，由一个属性和一个值组成，属性和值之间使用冒号连接，不同声明之间用分号分隔，所有属性声明放到一对大括号中。需要注意的是，CSS 中的属性必须符合 CSS 规范，不能随意创建属性名；属性的取值也必须符合合理的要求，比如 color 属性只能取表示颜色的英文单词、十六进制、RGB 或 RGBA 等来表示的颜色值，而不能自己想当然地给一个属性值。CSS 常用的属性名及其取值请参见第 3 和第 4 等章节。为了增强 CSS 样式的可读性和维护性，一般每行只写一条属性声明，并且在每条声明后面使用分号结尾。

假设我们现在要对 HTML 页面中某个 div 元素进行样式设置，例如：文字颜色为蓝色，区块显示红色边框。根据上述定义 CSS 语法，满足要求的 CSS 代码如下：

```
div {
    color: blue;
    border: 1px solid red;
}
```

上述 CSS 代码使用了 div 元素作为选择器，它包含两条属性声明，分别实现了文字颜色和边框样式的设置。上述 CSS 若想实现对页面中 div 元素的样式控制，就必须将该样式表应用到 HTML 页面中。将 CSS 应用到 HTML 页面主要有三种方式，分别为：内联式（也叫行内样式）、内嵌式（内部样式表）、链接式（外部样式表）。这些应用方式将在本章 2.7 节中详细介绍。在介绍这些方式之前，我们所有示例将使用内嵌式（内部样式表）。

上述 CSS 代码实现了对 div 元素的样式定义，但到目前为止，它并没有对任何网页中的 div 元素产生影响。若想实现上述 CSS 代码对页面中的 div 元素的样式控制，格式如下：

```
<style type="text/css">
选择器 {
属性 1: 属性值 1;
属性 2: 属性值 2;
 ...
   }
</style>
```

在 HTML5 中，也可以省略“type”属性，直接写成 <style>。下面使用内嵌式将前面定义的 div 样式应用到 HTML 页面中，如示例 2–1 所示。

【示例 2–1】使用内嵌式应用样式。

```
<!DOCTYPE html>
<html>
<head>
```

```
<meta charset="utf-8">
<title> 使用内嵌式应用样式 </title>
<!-- 内嵌式应用 CSS：在头部区域添加 style 标签对包含 CSS 代码 -->
<style>
div { /* 定义 div 元素的样式 */
    color: blue;
    border: 1px solid red;
}
</style>
</head>
<body>
    <div> 妙味课堂 www.miaov.com</div>
</body>
</html>
```

上述代码中的 <!-- --> 表示 HTML 注释，/* */ 表示 CSS 注释。上述代码在 Chrome 浏览器中的运行结果如图 2-3 所示。

图 2-3　使用内嵌式应用 CSS

2.3 基本选择器

所谓基本选择器指的是选择器的名称前面没有其他选择器，即在组成上，基本选择器是单一名称。基本选择器主要包括元素选择器、类选择器、ID 选择器、伪类和伪元素。

2.3.1 元素选择器

元素选择器就是直接使用 HTML 标签作为选择器，一个 HTML 标签对应一个元素选择器。在 W3C 标准中，元素选择器又称为类型选择器。使用元素选择器设置样式的语法如下：

```
元素选择器 {
属性 1: 属性值 1;
属性 2: 属性值 2;
 ...
}
```

语法说明：元素选择器重新定义了 HTML 标签的显示效果，网页中的任何一个 HTML 标签都可以作为相应的元素选择器的名称，设置的样式对整个网页的该类元素有效。例如，div 元素选择器就是声明当前页面中所有的 div 元素的显示效果。元素选择器样式应用是通过匹配 HTML 文档元素来实现的。

【示例 2-2】元素选择器使用。

```
<!DOCTYPE html>
<html>
<head>
```

```
<meta charset="utf-8" />
<title> 元素选择器的使用 </title>
<style>
div {/* 使用 div 标签作为元素选择器 */
    font-size:32px;/* 设置字体大小样式 */
    color:red;/* 设置字体颜色样式 */
}
</style>
</head>
<body>
    <div> 妙味公告 </div>
    <div> 妙味课堂 </div>
    <div>miaov 公告 </div>
    <div>miaov 课堂 </div>
</body>
</html>
```

上述 CSS 代码使用 div 作为元素选择器，这样就选中了页面上所有的 div 元素，因而在大括号内设置的任何样式，对页面中所有 div 元素都有效。运行结果如图 2-4 所示。

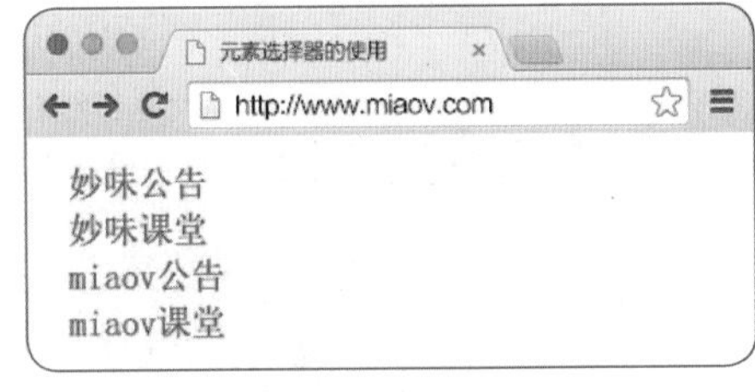

图 2-4　使用元素选择器设置元素样式

2.3.2 ID 选择器

从上一节的介绍中，我们知道，元素选择器可以选择某一类元素。很显然，如果需要某一类元素中某个元素设置特定的样式，比如，对示例 2-2 中第一个 div 元素设置不同样式，此时使用元素选择器将无满足需要，针对这种情况，我们可以使用 ID 选择器。

ID 选择器的名称为元素的 id 属性值，它可以针对一个元素进行样式设置，需注意的是 ID 名称在一个 HTML 页面中必须唯一，你可以理解为 ID 就像是一个人的身份证号一样，不可重复。所以一个 ID 选择器只允许设置一个元素的样式。在设置前必须加上标识符“#”。

使用 ID 选择器设置样式的语法如下：

```
#ID 选择器 {
属性 1: 属性值 1;
属性 2: 属性值 2;
 ...
}
```

语法说明：ID 选择器名称的第一个字符不能使用数字；ID 选择器名不允许有空格，选择器名前的“#”是 ID 选择器的标识，不能省略；另外，ID 选择器名区分大小写，应用时应正确书写。

【示例 2-3】 ID 选择器使用。

```
<!DOCTYPE html>
```

```
<html>
<head>
<meta charset="utf-8" />
<title>ID 选择器的使用 </title>
<style>
#teacher{ /* 使用 ID 选择器 */
    color:green; /* 设置文本颜色样式 */
    font-weight:bold; /* 设置文本加粗样式 */
}
</style>
<body>
    <div> 妙味课堂 </div>
    <div> 妙味课程 </div>
    <div id="teacher"> 妙味讲师 </div>
</body>
</html>
```

上述代码中有 3 个 div 元素，其中第 3 个 div 设置了 id 属性，值为“teacher”。CSS 代码通过匹配 id 属性值，可知 ID 选择器选中了第 3 个 div 元素，因而其设置的绿色文本颜色以及加粗样式，只对第 3 个 div 元素有效，其他两个 div 元素的样式则保持默认效果。示例 2-3 的运行结果如图 2-5 所示。

图 2-5　使用 ID 选择器设置元素样式

还有一些情况也很常见，例如我们希望有一列 div 具备公共样式，比如统一的背景、统一的大小等，但我们希望其中一个元素样式略有不同，希望针对这个元素设置特殊样式，此时我们可以结合元素选择器和 ID 选择器来共同设置样式：元素选择器设置公共样式，ID 选择器设置特殊样式。具体示例如下。

【示例 2-4】结合元素选择器和 ID 选择器共同设置元素样式。

```
<!DOCTYPE html>
<html>
<head>
<meta charset="utf-8" />
<title> 结合元素选择器和 ID 选择器共同设置元素样式 </title>
<style>
/* 使用元素选择器设置元素的下边距、字体加粗、字号大小以及背景颜色公共样式 */
div{
    margin-bottom:6px; /* 设置下边距 */
    background:#CFF;  /* 设置背景颜色 */
    font-weight:bold; /* 设置文本加粗 */
    font-size:26px;  /* 设置字号大小 */
}
```

```
/* 使用 ID 选择器设置元素的文本颜色特殊样式 */
#teacher{
    color:green; /* 设置文本颜色 */
}
</style>
</head>
<body>
<div> 妙味课堂 </div>
<div>miaov 课程 </div>
<div id="teacher"> 妙味讲师 </div>
</body>
</html>
```

上述代码中的 3 个 div 元素内容都需要加粗并以 26px 字号显示，同时，都包含背景颜色，但第 3 个 div 元素内容的文本颜色要求为绿色。可见，三个 div 存在公共样式，同时，第三个 div 存在特殊样式。对 div 的公共样式可使用 div 元素选择器进行设置，而第 3 个 div 的特殊样式则使用 ID 选择器进行设置，示例 2-4 在浏览器中的最终运行结果如图 2-6 所示。

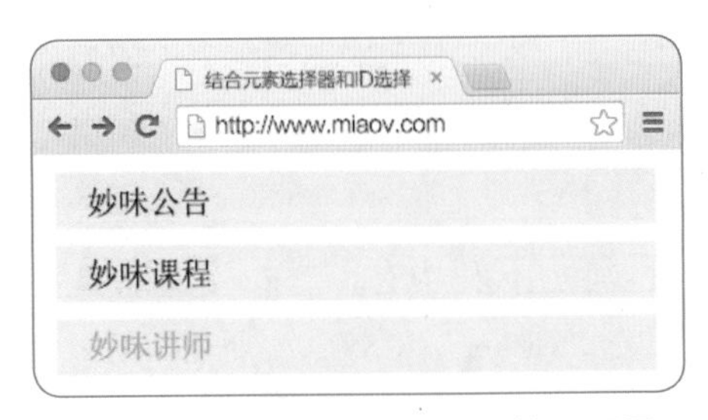

图 2-6　结合元素选择器和 ID 选择器设置元素样式

由于 ID 名不可重复，所以 ID 选择器只能选择单个元素。ID 选择器的这个特性在某些情况下，会给我们带来不便。比如我们使用 ID 选择器对示例 2-2 中的 4 个 div 元素设置样式，要求是其中第 1 个和第 3 个 div 的文本颜色为红色，第 2 个和第 4 个 div 的文本颜色为蓝色。使用 ID 选择器就需要对各个 div 都设置好 id 属性，将示例 2-2 的代码修改如下。

【示例 2-5】页面存在多个元素具有相同样式时使用 ID 选择器的问题。

```
<!DOCTYPE html>
<html>
<head>
<meta charset="utf-8" />
<title> 页面存在多个元素具有相同样式时使用 ID 选择器的问题 </title>
<style>
#notice1{
    color:red;
}
#course1{
    color: blue;
}
#notice2{
    color:red;
}
#course2{
```

```
        color:blue;
    }
    </style>
    </head>
    <body>
        <div id="notice1">妙味公告</div>
        <div id="course1">妙味课堂</div>
        <div id="notice2">miaov公告</div>
        <div id="course2">miaov课堂</div>
    </body>
    </html>
```

示例 2-5 的 CSS 代码中，虽然第 1 个和第 3 个 div、第 2 个和第 4 个 div 的样式完全相同，但由于使用 ID 选择器，相同样式也要使用不同 ID 选择器去定义（因为 ID 名必须唯一）。可见，针对多个元素具有相同样式的情况，使用 ID 选择器是不可取的。此时是否可以使用元素选择器呢？很显然，这种情况下，元素选择器更不可取，因为元素选择器会让所有同类元素使用同一种样式。ID 选择器和元素选择器都不合适，此时最合适的是哪种选择器呢？答案是使用类选择器！有关类选择器的介绍请参见下一小节。示例 2-5 的运行结果如图 2-7 所示。

图 2-7　使用 ID 选择器设置元素样式

2.3.3 类选择器

在上一小节最后，我们说示例 2-5 中的样式设置使用类选择器最合适。那么什么是类选择器呢？其实，类选择器也是一种基本选择器，它和 ID 选择器一样，可以允许以一种独立于文档元素的方式来指定样式。与 ID 选择器不同的是，类选择器的名称为元素的 class 属性值，一个类名在 HTML 页面中可以重复出现多次，此外，类选择器名前面必须加上“.”作为标识符。

使用类选择器设置样式的语法如下：

```
.类选择器 {
属性 1: 属性值 1;
属性 2: 属性值 2;
 ...
}
```

语法说明：类选择器名称的第一个字符不能使用数字；类选择器名前的“.”是类选择器的标识，不能省略；另外，类选择器的命名是区分大小的，应用时应正确书写。

下面使用类选择器设置示例 2-5 的 div 样式。大家可以看到，第 1 个和第 2 个 div 的 class 属性值一样，第 3 个和第 4 个 div 的 class 属性值一样。具体代码如下。

【示例 2-6】使用类选择器设置示例 2-5 的 div 样式。

```
<!DOCTYPE html>
<html>
<head>
<meta charset="utf-8" />
<title>类选择器的使用</title>
<style>
.red{
    color:red;
}
.blue{
    color:blue;
}
</style>
</head>
<body>
   <div class="red">妙味公告</div>
   <div class="red">妙味课堂</div>
   <div class="blue">miaov 公告</div>
   <div class="blue">miaov 课堂</div>
</body>
</html>
```

上述代码的运行结果和图 2-7 完全相同。

在 2.3.2 小节中，我们知道，ID 选择器可以在一组同类元素中选取某个元素，其实类选择器同样具有这个能力，但不同的是，类选择器可一次性选取若干个元素。例如：有三组 div 元素，它们的字体大小均为 26px，并且是加粗显示，但其中前两个 div 的字体是绿色，且字体是斜体，在这样的需求下，可以结合元素选择器和类选择器来共同完成样式设置，具体示例如下。

【示例 2-7】结合元素选择器和类选择器共同设置元素样式。

```
<!DOCTYPE html>
<html>
<head>
<meta charset="utf-8" />
<title>结合元素选择器和类选择器共同设置元素样式</title>
<style>
/*使用元素选择器设置元素的字体加粗以及字号大小公共样式*/
div{
   font-weight:bold;
   font-size:26px;
}
/*使用类选择器设置元素的字体格式和文本颜色特殊样式*/
.miaov{
```

```
    color:green;
    font-style:italic;
}
</style>
</head>
<body>
<divclass="miaov">妙味课程</div>
<divclass="miaov">妙味课堂</div>
<div>学员作品</div>
</body>
</html>
```

上述代码在浏览器的运行结果如图 2-8 所示。

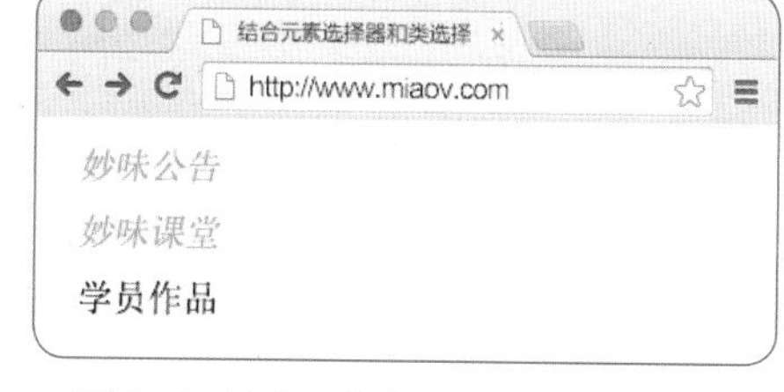

图 2-8　结合元素选择器和类选择器设置元素样式

注意：示例 2-5 和示例 2-7 虽然体现了元素选择器和 ID 选择器、类选择器的组合应用场景，但在真实的项目开发中，我们通常不会给 div 做这样的全局样式设置，因为这样会干扰到页面其他 div 元素。真实的项目开发中，更常见的做法是在一个 class 属性中使用多个类名来区分样式。

先来看看多个 class 属性值的设置。class 属性值中除了包含一个类，还可以包含多个类，即一个词列表（类名列表），各个词之间使用空格分隔。比如：<div class="miaov green"></div>，这里面的"miaov green"就是不同的类名，在一个 class 属性内，不仅可以设置两个，还可以设置多个，根据实际开发需要而定。因此，图 2-8 的代码实现，可以改写成如下示例。

【示例 2-8】设置多个类名来共同设置元素样式。

```
<!DOCTYPE html>
<html>
<head>
<meta charset="utf-8" />
<title>使用多个类名共同设置元素样式</title>
<style>
/*使用元素选择器设置 miaov 类的字体加粗以及字号大小公共样式*/
.miaov {
    font-weight:bold;
    font-size:26px;
}
/*使用 green 类选择器设置元素的字体格式和文本颜色特殊样式*/
.green {
    color:green;
    font-style:italic;
}
</style>
```

```
</head>
<body>
<divclass="miaov green">妙味课程</div>
<div class="miaov green">妙味课堂</div>
<div class="miaov">学员作品</div>
</body>
</html>
```

上述代码在浏览器中的运行结果和图 2-8 所示一致，但由于使用到多个类名，页面中再添加其他 div 元素，也不会受到干扰了。

此外，还有一种工作中不常见的选择器——多类选择器，为保证知识点的完整，在本书中对其做简单介绍，它的设置方式依然是 class="miaov green hot"，但在定义 CSS 选择器时，需要以 .miaov.green.hot 作为选择器名称，这种选择器称之为多类选择器。

使用多类选择器设置样式的语法如下：

```
.类选择器1 .类选择器2 .类选择器3...{
  属性1:属性值1;
  属性2:属性值2;
  ...
}
```

语法说明：.类选择器 1. 类选择器 2. 类选择器 3……各个类选择器之间不能有空格。多类选择器只能选择包含这些类名的元素（类名的顺序不限）。如果多类选择器包含了类名列表中没有的类名，匹配就会失败。

【示例 2-9】使用多类选择器来进行元素样式设置。

```
<!DOCTYPE html>
<html>
<head>
<meta charset="utf-8" />
<title>使用多类选择器来进行元素样式设置</title>
<style>
/*使用多类选择器进行样式设置*/
.miaov.green.hot {
    font-weight:bold;
    font-size:26px;
}
</style>
</head>
<body>
<div class="miaov green hot">妙味课程</div>
</body>
</html>
```

以上代码在浏览器中的运行结果如图 2-9 所示。

当设置多类选择器时，必须正确写成 .miaov.green.hot 才能实现，写成 .miaov.green 也可以正确设置。但如果写成：.miaov.green.abc，即使样式表中存在 .abc 这个类，也会导致样式设置无效。

图 2-9　使用多类选择器设置元素样式

注意： 实际项目中不推荐使用多类选择器，因为代码量大，使得性能比较差，且不利于后期的维护修改。

2.3.4 伪类选择器

伪类是指逻辑上存在、但文档树中并不存在的“幽灵”分类，通常用于给元素某些特定状态添加样式。伪类典型的应用就是为超链接添加未访问、访问过后、悬停和活动四种链接状态。从效果上看，存在伪类对应的类名，但实际上并没有这个类名，因此称之为伪类。

使用伪类选择器设置样式的语法如下：

```
选择器：伪类 {
  属性 1: 属性值 1;
  属性 2: 属性值 2;
  ...
}
```

语法说明：选择器可以是任意类型的选择器，伪类前的“:”是伪类选择器的标识，不能省略。表 2-1 列出了一些 W3C 规定的伪类。

表 2-1　伪类类型描述

伪类类型	描　述
:active	将样式添加到被激活的元素
:hover	当鼠标悬浮在元素上方时，向元素添加样式
:link	将样式添加到未被访问过的链接
:visited	将样式添加到已被访问过的链接
:focus	将样式添加到被选中的元素
:first-child	将样式添加到文档树中每一层元素的指定类型的第一个子元素
:lang	向带有指定 lang 属性的元素添加样式

注意： 上表主要列举了 CSS2 中的一些伪类，还有一些有关 CSS3 的伪类将在本系列丛书后续的 CSS3 中进行一一介绍。

:active、:hover、:link 和 :visited 主要用于描述超链接的四种状态，我们将在介绍超链接时演示这些伪类的用法；focus 伪类的用法将在表单章节中进行演示。在本小节将演示 :first-child 伪类，以让大家熟悉伪类的使用方法。

【示例 2-10】 使用伪类设置文档树中每层的第一个子元素的样式。

```
<!DOCTYPE html>
<html>
<head>
```

```
<meta charset="utf-8" />
<title> 使用伪类设置文档树中每层的第一个子元素的样式 </title>
<style>
/* 设置文档树中每一层中类型为 piv 的第一个子元素的背景颜色 */
p:first-child{
    background:#80C6BE;
}
</style>
</head>
<body>
    <p> 妙味零基础课程 </p>
    <p> 妙味 JavaScript 课程 </p>
    <p> 妙味移动端课程 </p>
</body>
</html>
```

上述代码中的“<p></p>”是一个段落标签对，用于创建一个段落。有关段落标签的内容请参见第 5 章。代码中的“p:first-child”是一个伪类选择器，表示选择文档树中的每层元素的第一个子元素，且其类型为“p”。最终的结果是第一个 p 被设置为背景颜色，运行结果如图 2-10 所示。

图 2-10　使用伪类设置第一个子元素样式

示例 2-10 也可以不使用伪类而使用实际的类来达到同样的样式设置效果。为了使用实际的类来达到示例 2-10 的效果，需要在第一个段落标签中添加一个类名，并对该类名设置一个类选择器样式。将示例 2-10 的代码做如下修改：

```
<!doctype html>
<html>
<head>
<meta charset="utf-8" />
<title> 使用实际的类实现伪类同等的样式设置效果 </title>
<style>
.first-child {
    background:#80C6BE;
}
</style>
</head>
<body>
    <p class="first-child"> 妙味零基础课程 </p>
    <p> 妙味 JavaScript 课程 </p>
    <p> 妙味移动端课程 </p>
</body>
</html>
```

上述代码的运行效果和示例 2-10 完全等效。可见，伪类相当于在文档中存在一个对应的类，这正是伪类之所以称为“伪类”的原因。

2.3.5 伪元素选择器

和伪类一样，伪元素也用于向选择器添加特殊的效果。伪元素之所有称为“伪元素”，原因是伪元素只是在逻辑上存在但在文档树中却并不存在的“幽灵”元素，即从效果上看，文档树中存在对应伪元素的元素，但实际上在代码中并不存在这样的元素。

使用伪元素选择器设置样式的语法如下：

```
选择器：伪元素 {
  属性 1: 属性值 1;
  属性 2: 属性值 2;
  ...
}
```

语法说明：选择器可以是任意类型的选择器，当选择器是类选择器时，为了限定某类元素，也可以在类选择器名前加上元素名，即将选择器名写成：元素名 . 类选择器名，比如 div.second:first-line。另外，伪元素前的“:”是伪元素选择器的标识，不能省略。从上述语法来看，伪类和伪元素的写法很类似，在 CSS3 中，为了区分两者，规定伪类用一个冒号来表示，而伪元素则用两个冒号来表示。

目前，W3C 规定了表 2-2 所示的一些类型的伪元素。

表 2-2　伪元素类型

伪元素类型	描　述
:first-letter	向文本的第一个字符添加特殊样式
:first-line	向文本的首行添加特殊样式
:before	在选择器选择的元素之前添加内容，并可设置添加内容的样式
:after	在选择器选择的元素之后添加内容，并可设置添加内容的样式

下面将通过示例演示上述各个伪元素的使用方法。

【示例 2-11】使用伪元素 first-line 设置文本的首行的样式。

```
<!DOCTYPE html>
<html>
<head>
<meta charset="utf-8" />
<title>使用伪元素 first-line 设置文本首行的样式。</title>
<style>
/* 设置文本首行的背景颜色 */
div:first-line{
    background:#80C6BE;
}
</style>
```

```
</head>
<body>
    <div>伪元素选择器可以是任意类型的选择器。当选择器是类选择器时，为了限定某类元素，也可以在类选择器名前加上元素名，即将选择器名写成：元素名 . 类选择器名，比如 div.second:first。</div>
</body>
</html>
```

上述代码中的“div:first-line”是一个伪类选择器，用于选择 div 内容中的首行。该选择器设置了首行的背景颜色样式，运行结果如图 2-11 所示。

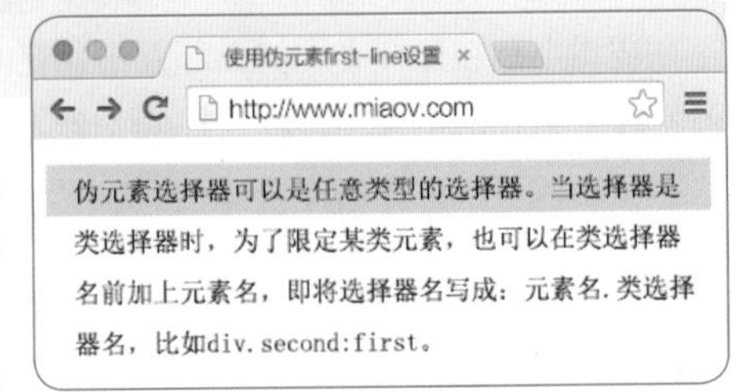

图 2-11　使用伪元素 first-line 设置文本首行的样式

【示例 2-12】使用伪元素 first-letter 设置文本的第一个字符样式。

```
<!DOCTYPE html>
<html>
<head>
<meta charset="utf-8" />
<title>使用伪元素 first-letter 设置文本的第一个字符样式 </title>
<style>
/* 设置文本第一个字符的字号大小 */
div:first-letter{
    font-size:36px;
}
</style>
</head>
<body>
    <div>伪元素选择器可以是任意类型的选择器。</div>
</body>
</html>
```

上述代码中的”div:first-letter”是一个伪元素选择器，用于选择 div 内容中的第一个字符。该选择器设置了第一个字符的字号大小，运行结果如图 2-12 所示。

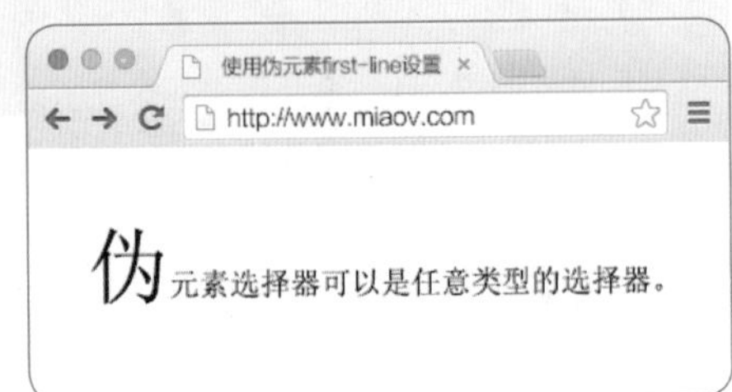

图 2-12　使用伪元素 first-letter 设置文本的第一个字符的样式

【示例 2-13】使用伪元素 before 在元素前面添加内容并设置该内容的样式。

```
<!DOCTYPE html>
<html>
<head>
<meta charset="utf-8" />
<title>before 伪元素的使用 </title>
<style>
```

```
/* 在 div 前面添加内容并设置该内容的背景颜色 */
div:before{
    content:" 这是使用 before 伪元素添加的内容 "; /* 设置添加的内容 */
    background:#99F;
}
</style>
</head>
<body>
    <div> 伪元素选择器可以是任意类型的选择器。</div>
</body>
</html>
```

上述代码中的“div:before”是一个伪元素选择器，用于在 div 内容前面添加一串文本（文本内容使用 content 属性来添加），同时设置这些文本的背景颜色，运行结果如图 2-13 所示。

图 2-13　使用伪元素 before 添加内容并设置该内容的样式

【示例 2-14】使用伪元素 after 在元素后面添加内容并设置该内容的样式。

```
<!DOCTYPE html>
<html>
<head>
<meta charset="utf-8" />
<title>after 伪元素的使用 </title>
<style>
/* 在 div 后面添加内容并设置该内容的背景颜色 */
div:after {
    content:" 这是使用 after 伪元素添加的内容 "; /* 设置添加的内容 */
    background:#99F;
}
</style>
</head>
<body>
    <div> 伪元素选择器可以是任意类型的选择器。</div>
</body>
</html>
```

上述代码中的“div:after”是一个伪元素选择器，用于在 div 内容后面添加一串文本（文本内容使用 content 属性来添加），同时设置这些文本的背景颜色，运行结果如图 2-14 所示。

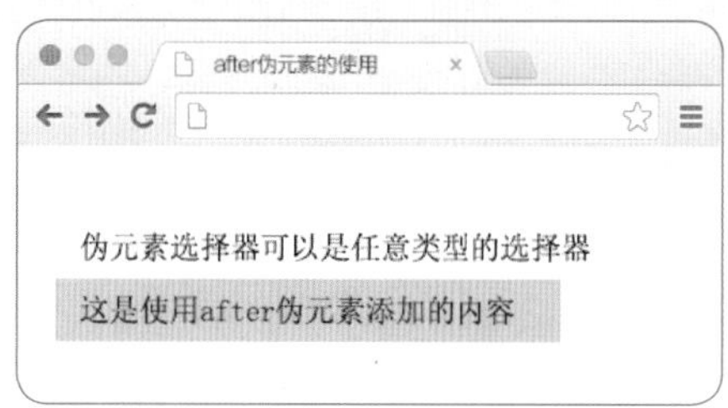

图 2-14　使用伪元素 after 添加内容并设置该内容的样式

和伪类可以使用具体的类来达到同等效果一样，伪元素也可以使用具体的元素来达到同等效果。此时需要在代码的相应位置添加一个元素，同时使用元素选择器对该元素设置样式。下面以示例

2-12 为例，将示例 2-12 的代码修改如下：

```
<!DOCTYPE html>
<html>
<head>
<meta charset="utf-8" />
<title> 使用元素设置文本的第一个字符样式 </title>
<style>
/* 添加元素选择器样式 */
span {
    font-size:36px;
}
</style>
</head>
<body>
    <div><span> 伪 </span> 元素选择器可以是任意类型的选择器。</div>
</body>
</html>
```

上述代码的运行效果和示例 2-12 的运行效果完全一样。可见，伪元素相当于在文档中存在一个对应的元素，这正是伪元素之所以称为“伪元素”的原因。

2.3.6 通用选择器

通用选择器又称为通配符选择器，使用通配符“*”表示，它可以选择文档中的所有元素。

使用通用选择器设置样式的语法如下：

```
*{
  属性 1: 属性值 1;
  属性 2: 属性值 2;
  ...
}
```

很多元素在不同的浏览器中的默认样式是不一样的，因此，为了兼容不同的浏览器，需要重置元素的默认样式。最简单的重置元素样式的方法就是使用通用选择器，其中最常用的是使用通用选择器来重置文档元素的内、外边距。示例代码如下：

```
/* 重置文档所有元素的内、外边距为 0px*/
*{
    margin:0px; /* 设置元素的四个方向的外边距为 0px*/
    padding:0px; /* 设置元素的四个方向的内边距为 0px*/
}
```

注意： 上述设置方式虽然简单，但对性能影响比较大，所以实际应用中不建议使用通用选择器来重置样式。

2.4 复合选择器

复合选择器是通过基本选择器进行组合后构成的，常用的复合选择器有：交集选择器、并集选持器、后代选择器、子元素选择器、相邻兄弟选择器和属性选择器等。

2.4.1 交集选择器

交集选择器由两个选择器直接连接构成，其中第一个选择器必须是元素选择器，第二个选择器必须是类选择器或者 ID 选择器，例如：div.txt、div#txtID。两个选择器之间必须连续写，不能有空格。交集选择器选择的元素必须是由第一个选择器指定的元素类型，该元素必须包含第二个选择器对应的 ID 名或类名。交集选择器选择的元素的样式是三个选择器样式，即第一个选择器、第二个选择器和交集选择器三个选择器样式的层叠效果。

使用交集元素选择器设置样式的语法如下：

```
元素选择器 . 类选择器 | #ID 选择器 {
  属性 1: 属性值 1;
  属性 2: 属性值 2;
  ...
}
```

语法说明："类选择器 | ID 选择器"表示使用类选择器，或者使用 ID 选择器。

【示例 2-15】使用交集选择器设置样式。

```
<!DOCTYPE html>
<html>
<head>
<meta charset="utf-8" />
<title> 使用交集选择器设置样式 </title>
<style>
/* 元素选择器设置边框和下外边距样式 */
div {
    border: 5px solid red;
    margin-bottom:20px;
}
/* 交集选择器设置背景颜色 */
div.txt {
    background:#33FFCC;
}
/* 类选择器设置字体格式 */
.txt {
    font-style:italic;
}
</style>
</head>
<body>
```

```
    <div> 元素选择器效果 </div>
    <div class="txt"> 交集选择器效果 </div>
    <span class="txt"> 类选择器效果 </p>
</body>
</html>
```

上述 CSS 代码定义了 div 元素、类选择器 txt 和它们的交集选择器 div.txt 的样式。交集选择器所定义的背景颜色只作用于 <div class="txt"> 元素。上述代码在 Chrome 浏览器中的运行结果如图 2-15 所示。

图 2-15　使用交集元素选择器设置元素样式

从图 2-15 可看出，交集选择器所指定对象的最终样式是上述 CSS 中定义的三个选择器样式的层叠，有冲突时将选择优先级最高的样式来执行（有关样式的优先级的规定请参见 2.7 节）。

注意：交集选择器由于会增加代码量，会影响性能且不利于后期维护，所以除了不得已要使用外，一般不推荐使用。

2.4.2 并集选择器

并集选择器也叫分组选择器或群组选择器，它是由两个或两个以上的任意选择器组成的，不同选择器之间用“,”隔开，实现对多个选择器进行“集体声明”。并集选择器的特点是所设置的样式对并集选择器中的各个选择器都有效。并集选择器的作用是把不同选择器的相同样式抽取出来，然后放到一个地方作一次性定义，从而简化了 CSS 代码量。

使用交集元素选择器设置样式的语法如下：

```
选择器 1,
选择器 2,
选择器 3,
… {
  属性 1: 属性值 1;
  属性 2: 属性值 2;
   ...
}
```

语法说明：选择器的类型任意，既可以是基本选择器，也可以是一个复合选择器。

【示例 2-16】使用并集选择器设置样式。

```
<!DOCTYPE html>
<html>
<head>
<meta charset="utf-8" />
<title> 使用并集选择器设置样式 </title>
<style>
div {
```

```
        margin-bottom:10px;
        border:3px solid red;
    }
    span {
        font-size:26px;
    }
    p {
        font-style:italic;
    }
    /* 使用并集选择器设置元素的公共样式 */
    span,
    .p1,
    #d1 {
        background:#CCC;
    }
    </style>
    </head>
    <body>
        <div id="d1">这是 DIV1</div>
        <div>这是 DIV2</div>
        <p class="p1">这是段落一 </p>
        <p>这是段落二 </p>
        <span>这是一个 SPAN</div>
    </body>
    </html>
```

上述 CSS 代码中共定义了四个选择器的样式。其中，前三个是元素选择器，用于定义各类元素的样式，第四个选择器：span,.p1,#d1 为并集选择器，用于定义 span、第一个段落和第一个 div 这三个元素的公共样式，即浅灰色背景。我们看到该并集选择器中包含了元素选择器、类选择器和 ID 选择器，这完全符合前面说的并集选择器可以是任意类型的选择器的特点。示例 2-15 的运行结果如图 2-16 所示。

图 2-16　使用并集元素选择器设置元素样式

2.4.3 后代选择器

后代选择器又称包含选择器，用于选择指定元素的后代元素。使用后代选择器可以帮助我们更快更确切地找到目标元素。

使用后代元素选择器设置样式的语法如下：

```
选择器 1 选择器 2 选择器 3 … {
  属性 1: 属性值 1;
  属性 2: 属性值 2;
  ...
}
```

语法说明：位于左边的选择器可以包含两个或多个使用空格隔开的选择器，位于后面的选择器选择的元素属于前面选择器选择元素的子级。这些选择器既可以是基本选择器，也可以是一个复合选择器。选择器之间的空格是一种结合符，按从右到左的方式顺序读选择器。此时，每个空格结合符可以解释为“××× 作为 ××× 的后代”，例如 div p 表示 p 作为 div 的后代。需注意的是，后代选择器所选择的后代元素包括任意嵌套层次的后代，所以 div p 又可解释为作为 div 后代元素的任意 p 元素。另外，虽然后代选择器中可以包含任意多个选择器，但为了便于阅读和理解，后代选择器中包含的选择器一般最多包含三级。

【示例 2-17】使用后代选择器设置样式。

```
<!DOCTYPE html>
<html>
<head>
<meta charset="utf-8" />
<title> 使用后代选择器设置样式 </title>
<style>
#box1 .p1 { /* 后代选择器 */
    background:#CCC;
}
#box2 p { /* 后代选择器 */
    background:#CFC;
}
</style>
</head>
<body>
    <div id="box1">
        <p class="p1"> 段落一 </p>
        <p class="p2"> 段落二 </p>
    </div>
    <div id="box2">
        <p class="p1"> 段落三 </p>
        <p> 段落四 </p>
    </div>
    <p class="p1"> 段落五 </p>
    <p> 段落六 </p>
</body>
</html>
```

图 2-17　使用后代元素选择器设置元素样式

上述 CSS 代码中定义了两个后代选择器样式，其中“#box1 .p1”后代选择器用于选择 ID 为 box1 元素中类名为 p1 的所有后代元素；“#box2 p”后代选择器用于选择 ID 为 box2 的元素中所有类型为 p 的后代元素。上述代码在浏览器中的运行结果如图 2-17 所示

从图 2-17 中可以看到，“#box1.p1”后代选择器只选择了段落一，虽然段落三和段落五的类名都是 p1，但由于它们不属于 #box1 元素的后代，因而没有被选择；而“#box2 p”后代选择器则只选择

了段落三和段落四，其他段落的类型虽然也都是 p，但由于它们不属于 #box2 的后代，所以也没有被选择。

2.4.4 子元素选择器

后代选择器可以选择某个元素指定类型的所有后代元素，如果只想选择某个元素的所有子元素，则需要使用子元素选择器。

使用子元素选择器设置样式的语法如下：

```
选择器 1> 选择器 2 {
  属性 1: 属性值 1;
  属性 2: 属性值 2;
  …
}
```

语法说明：“>”称为左结合符，在其左右两边可以出现空格，“选择器 1> 选择器 2”的含意为“选择作为选择器 1 指定元素的所有选择器 2 指定的子元素”，例如：div>span 表示选择了 div 元素内所有子元素 span。子元素选择器中的两个选择器既可以是基本选择器，也可以是交集选择器，另外选择器 1 还可以是后代选择器。

【示例 2-18】子元素选择器应用示例。

```
<!DOCTYPE html>
<html>
<head>
<meta charset="utf-8" />
<title> 子元素选择器应用示例 </title>
<style>
 h1>span {
    color:red;
}
</style>
</head>
<body>
    <h1> 这是非常非常 <span> 重要 </span> 且 <span> 关键 </span> 的一步。</h1>
    <h1> 这是真的非常 <em><span> 重要 </span> 且 <span> 关键 </span></em> 的一步。</h1>
</body>
</html>
```

上述 CSS 代码中的 h1>span 选择了 h1 元素的所有子元素 span。在第一个 h1 元素中的两个 span 就是 h1 的子元素。而第二个 h1 中的两个 span 是 h1 元素中 em 里的子元素，它属于 h1 元素的子元素的子元素，所以没有被选中。因而 CSS 样式只对第一个 h1 元素的两个 span 元素有效，即只有第一行中的“重要”和“关键”这两个词显示红色，第二行的这两个词颜色没变。上述代码在 Chrome 浏览器中的运行结果如图 2-18 所示。

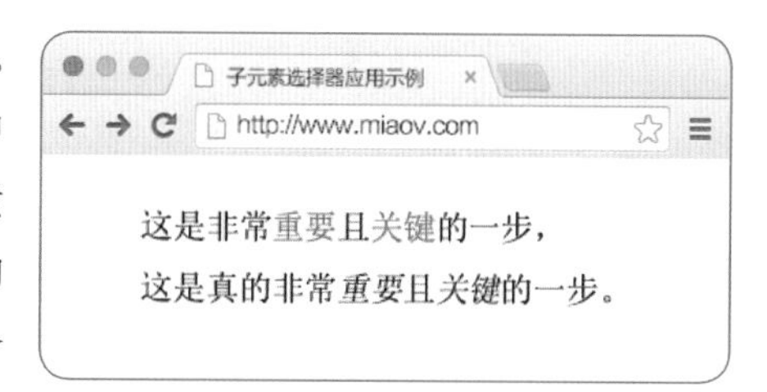

图 2-18　子元素选择器应用效果

2.4.5 相邻兄弟选择器

如果需要选择紧接在某个元素后的元素，而且二者有相同的父元素，可以使用相邻兄弟选择器。相邻兄弟选择器的基本语法如下。

```
选择器 1+ 选择器 2  {
    属性 1: 属性值 1;
    属性 2: 属性值 2;
    …
}
```

语法说明："+"称为相邻兄弟结合符，在其左右两边可以出现空格，"选择器 1+ 选择器 2"的含意为选择紧接在选择器 1 指定元素后出现的选择器 2 指定的元素，且这两个元素拥有共同的父元素，例如：div+span 表示选择紧接在 div 元素后出现的 span 元素，其中 div 和 span 两个元素拥有共同的父元素。

【示例 2-19】相邻兄弟选择器应用示例。

```
<!DOCTYPE html>
<html>
<head>
<meta charset="utf-8" />
<title> 相邻兄弟选择器应用示例 </title>
<style>
h1+p {
    color:red;
    font-weight:bold;
    margin-top:50px;
}
p+p{
    color:blue;
    text-decoration:underline;
}
</style>
</head>
<body>
  <h1> 这是一个一级标题 </h1>
  <p> 这是段落 1。</p>
  <p> 这是段落 2。</p>
  <p> 这是段落 3。</p>
</body>
</html>
```

上述 CSS 代码中的 h1+p 选择了 h1 元素后面的第一个 p，而 p+p 则选择了第一个 p 元素后面的各个 p 元素，因而第二个和第三个段落使用了 p+p 选择器样式，而第一个段落则使用了 h1+p 选择器样式。上述代码在 Chrome 浏览器中的运行结果如图 2-19 所示。

图 2-19　相邻兄弟选择器应用效果

2.4.6 属性选择器

在 CSS 中，我们还可以根据元素的属性及属性值来选择元素，此时用到的选择器称为属性选择器。属性选择器的使用主要有 2 种形式，基本语法分别如下。

```
属性选择器 1 属性选择器 2...{
    属性 1: 属性值 1;
    属性 2: 属性值 2;
    …
}
元素选择器属性选择器 1 属性选择器 2... {
    属性 1: 属性值 1;
    属性 2: 属性值 2;
    …
}
```

语法说明：属性选择器的写法是 [属性表达式]，其中属性表达式可以是一个属性名，也可以是“属性=属性值”等这样的表达式，例如：[tilte] 和 [type="text"] 都是属性选择器。属性选择器前可以指定某个元素选择器，此时将在指定类型的元素中进行选择，例如：img[title] 只能选择具有 title 属性的 img 元素。属性选择器前也可以使用通配符 *，此时效果和第一种形式完全一样，都不限定选择元素的类型，例如：*[title] 和 [title] 效果完全一样，都将选择具有 title 属性的所有元素。注意：元素选择器及“*”和属性选择器之间没有空格。另外，可以连续使用多个不同的属性选择器，此时将进一步缩小元素选择的范围，例如 a[href][title] 用于选择同时具有 href 和 title 属性的 a 元素。

常见的属性选择器格式如表 2-3 所示。

表 2-3 常见属性选择器

类型	选择器	描 述
根据属性选择	[属性]	用于选取带有指定属性的元素
根据属性和值选择	[属性=值]	用于选取带有指定属性和值的元素
根据部分属性值选择	[属性 ~ =值]	用于选取属性值中包含指定值的元素，注意该值必须是一个完整的单词
子串匹配属性值	[属性 |= 值]	用于选取属性值以指定值开头的元素，注意该值必须是一个完整的单词或带有“—”作为连接符连接后续内容的字符串，如“en-”
	[属性 ^= 值]	用于选取属性值以指定值开头的元素
	[属性 $= 值]	用于选取属性值以指定值结尾的元素
	[属性 *= 值]	用于选取属性值中包含指定值的元素

【示例 2-20】属性选择器的应用。

```
<!DOCTYPE html>
<html>
<head>
<meta charset="utf-8" />
<title> 属性选择器的应用 </title>
```

```
<style>
[title] {/* 选择具有 title 属性的元素 */
    color: #F6F;
}
a[href][title]{/* 选择同时具有 href 和 title 属性的 a 元素 */
    font-size: 36px;
}
img[alt] {/* 选择具有 alt 属性的 img 元素 */
    border: 3px #f00 solid;
}
p[align="center"] {/* 选择 align 属性等于 center 的 p 元素 */
    color: red;
    font-weight: bolder;
}
</style>
</head>
<body>
  <h2> 应用属性选择器样式：</h2>
  <h3 title="Helloworld">Helloworld</h3>
  <a title=" 首页 "href="#"> 返首页 </a><br/><br/>
  <img src="miaov.jpg" alt=" 妙味课堂 logo" />
  <p align="center"> 段落一 </p>
  <hr />
  <h2> 没有应用属性选择器样式：</h2>
  <h3>Helloworld</h3>
  <a href="#"> 返首页 </a><br/><br/>
  <img src="miaov.jpg">
  <p align="right"> 段落二 </p>
</body>
</html>
```

上述 CSS 代码中使用了三个属性选择器，其中 [title] 属性选择器选择了第一个 h3 和第一个 a 元素，这两个元素都具有“title”属性；a[href][title] 属性选择器选择了第一个 a 元素，因为只有它同时具有 href 和 title 属性，所以第一个 a 元素同时具有了 [title] 属性器和 a[href][title] 属性选择器样式；img[alt] 选择器通过前面的 img 元素限定只能选择图片对象，而根据属性选择器，只选择了第一个 img 元素，因为只有它才具有“alt”属性；p[align="center"] 选择器通过前面的 p 元素限定了只能选择段落对象，根据属性选择器则只能选择第一个 p 元素，因为只有它才具有 align 属性，且值为“center”。上述代码在在 Chrome 浏览器中的运行结果如图 2-20 所示。

图 2-20　属性选择器应用效果

2.5 CSS 选择器的使用方法

至此，我们已学习了一些常用的基本选择器和复合选择器。本节通过表 2-4 来总结一下这些选择器的使用方法。

表 2-4　选择器的使用方法

选择器		描　述
基本选择器	元素选择器	直接使用标签名作为选择器名
	ID 选择器	给元素添加 id 属性，然后使用 id 名作为选择器名设置样式
	类选择器	给元素添加 class 属性，然后使用类名作为选择器名设置样式
	伪类选择器	对需要添加特殊效果的选择器使用相应的伪类类型
	伪元素选择器	对需要添加特殊效果的选择器使用相应的伪元素类型
	通用选择器	使用通配符“*”来选择所有元素
复合选择器	交集选择器	由两个选择器直接连接构成，其中第一个选择器必须是元素选择器，第二个选择器必须是类选择器或者 ID 选择器。选择的元素必须是由第一个选择器指定的元素，该元素必须同时包含第二个选择器对应的 ID 名或类名
	并集选择器	通过逗号（,）将具有相同样式的元素的标签或者类名或者 id 名连接起来，以此统一设置这些元素的样式
	后代选择器	依据元素在其位置的上下文关系来定义，选择器之间以空格分开，后面选择器选择的元素属于前面选择器选择元素的子级

除了上面介绍的选择器外，还有一些更高级的选择器，对这些选择器，将在本系列的移动端教材中进行详细讲解。

2.6 CSS 应用到 HTML 页面的常用方式

CSS 是用来修饰 HTML 页面元素的，但这一目的只有将 CSS 应用到 HTML 页面中才能达到。将 CSS 应用到 HTML 页面主要有三种方式，分别为：行内式（也叫内联式）、内嵌式、链接式。根据应用 CSS 的方式，样式表又分别称为行内式样式表、内嵌式样式表和外部样式表。

2.6.1 行内式

行内式是一种最简单的应用样式方式，它通过在 HTML 标签使用 style 属性，将 CSS 代码作为 style 属性的值直接写在标签里，其语法如下：

```
<标签名 style="属性名1:属性值1;属性名2:属性值2; ..." …>
```

语法说明：标签名可以是任何可见语法元素的标签名称，对该元素的所有样式设置使用分号连接，它们共同作为 style 的属性值。

【示例 2-21】使用行内式应用 CSS。

```
<!DOCTYPE html>
<html>
<head>
```

```
<meta charset="utf-8" />
<title>使用行内式应用 CSS</title>
</head>
<body>
<div style="color:#F00;text-decoration:underline;">行内式应用 CSS 示
  例 1</div>
<div style="color:#03F;font:italic 26px 宋体 ,sans-serif;">行内式应用 CSS 示
  例 2</div>
<div style="color:#93C;font:bold 33px 宋体 ,sans-serif;">行内式应用 CSS 示
  例 3</div>
<divstyle="color:#F00;text-decoration:underline;">行内式应用 CSS 示
  例 4</div>
</body>
</html>
```

上述代码分别在四个 <div> 标签中使用了 style 属性添加 CSS 代码，达到对每个 <div> 标签实现样式设置。代码运行结果如图 2-21 所示。

图 2-21　使用行内式应用 CSS

从图 2-21 可以看出，4 个 <div> 标签的样式彼此独立，互不影响，这正是行内式应用 CSS 的一个优点——可以实现单独设置某个标签的样式。然而从另一方面来说，这个优点也是它的缺点——样式代码不能复用。图 2-21 中，第一个 <div> 标签和第四个 <div> 标签的样式完全一样，但样式代码却需要在两个 <div> 标签中重复设置。实际应用时，在一个页面或不同的页面中，许多标签会使用相同的样式，而使用行内式，需要重复在不同的标签里进行相同的样式设置，这对开发人员和维护人员都将带来很多的问题。因此，正式开发中一般不建议使用行内样式表。

2.6.2 内嵌式

内嵌式应用 CSS 可以在同一页面中实现样式重用。这种方式通过在头部区域内使用 style 标签将 CSS 样式嵌入到 HTML 文档中，这种方式嵌入的 CSS 样式代码在 html 文件内部，所以这种样式表也称为内部样式表。内嵌式应用 CSS 的语法如下：

```
<style type="text/css">
选择器 {
    属性 1: 属性值 1;
    属性 2: 属性值 2;
    ...
  }
</style>
```

语法说明：所有的 CSS 样式代码全放在 <style> 标签对之间，“type=text/css”用于定义文件的类型为样式表文本文件，在 HTML5 中，可以省略“type”属性，直接写成 <style>。

【示例 2-22】使用内嵌式应用 CSS。

```
<!DOCTYPE html>
<html>
<head>
<meta charset="utf-8" />
<title>使用内嵌式应用 CSS</title>
<style>
div{
    color:#03F;
    font:italic 26px 宋体;
    text-decoration:underline;
}
</style>
</head>
<body>
    <div>内嵌式应用 CSS 示例 1</div>
    <div>内嵌式应用 CSS 示例 2</div>
    <div>内嵌式应用 CSS 示例 3</div>
</body>
</html>
```

上述代码的头部区域中使用 <style> 标签嵌入了一个对 div 元素的 CSS 样式代码，这些代码对整个 HTML 页面都有效，实现对页面中三个 <div> 标签的统一样式设置。运行结果如图 2-22 所示。

图 2-22 使用内嵌式应用 CSS

图 2-22 中，三个 <div> 标签具有相同的样式，使用内嵌入式应用 CSS 样式时，只需在头部区域定义一次样式就可以了。可见，内嵌式应用 CSS 可以实现在同一个页面中重用 CSS，统一设置单个网页的样式。使用内嵌方式应用 CSS 解决了行内样式表无法在同一个页面重用 CSS 的缺点，但它却无法实现在多个页面重用 CSS。若需要统一设置多个网页的样式，就要使用外部样式表。

2.6.3 链接式

实现多个页面重用 CSS 的最常用方式是使用外部样式表。它通过在页面的头部区域使用 <link> 标签链接一个外部 CSS 文件来实现，链接格式如下：

```
<link rel="stylesheet" type="text/css" href="css 文件 "/>
```

语法说明：rel="stylesheet" 用于定义链接的文件和 HTML 文档之间的关系，属性 href 用于指定所链接的 CSS 文件（注意：CSS 文件的扩展名为 css）。

下面通过示例 2-22 来演示如何使用外部样式表应用 CSS。

【示例 2-23】在 HTML 文档中使用外部样式表应用 CSS：在 ex2-22.html 中链接 2-1.css 外部样式文件。

（1）2-1.css 文件源代码如下

```
div {
    color:#000;
    font:italic bold 26px 宋体；
    background:#9CF;
}
```

（2）ex2-22.html 文件源代码如下

```
<!DOCTYPE html>
<html>
<head>
<meta charset="utf-8" />
<title> 使用外部样式表应用 CSS</title>
<link href="2-1.css" rel="stylesheet" type="text/css"/>
</head>
<body>
    <div> 外部样式表应用 CSS</div>
</body>
</html>
```

2-1.css 代码使用 <div> 标签选择器设置样式，这些样式设置通过 ex2-22.html 文件中的 <link> 标签被应用到了 HTML 文件中的 <div> 标签上。运行结果如图 2-23 所示。

图 2-23　使用链接方式应用 CSS

外部样式表应用 CSS 方法的最大特点是将 CSS 代码和 HTML 代码分离，这样就可以实现将一个 CSS 文件链接到不同的 HTML 网页中。比如说，若其他 HTML 文件中也需要设置 2-1.css 文件的样式，只需在每个 HTML 文件中使用 <link> 标签进行 2-1.css 文件的链接即可。可见，使用链接方式应用 CSS 可以最大限度地重用 CSS 代码。在实际工作中，一般都是使用外部样式表，这样的做法可以极大地降低整个网站 CSS 代码冗余并提高 CSS 样式表的可维护性。

2.7 CSS 的冲突与解决

当多个 CSS 样式应用到同一个元素时，这些样式之间可能存在对同一个属性的不同格式设置。例如，对一个 <div> 标签，同时定义了两个样式：div{color:red} 和 #div{color:blue}，此时，<div> 标签是显示红色还是蓝色呢？很显然，<div> 标签的这两个不同的颜色样式的定义发生了冲突。在显示时，浏览器如何解决 CSS 冲突呢？在显示页面时，浏览器通过遵循下述原则来解决 CSS 冲突：

① 优先级原则。

② 最近原则。

③ 同一属性的样式定义，后面定义的样式会覆盖前面定义的样式。

“优先级原则”指的是优先级最高的样式有效。样式的优先级由样式类型和选择器类型决定。CSS 规范对不同类型的样式的优先级的规定为：行内式样式 > 内嵌式样式 | 链接外部样式，即行内式样式的优先级最高，而内嵌式样式和链接外部样式的优先级由它们出现的位置决定，谁出现在后面，谁的优先级就高。在同样类型的样式中，选择器之间也存在不同的优先级。选择器的优先级规定为：ID 选择器 >class 选择器 | 伪类选择器 | 属性选择器 > 元素选择器 | 伪元素选择器 > 通配符选择器 | 子选择器选择器 | 相邻兄弟选择器，即 ID 选择器的优先级最高。

“最近原则”主要是针对继承样式，越靠近格式化的元素的父类样式，优先级越高。例如：<div><p>…</p></div>，给 <p> 标签设置样式，它的优先级就高于 <div> 标签样式。

此外，把！ important 加在样式的后面，可以提升样式的优先级为最高级（高过内联样式）。

【示例 2-24】CSS 冲突与解决示例。

```
<!DOCTYPE html>
<head>
<meta charset="utf-8" />
<title>CSS 冲突与解决示例 </title>
<style>
p {
    color:#0F0;  /* 绿色 */
}
#box1 p {
    color:#F00;  /* 红色 */
}
#box1 .ph span {
    color:#00F; /* 蓝色 */
}
#box1 p span {
    color:#F0F;/* 粉红色 */
}
#box2 p{
    color:#000;/* 黑色 */
}
#box2 p{
    color:#90F; /* 紫色 */
}
</style>
</head>
<body>
  <div id="box1">
    <p class="ph">
      <span> 妙味课堂 </span> 学员作品
```

```
    </p>
    <div id="box2"><p> 妙味课程 </p></div>
  </div>
</body>
</html>
```

上述 CSS 代码共定义了六个颜色样式表。其中，“妙味课堂”文本有 #box1 .ph span 和 #box1 p span 两个选择器样式，分别用于定义文本颜色为蓝色和粉红色；“学员作品”文本有 p 和 #box1 p 两个选择器样式，分别用于定义文本颜色为绿色和红色；“妙味课程”文本则有 p、#box1 p 和两个 #box2 p 选择器样式，分别用于定义文本颜色为绿色、红色、黑色和紫色。可见，这些文本颜色的样式存在冲突，那么浏览器显示文本时到底会显示什么颜色呢？根据解决 CSS 冲突的优先级原则，可知，“妙味课堂”文本颜色使用权重高的 #box1 .ph span 样式，即蓝色；“学员作品”文本颜色使用权重高的 #box1 p 样式，即红色；而根据优先级原则，“妙味课程”文本颜色可以是红色、黑色或紫色，因为 #box1 p 和两个 #box2 p 选择器的权重一样，此时需要再根据最近原则来确定有效的样式——由于 #box2 p 比 #box1 p 更靠近修饰的文本，因而选择 #box2 p 样式，又由于 #box2 p 样式先后定义了两次，因而最后一次定义的样式有效，所以“妙语课堂”最终显示的颜色为紫色。运行结果如图 2–24 所示。

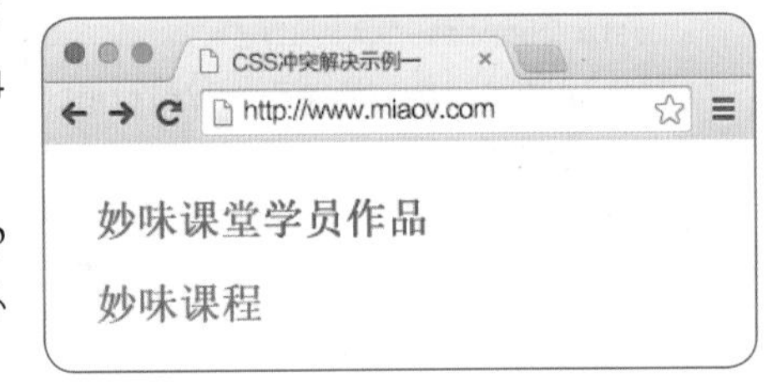

图 2–24　CSS 冲突解决示例一

下面使用内联样式和外部样式修改一下示例 2–23 的代码：将 p 选择器样式修改成内联式样式，把最后两个 #box2 p 样式修改成外部样式，放到 2–2.css 中，代码参见示例 2–24。

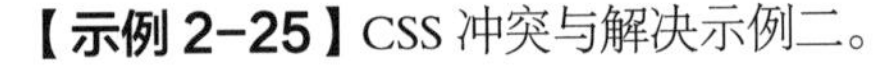
【示例 2–25】CSS 冲突与解决示例二。

（1）2–2.css 文件源代码如下

```
#box2 p{
    color:#000;/* 黑色 */
}
#box2 p{
    color:#90F; /* 紫色 */
}
```

（2）ex2–24.html 源代码如下

```
<!DOCTYPE html>
<head>
<meta charset="utf-8" />
<title>CSS 冲突与解决示例二 </title>
<link rel="stylesheet" type="text/css"href="2-2.css"/>
<style>
#box1 p {
    color:#F00;  /* 红色 */
```

```
    }
    #box1 .ph span {
        color:#00F; /* 蓝色 */
    }
    #box1 p span {
        color:#F0F;/* 粉红色 */
    }
    </style>
    </head>
    <body>
      <div id="box1">
        <p class="ph">
          <span style="color:#0F0"> 妙味课堂 </span> 学员作品
        </p>
        <div id="box2"><p> 妙味课程 </p></div>
      </div>
    </body>
    </html>
```

示例 2-24 的运行结果如图 2-25 所示。

图 2-25 CSS 冲突解决示例二

很明显，图 2-25 和图 2-24 的结果不相同。从图 2-25 可看到，设置“妙味课堂”的颜色有内联样式设置的绿色、#box1 p 设置的红色、#box1 .ph span 设置的蓝色和 #box1 p span 设置的粉红色，由于内联样式优先级最高，因而“妙味课堂”的颜色为绿色。“学员作品”文本颜色样式没有冲突，直接使用 #box1 p 样式。设置“妙味课程”文本颜色样式有内部样式 #box1 p 设置的红色，以及在外部样式文件中的两个 #box2 p 设置的黑色和紫色，由于 <link> 标签放在 <style> 标签的前面，因而内部样式有效，所以“妙味课程”文本颜色显示了 #box1 p 选择器设置的“红色”。

思考: 如果将示例 2-24 中的 <link> 标签放到 <style> 标签后面，运行结果会发生什么变化?

练习题

1. 请分别写出元素选择器、id 选择器、类选择器设置语法。

2. 简述选择器优先级包括哪些规则。

Chapter 3

第3章

网页排版利器：CSS 字体、文本、背景属性设置

看文字太累？那就看视频！

```
1 <!DOCTYPE html>
2 <html>
3     <head>
4         <meta charset="UTF-8">
5         <title></title>
6     </head>
7     <body>
8         <div></div>
9     </body>
10 </html>
11
```

妙味视频

遇到困难？去社区问高手！

技术交流社区

想象一下你就是专业的网页设计人员，在你打算做出一个漂亮的、令人赞叹的网页文字版面之前，别怪我没提醒你：先把本章节知识点吃得透透的。

CSS 设置网页中的各个元素的样式需要通过 CSS 属性来实现。常用的 CSS 属性有字体属性、文本属性、背景属性、列表属性、表格属性、盒子模型属性、浮动属性和定位属性，本章将详细介绍前 3 种属性，其余属性将分别在后面的相应章节中详细介绍。

3.1 字体属性

网页中出现最多的内容是文字，所以文字的设置是前端开发中必不可少的一项内容。很多时候，为了突出某些文字内容，需要加大并加粗这些文字。如图 3-1 中的标题，相比于其他文字，标题的字号变大了，字体重量方面则变得更粗。当浏览网页的时候，眼球会很容易被这个标题抓住。事实上，在网页中存在大量的利用类似图 3-1 标题的效果来抓住访问者注意力的内容。这样的一些文字效果，应如何实现呢？——答案就是使用 CSS 字体属性。

图 3-1　对突出的文字内容加大和加粗显示

使用 CSS 字体属性，可定义字体族、字体尺寸、字体粗细及字体风格等样式。这些样式设置需要使用到字体的相应属性，常用的字体属性有 font、font-family、font-size、font-weight 和 font-style。

3.1.1 字体粗细属性：font-weight

使用 font-weight 属性可以设置字体的粗细，设置语法如下：

```
font-weight: normal | bold |bolder | number | inherit;
```

语法说明：上述所列的各个属性值的描述如表 3-1 所示。

表 3-1　font-weight 属性值

属性值	描　述
normal	默认值，定义标准粗细的字体
bold	粗体字
bolder	更粗的字体
lighter	更细的字体
100 200 300 … 900	由细到粗的字体。注意：400 相当于 normal，而 700 相当于 bold
inherit	继承父级字体粗细

文字不设置 font-weight 属性时，默认是标准字体。如果想让文字加粗以突出显示，可以通过给 font-weight 添加“bold”或“bolder”的属性值或 600 以上的数值。想让文字比标准文字细的话则可以通过给 font-weight 添加“lighter”属性值或 400 以下的数值。

注意：使用数值来控制文字加粗，只能是整百，即 100、200、300、…、900。相近的数值，加粗表现得不是特别明显。另外，使用数值来控制文字加粗时，每个数值对应的字体加粗必须至少与下一个最小数字一样细，而且至少与下一个最大数字一样粗。所以 700 和 600、800 的加粗效果完全一样，400 和 300、500 的加粗效果完全一样。事实上，normal 和 lighter 以及 100~500 的效果几乎一样，而 bold 和 bolder 以及 600~900 的效果也几乎一样。

有些标签默认是字体加粗的，例如 <h1>~<h6> 标题标签（详情参照第 5 章），如果不想让标题标签中的文本加粗显示，可以使用 font-weight:normal 来消除加粗样式。

【示例 3-1】使用 font-weight 属性设置字体粗细。

```
<!doctype html>
<html>
<head>
<meta charset="utf-8" />
<title>使用 font-weight 属性设置字体粗细 </title>
<style>
#box1 {
    font-weight: bold; /* 使用英文关键字加粗字体 */
}
#box2 {
    font-weight: 900; /* 使用数字值加粗字体 */
}
#box3 {
    font-weight: normal;  /* 使用英文关键字设置字体为标准粗细 */
}
#box4 {
    font-weight: lighter; /* 使用英文关键字调细字体 */
}
</style>
</head>
<body>
    <div id="box1">妙味课堂 (font-weight:bold)</div>
    <div id="box2">妙味课程 (font-weight:900)</div>
    <div id="box3">妙味讲师 (font-weight:normal)</div>
    <div id="box4">学员作品 (font-weight:lighter)</div>
</body>
</html>
```

示例 3-1 的代码在浏览器中运行结果如图 3-2 所示。

从图 3-2 中可以看到，属性值为 900 和 bold 的效果几乎完全一样，normal 和 lighter 的效果也几乎完全一样。

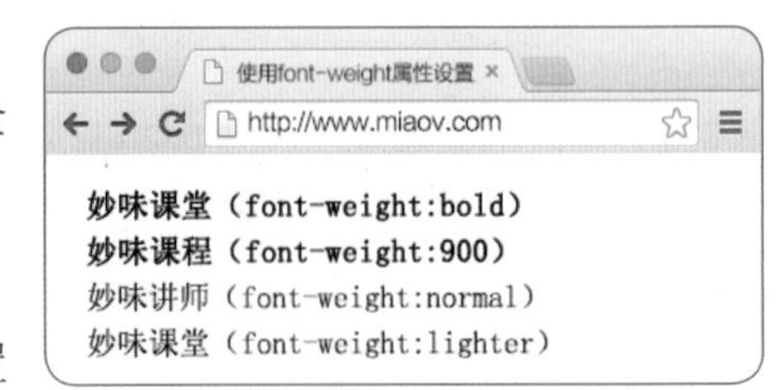

图 3-2　使用 font-weight 属性设置字体粗细

3.1.2 字体风格属性：font-style

使用 font-style 属性可以设置字体为斜体、倾斜或正常，设置语法如下：

```
font-style: normal | italic | oblique | inherit;
```

语法说明：上述各个属性值的描述如表 3-2 所示。

表 3-2　font-style 属性值

属性值	描 述
normal	默认值，标准字体风格
italic	斜体字体
oblique	倾斜的字体
inherit	继承父级字体风格

注意： italic 文字斜体和 oblique 倾斜的字体，两者在显示上没有区别。在实际应用中，用的最多的是 italic 文字斜体。

【示例 3-2】 使用 font-style 属性设置字体风格。

```
<!doctype html>
<html>
<head>
<meta charset="utf-8" />
<title>使用 font-style 属性设置字体风格 </title>
<style>
#box1 {
    font-style: italic; /* 设置斜体字体 */
}
#box2 {
    font-style: oblique; /* 设置倾斜字体 */
}
</style>
</head>
<body>
    <div id="box1">妙味课堂 (font-style:italic)</div>
    <div id="box2">妙味课堂 (font-style:oblique)</div>
</body>
</html>
```

示例 3-2 的代码在 Chrome 浏览器和 IE11 中的运行结果分别如图 3-3 和图 3-4 所示。

图 3-3　在 Chrome 浏览器中的运行结果

图 3-4　在 IE11 浏览器中的运行结果

从图 3-3 和图 3-4 中可以看到，在 Chrome 浏览器中斜体字体的颜色和倾斜字体的颜色不一样，但在 IE 浏览器中，两者的效果几乎完全一样。可见为了兼容浏览器，建议使用 italic 来设置倾斜效果。

在网页中设置倾斜效果的字体，除了可以使用 font-style 属性外，还可以使用一些标签，例如 <em></em> 等标签（详情参照第 5 章）。这些标签设置的文字默认是倾斜效果，如果不想使这些标签设置的文字倾斜，可以给标签设置 font-style:normal 样式来清除。

3.1.3 字体大小属性：font-size

使用 font-size 属性可以设置字体的大小，即字体尺寸，设置语法如下：

```
font-size: medium | length | 百分数 | inherit;
```

语法说明：上面列出了 font-size 属性的常用的几个属性值，这些属性值的描述如表 3-3 所示。

表 3-3　font-size 属性值

属性值	描 述
medium	浏览器的默认值，大小为 16px。如果不设置，同时父元素也没有设置字体大小，则字体大小使用该值
length	某个固定值，常用单位为 px（像素）、em 和 pt（点）
%	相对值，基于父元素或默认值的一个百分比值
inherit	继承父元素的字体尺寸

注意： 最常用的属性值是 length（固定大小，单位是 px、em 或 pt），length 数值越大，字体就越大。还有一个比较常用的属性值是百分比（比例大小，单位是 %），此时子级的大小需要根据父级的大小来计算，如果父级没有字体尺寸，就基于浏览器默认大小（即 16px）来计算。如果当前文本字体尺寸没有设置，但设置了父元素的文本尺寸，此时，当前文本字体大小自动继承父元素的字体尺寸。

属性值单位可用 px、pt、em 和 %，对这些单位的区别作以下说明，其具体应用请参见示例 3-3。

（1）px：主要用于电脑屏幕媒体。一个像素等于电脑屏幕上的一个点。像素是固定大小的单元，不具有可伸缩性，所以不太适应移动设备。目前，仍然有许多网页使用 px 单位。

（2）pt：主要用于印刷媒体。一个点等于一英寸的 1/72。也是固定大小的单位，不具有可伸缩性，所以不太适应移动设备。

（3）em：主要用于 Web 媒体。em 是相对长度单位，相对于当前文本的字体大小，1em 就等于当前文字大小。如果父元素文本以及当前文本字体大小都没有被设置，则浏览器的默认字体大小为 16px(12pt)。此时，1em=12pt=16px，当使用 CSS 修改当前元素或父元素的字体大小为 15px 时，1em=15px。可见，em 会根据当前或父元素的字体大小自动重新计算值，因而具有可伸缩性，适合移动设备。现在正变得越来越受欢迎。

（4）%：和 em 一样，属于相对长度单位，相对于父元素或默认值。当父元素设置了字体大小时，基于父元素的字体大小，否则基于浏览器默认大小 (16px)。不管该百分比相对于谁，都有 100%=1em。百分比同样具有可伸缩性，也适合移动设备。

【示例 3-3】使用 font-size 属性设置字体大小。

```
<!doctype html>
<html>
<head>
<meta charset="utf-8" />
<title> 使用 font-size 属性设置字体大小 </title>
<style>
#box {
    font-size: 30px; /* 设置父元素的字体大小 */
}
#box1 {
    font-size: 16px; /* 以 px 为单位设置字体大小为固定值 */
}
#box2 {
    font-size: medium; /* 设置字体大小为正常值，即默认值 */
}
#box4 {
    font-size: 80%; /* 设置字体大小为父元素的 80%*/
}
</style>
</head>
<body>
    <div id="box">
        <div id="box1"> 妙味课堂 (font-size:16px)</div>
        <div id="box2"> 妙味课堂 (font-size:medium)</div>
        <div id="box3"> 妙味课堂 ( 没有设置字体大小 )</div>
        <div id="box4"> 妙味课堂 (font-size:80%)</div>
    </div>
</body>
</html>
```

上述代码使用 font-size 属性设置了几种字体大小，在浏览器中的运行结果如图 3-5 所示。

从图 3-5 中可以看到，大小为 16px 和 medium 的值的字体大小是完全一样的，可见，medium 的值等于 16px；而没有设置字体大小的文本却是最大的，原因是其自动继承了父元素的 30px；最后一个文本由于父元素设置了字体大小，因而它的百分数是相对于父元素的，所以值为 24px。

图 3-5　使用 font-style 属性设置字体风格

3.1.4 字体族属性：font-family

使用 font-family 属性可以设置字体族，设置语法如下：

```
font-family: 字体族 1，字体族 2，……，通用字体族 | inherit;
```

语法说明：Font–family 属性的属性值也有多个可供选择，其中常用的属性值如表 3–4 所示。

表 3–4　font–family 属性值

属性值	描　述
字体族名称 1，字体族名称 2，……，通用字体族名称	值为 1 个或 1 个以上的字体系列。默认字体由浏览器决定
inherit	继承父级字体系列

注意：Font–family 属性值为两个或者两个以上字体族名称时，必须用英文半角逗号分隔这些名称。另外，对含有空格的字体，例如“Times New Roman”，必须使用双引号或单引号将这些字体名称引起来。此外，为了保证兼容性，建议对所有中文字体使用双引号引起来。

通用字体族，表示相似的一类字体，分为 serif 、sans–serif 、monospace 、cursive 、fantasy 这 5 种类型。通常浏览器至少会支持每种通用字体里的一种字体。因此，W3C 的 CSS 规则规定，在 font（或者 font–family）的最后要求指定一个通用字体族，以避免客户端没有安装指定的字体时能使用本机上的通用字体族中的字体。

浏览器显示文本内容时将按字体系列指定的字体的先后顺序选择其中一个字体，即首先会检查浏览器是否支持第一个字体，如果支持，则选择该字体，否则按书写顺序检查第二个字体，依此类推。如果所有指定的具体字体都不支持，则使用通用字体族中的字体。

西方国家罗马字母字体分为 sans–serif（无衬线体）和 serif（衬线体）两类，它们是 Web 设计时最常使用的两种通用字体族类型。serif 在字的笔画开始及结束的地方有额外的装饰，笔画的粗细会因直横的不同而有所不同，而 sans–serif 则没有这些额外的装饰，笔画粗细大致差不多。常见的衬线字体有 Georgia、Times New Roman 等，无衬线字体有 Tahoma、Verdana、Arial、Helvetica 等。在实际应用中，中文的宋体和西文的衬线体，中文的黑体、幼圆、隶书等字体和西文的无衬线体，在风格和应用场景上相似，所以通常将宋体看成是衬线字体，而黑体、幼圆、隶书等字体则看成是无衬线字体。

当字体大小为 11px 以上时，无衬线字体在显示器中的显示效果会比较好，因此设置 font 或 font–family 时，一般会在最后添加 sans–serif。例如：

```
font-family: tahoma,"Times New Roman"," 微软雅黑 ", " 宋体 ", " 黑体 ", sans-serif;
```

上述示例代码中指定了 4 个具体的字体和一个通用字体族。其中英文使用前两个字体，并且“Tahoma”字体为英文的首选字体；中文则使用后两个字体，并且“微软雅黑”为首选字体，当这些首选字体在电脑中没有安装时，则在中、英文相应的字体中选择第二个字体，依此类推，如果所有指定的具体字体都没安装，最后将使用“sans–serif”通用字体族中的字体。

Font 或 font–family 中的中文字体，使用中文名称时一般情况下没什么问题，但有一些用户的特殊设置会导致中文声明无效，所以经常会使用这些字体的英文文件名称，例如：“微软雅黑”的英文文件名称为 Microsoft YaHei，“宋体”的英文文件名称为 SimSun，“黑体”的英文文件名称为 SimHei。上面的示例使用字体的英文文件名称修改如下：

```
font-family: tahoma,"Times New Roman","Microsoft YaHei","SimSun", "SimHei",  sans-serif;
```

由于在 Firefox 的某些版本和 Opera 中不支持 SimSun 的写法，所以为了保证兼容性，通常会将宋体改成

unicode 编码，如下所示：

```
font-family:  tahoma,"Times New Roman","Microsoft YaHei","\5b8b\4f53","SimHei",sans-serif;
```

【示例 3-4】使用 font-family 属性设置字体。

```
<!doctype html>
<html>
<head>
<meta charset="utf-8" />
<title> 使用 font-family 属性设置字体 </title>
<style>
#box1 {
    font-size: 30px;
    /* 设置中、英文使用不同的字体 */
    font-family: tahoma,arial,"Times New Roman"," 微软雅黑 "," 宋体 ",
        " 黑体 ",sans-serif;
}
#box2 {
    font-size: 30px;
    font-family: " 微软雅黑 "; /* 设置中、英文使用同一字体 */
}
#box3 {
    font-size: 30px;
    font-family: tahoma; /* 中文使用默认字体，英文使用 tohoma 字体 */
}
#box4 { /* 中、英文使用默认字体 */
    font-size: 30px;
}
#box5 {
    font-size: 30px;
    /* 设置中、英文使用不同的字体 */
    font-family: "Times New Roman",tahoma,arial,"SimSun","Microsoft YaHei","SimHei" ,sans-serif;
}
#box6 {
    font-size: 30px;
    /* 设置中、英文使用不同的字体 */
    font-family: arial,tahoma,"Times New Roman","\5b8b\4f53","Microsoft YaHei","SimHei" ,sans-serif;
}
</style>
</head>
<body>
    <div id="box1"> 妙味课堂 1www.miaov.com ( 英文 :tohoma, 中文 : 微软雅黑 )</div>
    <div id="box2"> 妙味课堂 1www.miaov.com( 中、英文 : 微软雅黑 )</div>
```

```
    <div id="box3">妙味课堂1www.miaov.com(中文:默认字体,英文:tohoma)</div>
    <div id="box4">妙味课堂1www.miaov.com(中、英文:默认字体)</div>
    <div id="box5">妙味课堂1www.miaov.com(英文:Times New Roman,
      中文:SimSun[宋体])</div>
    <div id="box6">妙味课堂1www.miaov.com(英文:arial,中文:\5b8b\4f53
      [宋体])</div>
</body>
</html>
```

示例 3-4 的代码使用 font-family 属性设置了 6 个 div 文本字体。在笔者的机子上，上述代码设置的每个字体族都有安装，因而当同时设置了西文字体和中文字体时，中、英文文本将分别使用中文字体和西文字体显示，并且中、英文字体中的第一个字体为首选字体。当有设置西文字体时，数字和英文使用同一个西文字体。上述 6 个 div 中，#box1、#box5 和 #box6 的英文分别使用 font-family 中指定的西文字体中的“Tahoma”、“Times New Roman”和“Arial”，中文则分别使用中文字体“微软雅黑”、“SimSun”（宋体）和“\5b8b\4f53”（宋体）；#box2 只设置了“微软雅黑”一个字体，因而其中的中、英文以及数字全部使用“微软雅黑”字体；#box3 只设置了“Tahoma”一个西文字体，因而英文和数字使用“Tahoma”，而中文则使用浏览器的默认字体，即宋体（对中文简体系统，Chrome 浏览器的默认字体是宋体）；#box4 没有设置任何字体，因而所有文本全部使用浏览器的默认字体（宋体）。

图 3-6　使用 font-family 属性设置字体

示例 3-4 的代码在浏览器中的运行结果如图 3-6 所示。

3.1.5 文本行高属性：line-height

Line-height 属性属于下一节将介绍的文本属性，提前在这里介绍，主要原因是接下来将介绍的 font 属性会使用到 line-height 属性。

行高（line-height）是指上下文本行的基线间的垂直距离。基线是指大部分字母所“坐落”其上的一条看不见的线，图 3-7 中两条红线就是文本基线，它们之间的垂直距离就是行高。

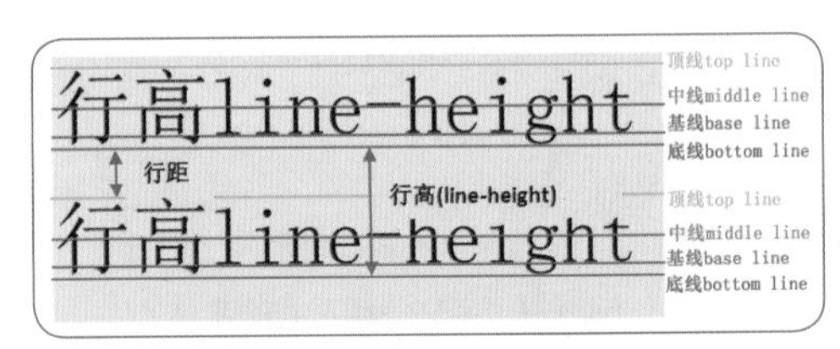

图 3-7　文本行高图示

大片密密麻麻的文字往往会让人觉得乏味，并造成极大的阅读困难，过松散的文本又会影响美观。适当地调整行高可以降低阅读的困难，并且使页面美观。

图 3-8 显示了 3 段具有不同行高的文本。图 3-8 中不同的行高带给人不同的视觉感受：行高适中的第一段文本阅读起来不仅舒服，而且美观；行高较大的第二段文本虽然阅读方便，但欠美观；行高过小的第三段文本阅读不但困难，而且不美观。可见，一个合适的行高对一个网页来说是很重要的。

图 3-8　不同行高的视觉对比

大多数浏览器的默认行高大约是当前字体大小的 110% 到 120%，这个行高有时不一定符合界面设计要求。使用 CSS 属性：line-height 可以修改默认的行高，语法如下：

```
line-height: normal | number | length | 百分数 | inherit
```

说明： line-height 属性值不能为负数。上述各个属性值的描述如表 3-5 所示。

表 3-5　line-height 属性值

属性值	描　述
normal	默认值，行间距为当前字体大小的 110%~120%
number	不带任何单位的某个数字。行间距等于此数字与当前的字体尺寸相乘的结果。效果等效于 em 单位
length	以 px|em|pt 为单位的某个固定数值
百分数（%）	相对于当前字体大小的行间距。100% 的行间距等于当前字体尺寸
inherit	继承父元素的 line-height 属性

文本行之间的间距指上面文本的底线和下面文本的顶线之间的距离，如图 3-7 所示。行距由行高和字体尺寸决定，其值等于行高减去字体尺寸。现在许多中文网站，为了能让行间距保持动态不变，并能获取满意的行间距，一般会设置行高为 1.4~1.5em，即当前字体尺寸的 1.4~1.5 倍，如示例 3-5 所示。

【示例 3-5】使用 line-height 属性设置行高。

```
<!doctype html>
<html>
<head>
<meta charset="utf-8" />
<title> 使用 line-height 设置行高 </title>
<style>
div { /* 使用元素选择器设置 3 个 div 的公共样式 */
    text-indent: 2em;
    margin-bottom: 10px;
    border: 1px solid red;
}
#box1 {
    color: #00F;
    line-height: 24px; /* 使用 px 为单位设置行高 */
}
#box2 {
    line-height: 80%;  /* 使用百分数设置行高 */
}
#box3 {
    color: #90F;
    line-height: 1.5; /* 使用不带任何单位的数字设置行高 */
}
</style>
</head>
<body>
```

```
    <div id="box1">妙味课堂是北京妙味趣学信息技术有限公司旗下的IT前端培训品牌，妙味课堂是一支独具特色的IT培训团队，妙味反对传统IT教育枯燥乏味的教学模式，妙味提供一种全新的快乐学习方法！</div>
    <div id="box2">妙味课堂是北京妙味趣学信息技术有限公司旗下的IT前端培训品牌，妙味课堂是一支独具特色的IT培训团队，妙味反对传统IT教育枯燥乏味的教学模式，妙味提供一种全新的快乐学习方法！</div>
    <div id="box3">妙味课堂是北京妙味趣学信息技术有限公司旗下的IT前端培训品牌，妙味课堂是一支独具特色的IT培训团队，妙味反对传统IT教育枯燥乏味的教学模式，妙味提供一种全新的快乐学习方法！</div>
</body>
</html>
```

默认情况下，当前字体大小为 16px，所以第 1 个 <div> 和第 3 个 <div> 的文本内容的行高都为 1.5 个字体大小；而第二个 <div> 的文本行高为 80%，小于一个字体大小，显示时上下行之间的文本将会有部分内容重叠。运行结果如图 3-9 所示。

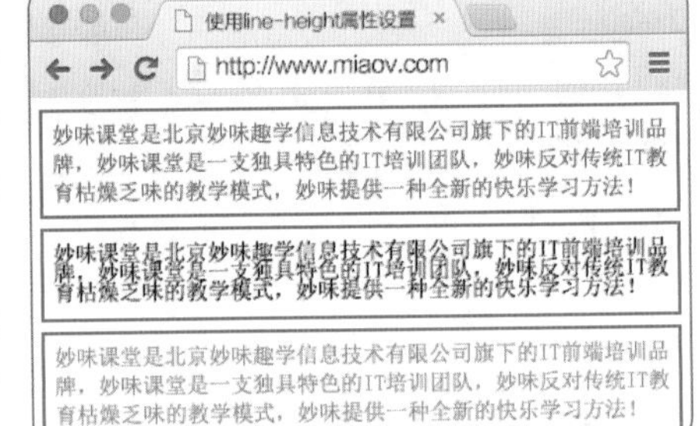

图 3-9　使用 line-height 属性设置行高

对一个单行文本所在的区域设置高度后，如果想使该单行文本垂直居中，其中一种最简单的方法就是使用 line-height 属性，将行高设置为高度值即可，如示例 3-6 所示。

【示例 3-6】使用 line-height 属性实现单行文本垂直居中。

```
<!doctype html>
<html>
<head>
<meta charset="utf-8" />
<title>使用line-height属性实现单行文本垂直居中</title>
<style>
div {
    height: 100px; /*div高度*/
    line-height: 100px; /*行高必须等于高度*/
    border: 1px solid red;
}
</style>
</head>
<body>
    <div>妙味课堂是北京妙味趣学信息技术有限公司旗下的IT前端培训品牌！</div>
</body>
</html>
```

示例 3-6 的代码对文本所在的 <div> 设置了 100px 的高度，为了使 <div> 中的文本作为一行来显示时能在 <div> 区域中垂直居中，需要将 line-height 的值也设置为 100px。示例 3-6 的代码的运行结果如图 3-10 所示。

图 3-10　使用 line-height 属性实现单行文本垂直居中

3.1.6 字体属性：font

前面介绍的各个字体属性都是分别针对某个属性进行设置的，如果需要对每个属性进行设置，则需要使用至少 4 个字体属性，代码比较繁锁。在实际应用中，开发人员在需要同时设置多个字体样式时，常常会使用字体设置的简写形式，即将所有字体样式放在一个属性中设置，这个属性就是简写属性：font。

font 属性的设置语法如下：

```
font: [font-style] [font-weight] font-size/line-height font-family;
```

语法说明：font 的各个属性值的描述参见前面各个属性的介绍。定义样式时，各个属性值之间使用空格分隔，同时必须按照如上的排列顺序出现。需要注意的是，要使简写定义有效，必须至少提供 font-size 和 font-family 这两个属性值，其他忽略的属性值将使用它们对应的默认值。另外，font-size 和 line-height 必须通过“斜杠 /”组成一个值，不能分开写。

下例代码是淘宝网站上的一个 font 属性设置示例。该示例显式设置了字号和字体族两个属性，其他属性则使用默认值。

```
font: 12px/1.5 tahoma,arial,'Hiragino Sans GB','\5b8b\4f53',sans-serif;
```

【示例 3-7】使用 font 属性设置字体样式。

```
<!doctype html>
<html>
<head>
<meta charset="utf-8" />
<title> 使用 font 属性设置字体样式 </title>
<style>
#box1 { /* 使用 font 属性设置字体倾斜、加粗、字号 /1.5 倍行距、字体族 */
    font: italic bold 16px/1.5 Tahoma, Geneva," 微软黑雅 "," 黑体 ",sans-serif;
}
#box2 { /* 使用 font 属性显式设置字号和字体族 */
    font: 20px/30px Arial, Helvetica," 黑体 "," 宋体 ",sans-serif;
}
#box3 { /* 没有设置字体族 */
    font: italic bold 22px;
}
</style>
</head>
<body>
    <div id="box1"> 妙味课堂是一支独具特色的 IT 培训团队！ </div>
    <div id="box2"> 妙味提供一种全新的快乐学习方法！ </div>
    <div id="box3"> 妙味反对传统 IT 教育枯燥乏味的教学模式 </div>
</body>
</html>
```

示例 3-7 的代码中 #box1 使用 font 属性显式设置了所有字体样式，#box2 只显式设置了字号 / 行距和字体族样式，而 #box3 则只显式设置了字体风格、字体重量和字号 / 行距样式。上述代码的运行结果如图 3-11 所示。

从图 3-11 中可以看到，#box3 设置的字体样式没有效。为什么会这样呢？回顾前文 font 的介绍可知，要使 font 属性的简写定义有效，属性值中必须至少包含字号和字体族的显式设置，而 #box3 的字样样式中没有显式设置字体族，这正是失效的原因所在。

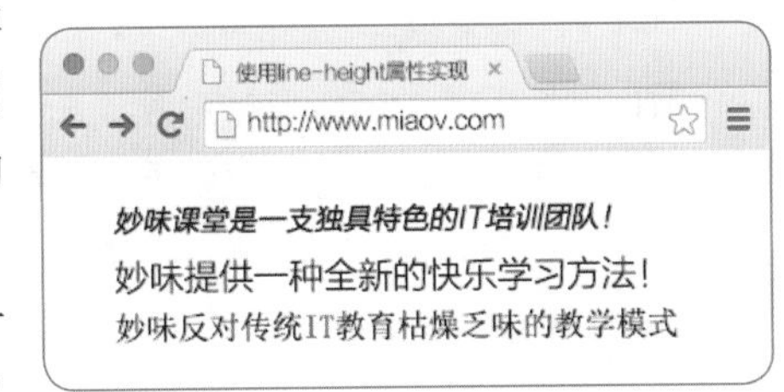

图 3-11　使用 line-height 属性设置行高

3.2 文本属性

CSS 文本属性可定义文本的外观。通过文本属性，可以实现修改文本的颜色、行高、对齐方式、字符间距、段首缩进位置等属性以及修饰文本等功能。

3.2.1 颜色属性：color

在 CSS 代码中，使用 color 属性设置文本颜色，设置语法如下：

```
color: 颜色英文单词 | 颜色的十六进制数 | 颜色的 rgb 值 | inherit;
```

语法说明：color 属性的各个值的描述如表 3-6 所示。

表 3-6　color 属性值

属性值	描　述
颜色英文单词	使用表示颜色的英文单词，例如：red（红色）、blue（蓝色）等
十六进制数	使用“#”加一个十六进制数表示颜色值，例如红色的十六进制值为：#ff0000
rgb 值	rgb 代码的颜色值，例如红色的 rgb 值为：rgb（255,0,0）
inherit	继承父级元素的颜色

客观上，颜色有成千上万种，如果都用关键字来描述，是不现实的，例如土豪金、天空蓝、胭脂红、柠檬黄……这些应该怎么用英文关键字来表示呢？对于英文国度之外的人来说，很多颜色无法直接使用英文关键字来表示。在实际应用中，只有那些常见的颜色，比如红色、蓝色、绿色、黄色、黑色、银色等会使用英文关键字来表示，其他颜色更多是使用十六进制数或 rgb 值来表示。对初学者来说，使用十六进制数或 rgb 值来表示颜色的方法可能不甚清楚，下面介绍这两种常用颜色的表示方法。

1. rgb() 颜色表示法

使用 rgb() 设置颜色的语法如下所示：

```
rgb(num,num,num);
```

语法说明：rgb() 中 r 代表红色，g 代表绿色，b 代表蓝色，小括号里的 3 个 num 分别代表红色、绿色和蓝色的取值，每个 num 的取值范围都是 0~255，各个 num 用“,”隔开。

在实际开发时，如何确定 rgb 中每种颜色的值呢？目前，进行前端开发时有很多工具可使用，比如 Dreamweaver、Photoshop 等工具。这些工具都提供了拾色器来选择某颜色，使用这些工具的拾色器可以很容易获取 rgb 值。图 3-12 为 Photoshop 的拾色器。在该图中，人为地划分为 6 块区域，分别使用①～⑥来标识。在 Photoshop 拾色器中，使用了 4 种模式来表示颜色，它们分别是：HSB 模式、Lab 模式、RGB 模式和 CMYK 模式，在图 3-12 中分别使用①、②、③和④区域来表示。不同的模式使用不同的方式表示颜色，表 3-7 描述了这 4 种模式的特点。Photoshop 中⑤和⑥区域用于拾取某种颜色，当鼠标在⑤或⑥区域中的某个位置单击时，①、②、③和④区域中的各个值就会发生变化。③区域中的各个值就是 rgb 值，把这些值对应的写到 rgb() 小括号中就可以得到某个颜色。如图 3-12 中所选择的颜色使用 rgb 时，可表示为：rgb(248,255,255)。当需要更换颜色时，只需用鼠标在⑤或⑥区域不同位置处单击即可。此时，③区域中的各个值会相应改变，最终的颜色会显示在拾色器中的“新的”颜色方框中，获取满意的颜色后，把 rgb() 小括号里的各个值对应地修改为③区域中的各个值就可以了。

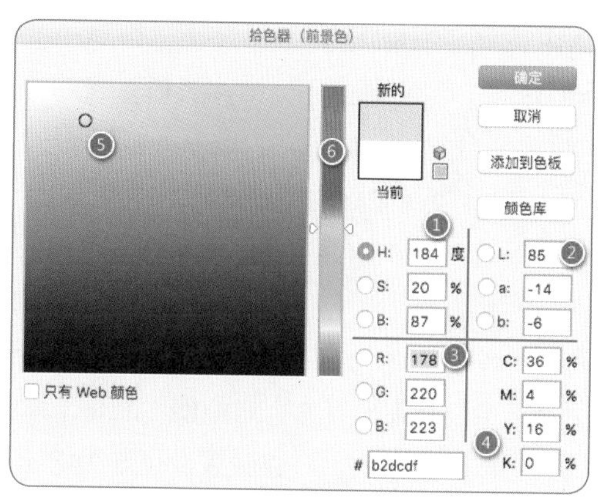

图 3-12 Photoshop 拾色器

表 3-7 Photoshop 拾色器颜色表示模式

模 式	描 述
HSB 模式	使用色相、饱和度以及亮度来表示颜色。其中，H 表示色相，S 表示饱和度，B 表示亮度
Lab 模式	使用明度、色彩通道来表示颜色。其中 L 表示明度，a 和 b 表示色彩通道。Lab 产生的色彩是比较明亮的色彩，可以弥补 RGB 和 CMYK 的不足
RGB 模式	使用红、绿、蓝 3 种颜色的混合色来表示颜色，其中，r 表示红色值，g 表示绿色值，b 表示蓝色值，各个值的取值范围为 0~255。取不同的值将产生不同的颜色，除了红、绿、蓝三种颜色为纯色外，其他颜色都是由这 3 种颜色通过取不同的颜色值混合而成。例如 rgb（255,0,0）表示红色，rgb（0,255,0）表示绿色，rgb（0,0,255）表示蓝色，而 rgb（255,255,255）表示白色
CMYK 模式	使用青色、洋红色、黄色和黑色来表示颜色。其中 C 代表青色，M 代表洋红色，Y 代表黄色，K 代表黑色。该模式主要用于印刷

2. 十六进制数颜色表示法

十六进制数颜色表示法其实是 rgb() 表示法的一种变形。在该方法中，分别使用两位十六进制数来表示 r、g 和 b 三种颜色，因而三种颜色共使用 6 位十六进制数来表示。为了和一般的十六进制数作区别，特别添加了“#”作为标识符，因而十六进制数表示颜色的格式是：“#+ 六位数字或字母”，其中，数字取值范围是 0~9，字母取值范围是 a~f（表示 10~15 的值），例如，#ff0000 表示红色，#ffffff 表示白色。注意：十六进制数使用 0~f 表示 0~15 的数字。

颜色的十六进制数表示法因为写法简单，所以是开发人员最常用的颜色表示法。在实际开发时，如何确定一个颜色的十六进制数呢？和 rgb() 表示法一样，可以使用一些工具的拾色器，比如上面的 Photoshop 拾色器中③号区域最下方的那个 label 为“#”的文本框中的数字就是所选颜色的十六进制数。例如，在拾色器中选择了 rgb(34,118,118) 颜色，则对应的十六进制数表示为：#227676，如图 3-13 所示。将该值复制后粘到代码中，然后在该值前面加上“#”就可以在代码中表示所选颜色。

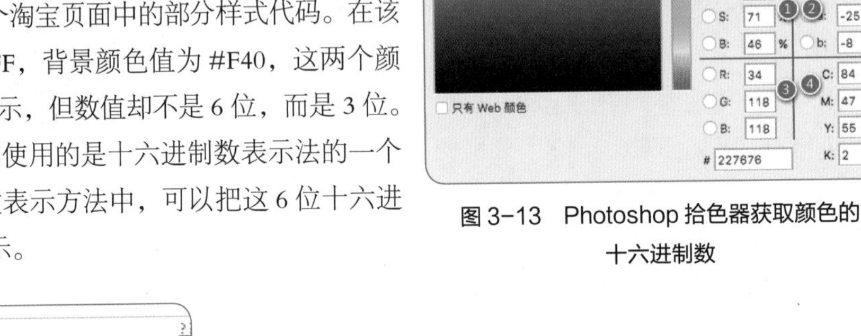

图 3-13　Photoshop 拾色器获取颜色的十六进制数

有时候我们查看别人的网页，会看到代码中颜色值是 #+3 位数，例如，图 3-14 所示为一个淘宝页面中的部分样式代码。在该图中我们发现，颜色值为 #FFF，背景颜色值为 #F40，这两个颜色都是使用了十六进制数来表示，但数值却不是 6 位，而是 3 位。为什么会这样呢？其实，它们使用的是十六进制数表示法的一个简写形式。在 6 位十六进制数表示方法中，可以把这 6 位十六进制数两两分组，如图 3-15 所示。

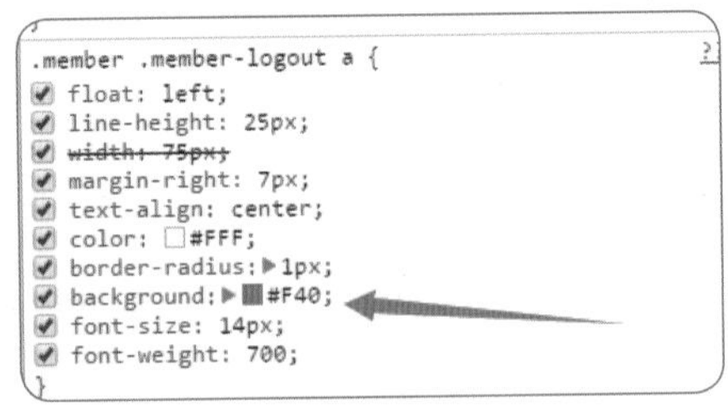

图 3-14　使用 3 位十六进制数表示颜色

图 3-15　对 6 位十六进制数两两分组

两两分组后，当每一组中的两个数字或字母彼此相同时，就可以使用简写形式：每组使用 1 位来表示。所以，#ff4400 可简写为 #f40，#ff0000 可简写为 #f00，#ffffff 可简写为 #fff。需要注意的是：两两分组后，任何一组中的两个数字或字母彼此不相同时则不能使用简写方式，比如“#ff4467”两两分组后，可得到“ff”“44”和“67”这 3 个组，由于“67”两个数字彼此不相同，导致该组无法使用 1 位来表示，因而整个颜色值无法使用简写方式。

至此，我们已明白了在 CSS 代码中，颜色的几种表示方法，下面通过示例 3-8 演示 color 属性的使用。

【示例 3-8】使用 color 属性设置文本颜色。

```
<!DOCTYPE html>
<html>
<head>
<meta charset="utf-8" />
<title> 使用 color 属性设置文本颜色 </title>
<style>
#box1 {
    color: red; /* 使用英文关键字表示颜色 */
}
#box2 {
    color: #F0F; /* 使用简写的十六进制数表示颜色 */
}
#box3 {
```

```
        color: #2D35DD; /* 使用 6 位十六进制数表示颜色 */
    }
    </style>
    </head>
    <body>
        <div id="box1">妙味课堂 </div>
        <div id="box2">妙味课程 </div>
        <div id="box3">妙味讲师 </div>
    </body>
    </html>
```

上述代码在 Chrome 浏览器中运行结果如图 3-16 所示。

思考：如果 #box1 的文本颜色需要使用 rgb() 方式来表示，应如何修改代码？

图 3-16　使用 color 属性设置文本颜色

3.2.2 水平对齐属性：text-align

文本除了可以设置颜色样式外，还可以设置水平对齐样式。在 CSS 代码中，使用 text-align 属性来设置文本水平对齐，设置语法如下：

```
text-align: left | right | center | inherit;
```

语法说明：text-align 的常用属性值描述如表 3-8 所示。

表 3-8　text-align 属性值

属性值	描　述
left	左对齐，默认对齐方式
right	右对齐
center	居中对齐
inherit	继承父级的 text-align 属性值

现代人的阅读或写作的习惯，喜欢按从左到右的顺序进行。所以默认情况下，文本对齐左侧（left）。可以通过 text-align 属性修改元素默认的对齐方式。

【示例 3-9】使用 text-align 属性设置文本的水平对齐方式。

```
<!doctype html>
<html>
<head>
<meta charset="utf-8" />
<title>使用 text-align 属性设置文本的水平对齐方式 </title>
<style>
#box2 {
    text-align: left;  /* 设置文本居左对齐 */
```

```
    }
    #box3 {
        text-align: center; /* 设置文本居中对齐 */
    }
    #box4 {
        text-align: right; /* 设置文本右对齐 */
    }
</style>
</head>
<body>
    <div id="box1">妙味课堂</div>
    <div id="box2">妙味课程</div>
    <div id="box3">妙味讲师</div>
    <div id="box4">学员作品</div>
</body>
</html>
```

示例 3-9 的代码在浏览器中运行结果如图 3-17 所示。

从图 3-17 中可以看到，使用默认对齐方式的 #box1 文本和使用居左对齐的 #box2 文本的对齐方式完全一样。所以，如果对齐方式是居左时，可以不设置 text-align 属性。

图 3-17　使用 text-align 属性设置文本的水平对齐方式

3.2.3 首行缩进属性：text-indent

在 CSS 中使用 text-indent 属性可以设置每段文本的首行字符的缩进距离，设置语法如下：

```
text-indent: length | 百分数 | inherit;
```

语法说明：首行缩进距离由 text-indent 属性值决定。text-indent 的各个属性值描述如表 3-9 所示。

表 3-9　text-indent 属性值

属性值	描　述
lengh	某个具体的数值，单位为 px|pt|em。默认为 0 值
百分数	相对于父级元素宽度的百分比
inherit	继承父级的 text-indent 属性值

注意： text-indent 允许属性值为负数，如果缩进值为负数，那文字会被缩进到左边。

Text-indent 的作用就是划分段落，每行缩进可以更清楚地看到哪些文字属于同一个段落。text-indent 的作用就像写作文开头要空两个格一样的作用，其具体使用如示例 3-10 所示。

【示例 3-10】 使用 text-indent 属性设置文本首行字符的缩进距离。

```
<!doctype html>
<html>
```

```
<head>
<meta charset="utf-8" />
<title>使用 text-indent 属性设置文本首行字符缩进距离 </title>
<style>
#box1 {
    text-indent: 32px;   /* 设置文本首行字符缩进 32px*/
}
#box2 {
    color: #63C;
    text-indent: 2em;   /* 设置文本首行字符缩进 2em*/
}
</style>
</head>
<body>
    <div id="box1">妙味课堂是北京妙味趣学信息技术有限公司旗下的 IT 前端培训品牌，妙味课堂是一支独具特色的
IT 培训团队，妙味反对传统 IT 教育枯燥乏味的教学模式，妙味提供一种全新的快乐学习方法！ </div>
    <div id="box2">妙味课堂是北京妙味趣学信息技术有限公司旗下的 IT 前端培训品牌，妙味课堂是一支独具特色的
IT 培训团队，妙味反对传统 IT 教育枯燥乏味的教学模式，妙味提供一种全新的快乐学习方法！ </div>
</body>
</html>
```

一个文字的大小默认是 16px，即 1em，上述 CSS 代码设置两个 <div> 首行字符缩进分别为 32px 和 2em，即都是缩进两个字符。在浏览器中运行结果如图 3-18 所示。

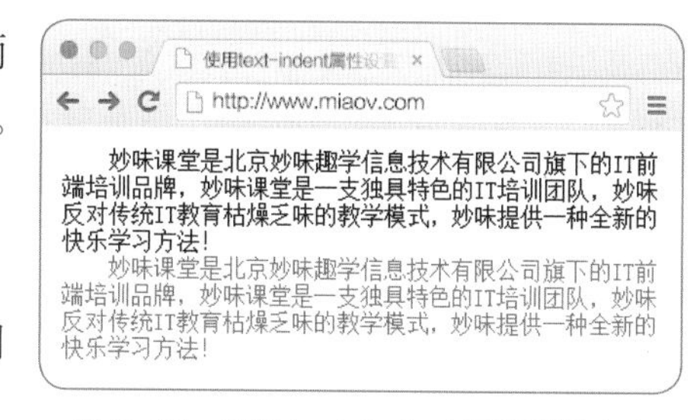

图 3-18　使用 text-indent 属性设置文本首行字符缩进

3.2.4 文本修饰属性：text-decoration

使用 text-decoration 属性可以设置文本是否显示下划线或上划线或删除线等修饰样式，设置语法如下：

```
text-decoration: none | underline | overline | line-through | inherit;
```

语法说明：text-decoration 常用属性值描述如表 3-10 所示。

表 3-10　text-indent 属性值

属性值	描　述
none	无任何修饰，默认值
underline	显示下划线
overline	显示上划线
line-through	显示删除线
inherit	继承父元素的 text-decoration 属性

超链接显示下划线是最常见的文本修饰，如图 3-19 所示的是百度新闻页面中，当鼠标经过新闻标题链接时，会显示下划线文本修饰。

- 蒸笼天，送清凉：妙味最新视频教程鉴赏
- 妙味·腾讯公开课：基于原生 H5 开发移动端...
- 妙味课堂·上海公开课活动火爆现场照片
- 今晚 8 点免费公开课：原生 JS 邮件拖拽...

图 3-19　超链接中的下划线文本修饰

【示例 3-11】使用 text-decoration 属性修饰文本。

```
<!doctype html>
<html>
<head>
<meta charset="utf-8" />
<title>使用 text-decoration 属性修饰文本 </title>
<style>
#box1 {
    text-decoration: underline;   /* 设置下划线 */
}
#box2 {
    text-decoration: overline;   /* 设置上划线 */
}
#box3 {
    text-decoration: line-through; /* 设置删除线 */
}
span {
    margin-right: 10px; /* 设置右外边距 */
}
.cl {
    color: red;
    margin-left: 10px; /* 设置左外边距 */
}
</style>
</head>
<body>
    <span id="box1">妙味课堂 </span>
    <span id="box2">妙味课堂 </span>
    <span id="box3">妙味课堂 </span>
    <p></p>
    <span class="cl">下划线 </span>
    <span class="cl"> 上划线 </span>
    <span class="cl"> 删除线 </span>
</body>
</html>
```

示例 3-11 的 CSS 代码分别对文本设置了下划线、上划线和删除线修饰，运行结果如图 3-20 所示。（有关外边距的设置请参见第 4 章盒子模型。）

图 3-20　使用 text-decoration 属性修饰文本

3.2.5 字符间距属性：letter-spacing

使用 letter-spacing 属性可以增加或减小字符与字符之间的间隔，设置语法如下：

```
letter-spacing: normal | length | inherit;
```

语法说明：letter-spacing 的各个属性值描述如表 3-11 所示。

表 3-11　letter-spacing 属性值

属性值	描　述
normal	默认值，字符间距为 0
length	以 px|em|pt 为单位的某个固定数值，可以为负值
inherit	继承父元素的 letter-spacing 属性

Length 值为正值时，值越大，字符间距越大。length 值为负数时，绝对值越大，则字符之间挤得越紧，当绝对值为一个字体大小时，字符之间重叠在一起；当绝对值为两个及以上字符大小时，字符将以逆序显示，应用代码如示例 3-12 所示。

【示例 3-12】使用 letter-spacing 属性设置字符间距。

```
<!doctype html>
<html>
<head>
<meta charset="utf-8" />
<title>使用 letter-spacing 属性设置字符间距 </title>
<style>
.pos {
    letter-spacing: 18px;   /* 使用正数设置字符间距 */
}
.neg {
    letter-spacing: -0.5em;   /* 使用负数设置字符间距 */
}
</style>
</head>
<body>
    <div class="pos">妙味课堂 </div>
    <div class="pos">Miaov</div>
    <div class="neg">学员作品 </div>
</body>
</html>
```

上述 CSS 代码的 pos 类选择器将字符间距设置为正值，因而字符之间间隔比较大；而 neg 类选择器将字符间距设置为 −0.5em，因而字符彼此之间有一部分内容重叠在一起，运行结果如图 3-21 所示。

图 3-21　使用 letter-spacing 设置字符间距

3.2.6 字间距属性：word-spacing

使用 word-spacing 属性可以增加或减小单词与单词之间的间隔，设置语法如下：

```
word-spacing: normal | length | inherit;
```

语法说明：word-spacing 的各个属性值的描述如表 3-12 所示。

表 3-12　word-spacing 属性值

属性值	描　述
normal	默认值，字符间距为 0
length	以 px|em|pt 为单位的某个固定数值，可以为负值
inherit	继承父元素的 word-spacing 属性

注意：使用 word-spacing 属性时，设置的文本中必须最少有两个词，word-spacing 的作用才会起体现出来。word-spacing 在设置样式时如何分辨不同的词呢？ CSS 把 “字（word）” 定义为任何非空白符字符组成的串，并由某种空白字符包围。由此可知，两个词之间是通过空格来分割的。英文单词默认就是使用空格分隔，而汉语如果没有特别的要求，一般两个汉字之间是没有空格的。所以一般情况下，word-spacing 对包含两个以上单词的英文文本起作用，而对一段汉语文本是不起作用的，具体应用如示例 3-13 所示。

【示例 3-13】使用 word-spacing 属性设置字间距。

```
<!doctype html>
<html>
<head>
<meta charset="utf-8" />
<title> 使用 word-spacing 属性设置字间距 </title>
<style>
div {
    word-spacing: 20px; /* 使用正值设置字间距 */
}
</style>
</head>
<body>
    <div> 妙味课堂 </div>
    <div> 妙 味 课 堂 </div>
    <div>Miaov</div>
    <div>Miao wei</div>
</body>
</html>
```

被空格隔开的元素，浏览器会解析成两个词，没有空格的元素，浏览器会认为是 1 个词。上述代码中，第 2 和第 4 个 <div> 的内容中包含了空格，因而它们分别包含 4 个和 2 个词，因此 word-spacing 对它们会起作用；而第 1 和第 3 个 <div> 的内容不包含空格，因而它们都只包含 1 个词，所以 word-spacing 对它们不起作用。运行结果如图 3-22 所示。

如果将示例 3-13 中的字间距修改为 -20px，此时第 2 和第 4 个 <div> 的内容将发生重叠，运行结果如图 3-23 所示。

图 3-22 使用 word-spacing 设置字间距

图 3-23 word-spacing 属性为负值时的结果

3.3 背景属性

图 3-24 中有两组杯子，它们的区别在于左边一组是纯颜色，右边一组则添加了背景色。对于网页元素来说，我们也可以给它设定背景颜色，还可以设定背景图片，正如这两组杯子的外衣一样。在 CSS 中，给网页披上“背景”外衣需要使用背景属性。该属性可以给网页或网页元素设置背景颜色或背景图片，以及背景图片的拉伸方向及其位置等样式。下面对相关的属性进行介绍。

图 3-24 加了背景颜色和背景图片的杯子

3.3.1 背景颜色属性：background-color

使用 background-color 属性可以设置网页或网页元素的背景颜色，设置语法如下：

```
background-color: 颜色英文单词 | 颜色的十六进制数 | 颜色的 rgb 值 | transparent | inherit;
```

语法说明：属性 transparent 用于设置透明背景，为默认的背景颜色。其他 4 个属性值的描述请参见 3.2.1 小节相关内容。

【示例 3-14】使用 background-color 属性设置背景颜色。

```
<!doctype html>
<html>
<head>
<meta charset="utf-8" />
<title>使用 background-color 属性设置背景颜色 </title>
<style>
div { /* 使用元素选择器设置公共样式 */
    height: 50px;
    margin-bottom: 10px;
}
body { /* 设置网页的背景颜色 */
    background-color: #BCE9E2;
```

```
}
#box1 { /* 使用十六进制数设置背景颜色 */
    background-color: #FCF;
}
#box2 { /* 使用 rgb 值设置背景颜色 */
    background-color: rgb(143,169,228);
}
#box3 { /* 使用颜色英文单词 */
    background-color: olive;
}
</style>
</head>
<body>
     <div id="box1">妙味课堂</div>
     <div id="box2">妙味课堂</div>
     <div id="box3">妙味课堂</div>
</body>
</html>
```

示例 3-14 的 CSS 代码共设置了 4 种背景颜色，其中 <body> 标签选择器设置整个网页的背景颜色，ID 选择器 #box1、#box2 和 #box3 分别设置了 3 个 <div> 区块的背景颜色。运行结果如图 3-25 所示。

3.3.2 背景图片属性：background-image

背景颜色比较单一，不生动。很多时候，我们希望网页看上去更加生动、眩目，如图 3-26 所示的妙味网站首页就显得很生动。

图 3-25　使用 background-color 属性设置网页及元素的背景颜色

图 3-26　网页的背景图片

图 3-26 中的效果其实是对网页添加了背景图片。那我们进行前端开发时如何对网页或元素添加背景图片呢？答案有多种，其中一种方法是在 CSS 中使用背景图片属性，设置语法如下：

```
background-image: url(image_file_path) | inherit;
```

语法说明：各个属性值描述请参见表 3-13。

表 3-13 background-image 属性值

属性值	描 述
url(image_file_path)	参数“image_file_path”用于指定背景图片的路径
inherit	继承父元素的 background-image 属性

【示例 3-15】使用 background-image 属性设置背景图片。

```
<!doctype html>
<html>
<head>
<meta charset="utf-8" />
<title> 使用 background-image 属性设置背景图片 </title>
<style>
div {
    width: 500px;  /*div 宽度 */
    height: 500px; /*div 高度 */
    /* 使用 01.jpg( 宽: 452px, 高: 374px) 设置 div 的背景图片 */
    background-image: url(images/01.jpg);
}
</style>
</head>
<body>
    <div id="box1"> 妙味课堂 </div>
</body>
</html>
```

上述 CSS 代码中设置 <div> 区块的宽高都是 500px，而背景图片的宽高分别 452px 和 374px，比 <div> 小，因而背景图片会在页面上重复显示。运行结果如图 3-27 所示。

从图 3-27 中可以看到，当背景图片比元素小时，背景图片会在水平和垂直两个方向重复铺满整个元素。如果希望背景图片不重复显示，该怎么做呢？下面将揭晓这个答案。

图 3-27 使用 background-image 属性设置元素背景图片

3.3.3 背景图片重复属性：background-repeat

不希望背景图片重复显示可以通过 CSS 的 backbround-repeat 属性来实现。background-repeat 属性可以对背景图片实现水平、垂直两个方面同时重复、单方面重复、不重复等设置，设置语法如下：

```
background-repeat: repeat | repeat-x | repeat-y | no-repeat | inherit;
```

语法说明：background-repeat 属性的各个值设置了背景图片是否重复以及在哪个方面重复，各个属性值的具体描述如表 3-14 所示。

表 3-14　background-repeat 属性值

属性值	描　述
repeat	默认值，背景图片在水平和垂直方向都重复
repeat-x	背景图片只在水平方向重复
repeat-y	背景图片只在垂直方向重复
no-repeat	背景图片只显示一次
inherit	继承父级 background-repeat 的属性值

【示例 3-16】使用 background-repeat 属性对背景图片进行重复设置。

```
<!doctype html>
<html>
<head>
<meta charset="utf-8" />
<title> 使用 background-repeat 属性对背景图片进行重复设置 </title>
<style>
div {
    width: 400px;
    height: 200px;
    margin-bottom: 10px;
    border: 1px solid red;
    /* 背景图片的宽和高都是 128px*/
    background-image: url(images/cup.gif);
}
#box2{
    background-repeat: repeat-x;
}
#box3{
    background-repeat: no-repeat;
}
</style>
</head>
<body>
    <div id="box1"> 妙味课堂 </div>
    <div id="box2"> 妙味课堂 </div>
    <div id="box3"> 妙味课堂 </div>
</body>
</html>
```

示例 3-16 中的 CSS 代码使用 div 元素选择器设置了 3 个 <div> 使用相同的背景图片。该背景图片的宽高皆为 128px，而 3 个 <div> 的宽为 400px，高为 200px，因而默认情况下，背景图片会在水平和垂直两个方向重复显示。在 CSS 代码中，#box2 选择器设置了背景图片只在水平方面重复，#box3 选择器设置背景图片不重复，而 box1 区块没有设置背景图片重复属性，因而使用了它的默认值，即同时在水平和垂直方向重复背景图片。运行结果如图 3-28 所示。

图 3-28　背景图片的重复设置

3.3.4 背景图片位置属性：background-position

观察前面背景图片的运行结果，可以发现，元素的背景图片都是从左上角开始显示的，如果希望背景图片从特定的位置开始显示应该怎么做呢？——这个要求可以使用 background-position 属性实现。设置语法如下：

```
background-position: 表示位置的关键字 | x% y% | xpos ypos;
```

语法说明：两个属性值之间使用空格分隔，可以使用表示上、下、左、中、右方向的关键字来表示背景图片的位置以及相对于 0 0 或 0% 0% 顶点的水平和垂直两个方向上的偏移量来表示背景图片位置，各个属性值的具体用法如表 3-15 所示。

表 3-15　background-position 属性值

属性值		描　述
位置关键字	top left（左上角，默认值） top center（靠上居中） top right（右上角） center left（居中靠左） center center（水平垂直居中） center right（居中靠右） bottom left（左下角） bottom center（靠下居中） bottom right（右下角）	用表示方向的关键字规定背景图的位置。第一个值是水平位置，第二个值是垂直位置。默认是 left top。 使用关键字设置方向时，如果只写一个关键字，另一个值默认是 center
偏移量	x% y%	第一个值是水平位置，第二个值是垂直位置。 偏移量为相对于元素的宽度和背景图片宽度之差的百分数。 默认值为 0% 0%（表示元素边框内的左上角），右下角是 100% 100%。 如果只规定了一个值，另一个值将是 50%。
	xpos ypos	第一个值是水平位置，第二个值是垂直位置。 默认值为 0 0（表示元素边框内的左上角）。偏移量为相对于左上角的一个数值，单位为 px 或 em。水平偏移量为正值时，表示从左向右移动，反之表示从右向左移动；垂直偏移量为正值时，表示从上向下移动，反之表示从下向上移动。 如果只规定了一个值，另一个值将是 50%

注意：偏移量为百分数，定位时折合为xpos ypos，其中xpos=（元素的宽度 − 背景图片宽度）*x%，ypos=（元素的高度 − 背景图片高度）*y%。

【示例 3-17】使用 background−position 属性设置背景图片平铺开始位置。

```
<!doctype html>
<html>
<head>
<meta charset="utf-8" />
<title> 使用 background-position 属性设置背景图片平铺开始位置 </title>
<style>
div {
    width:  400px;
    height: 150px;
    margin-bottom: 6px;
    border: 1px solid red;
    background-repeat: no-repeat; /* 背景图片不重复 */
    background-image: url(images/cup.gif);
}
#box1 { /* 背景图片从右下角开始显示 */
    background-position: right bottom;
}
#box2 { /* 背景图片水平垂直居中 */
    background-position: center center;
}
#box3 { /* 背景图片水平方向向右偏移 30px，垂直方向向下偏移 20px*/
    background-position: 30px 20px;
}
#box4 { /* 背景图片水平方向向右偏移 30%，垂直方向向下偏移 36%*/
    background-position: 30% 36%;
}
</style>
</head>
<body>
    <div id="box1"> 妙味课堂 </div>
    <div id="box2"> 妙味课堂 </div>
    <div id="box3"> 妙味课堂 </div>
    <div id="box4"> 妙味课堂 </div>
</body>
</html>
```

示例 3-17 的 CSS 代码对 3 个 <div> 的背景图片分别使用了 background-position 属性进行定位，其中，box1 区块背景图片的平铺开始位置为右下角；box2 区块背景图片的平铺开始位置为水平垂直居中位置；box3 区块背景图片的平铺开始位置为相对左边框向右偏移 30px，相对上边框向下偏移 20px 处；box4 区块背景图片的平铺开始位置为相对左边框向右偏移 (400−128)*0.3=81.6px，相对上边框向下偏移 (150−128)*0.36=7.92px 处。运行结果如图 3-29 所示。

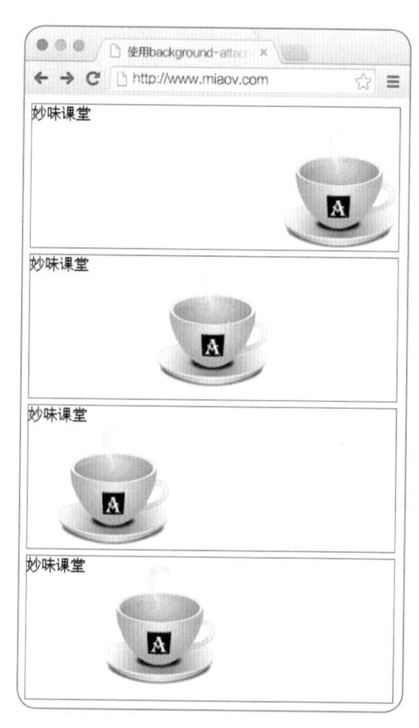

图 3-29 设置背景图片的平铺开始位置

3.3.5 背景图片滚动属性：background-attachment

默认情况下，背景图片会随页面的滚动条滚动。在实际应用中，有时希望移动滚动条时，背景图片能保持固定不动，使用 background-attachment 属性可实现这个需求。设置语法如下：

```
background-attachment: scroll | fixed | inherit;
```

语法说明：各个属性值的具体描述如表 3-16 所示。

表 3-16 background-position 属性值

属性值	描 述
scroll	默认值，背景图片会随着页面滚动条的滚动而移动
fixed	页面滚动条滚动时，背景图片不会移动
inherit	继承父元素的 background-attachment

【示例 3-18】使用 background-position 属性设置背景图片平铺开始位置。

```
<!doctype html>
<html>
<head>
<meta charset="utf-8" />
<title> 使用 background-attachment 属性固定背景图片 </title>
<style>
body {
    line-height: 1.5em;
    background-image: url(images/bg.jpg);
    background-attachment: fixed; /* 设置背景图片固定 */
}
</style>
</head>
<body>
    <div> 妙味课堂是北京妙味趣学信息技术有限公司旗下的 IT。妙味反对传统 IT 教育枯燥乏味的教学模式，妙味提供一种全新的快乐学习方法！创办多年来我们一直恪守住 IT 培训的原则与底限，扎扎实实研发课程、不断提升服务质量，在公司需求和学员进度中巧妙把握平衡，帮助学员打下坚实技术基础，不断向各大 IT 公司输送优秀开发人才！ 2011 年至
```

```
2013 年，妙味课堂精准研发出领先行业的 “HTML5&CSS3 课程”，并配合 2013 年最新官网同时对外发布； 2014 年至今，妙味课堂重磅推出超值的 VIP 会员”收费服务，并配合优良的 IT 培训资源、成熟的远程课堂方案，彻底打通线上线下环节，为广大学习爱好者提供了一个更加便捷、有效、实用的 IT 学习方案！
    </div>
</body>
</html>
```

上述 CSS 代码设置了 background-attachment:fixed 样式，该样式使背景图片不会随滚动条的滚动而滚动。运行结果如图 3-30、图 3-31 所示。

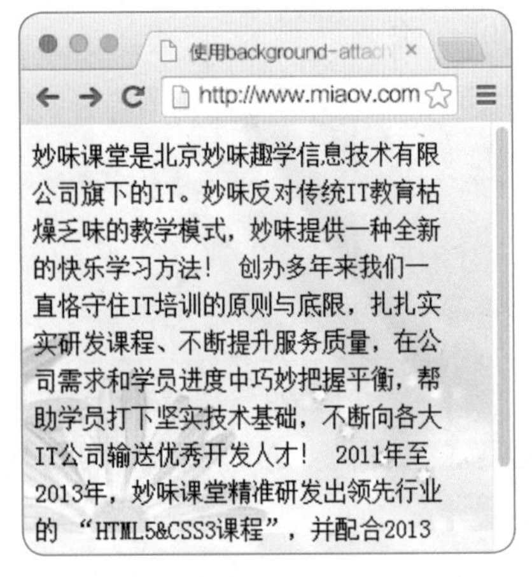

图 3-30 滚动条在最上面时背景图片位置

图 3-31 滚动条在最下面时背景图片位置

对比图 3-30 和图 3-31 可以发现，背景图片的位置保持一样，并没有随着滚动条的滚动而滚动。当我们把示例中的 background-attachment:fixed 代码注释掉，则将滚动条移到最下面时的效果如图 3-32 所示。

对比图 3-31 和图 3-32，可以看到背景图片的位置发生了变化。可见，默认情况下，背景图片会随滚动条滚动。

注意： 设置 background-attachment:fixed 时，background-position 定位图片时将针对可视区进行计算。

至此，我们已学习了所有设置背景和相关属性，下面通过示例 3-19 综合应用前面各个背景属性实现图 3-33 所示的效果。

图 3-32 背景图片随滚动条的滚动而滚动

图 3-33 综合应用背景属性设置页面背景样式

综合示例说明：要求背景颜色为 ##bdd8cf，背景图片不重复，显示位置为靠上居中，且不随滚动条的滚动而滚动。

【示例 3-19】综合应用背景属性设置页面背景样式。

```
<!doctype html>
<html>
<head>
<meta charset="utf-8" />
<title>综合应用背景属性设置页面背景样式</title>
<style>
body{
    background-color: #bdd8cf; /* 设置背景颜色 */
    background-image: url(images/small.png);/* 设置背景图片 */
    background-repeat: no-repeat;/* 设置背景图不重复 */
    background-position: top center;/* 设置背景图片开始显示位置 */
    background-attachment: fixed;/* 设置背景图片固定 */
}
</style>
</head>
<body>
</body>
</html>
```

示例 3-19 的 CSS 代码共使用 5 个背景属性来设置页面的背景样式。虽然达到了设置效果，但需要写多个样式，代码冗长繁琐。为了简化样式代码，背景样式也可以和字体样式一样，使用简写属性一次性地设置背景的所有样式，这个简写属性就是 background。

3.3.6 背景属性：background

使用背景属性 background 可以一次性地设置背景的所有样式。设置语法如下：

```
background: background-color|background-image[|background-position|
            background-repeat | background-attachment];
```

语法说明：各个属性值之间使用空格分隔，background 必须有背景颜色或者背景图片，其余参数是可选参数，有需要就使用。各个属性值的具体描述见前面相应属性的介绍。

使用 background 修改示例 3-19 中的样式代码如下所示：

```
<style>
body {
    background: #bdd8cf url(images/small.png) no-repeat top center fixed;
}
</style>
```

练习题

请使用本章所学知识点和 Photoshop 等相关工具，完成如图 3-34 ~图 3-36 所示的练习。

图 3-34

图 3-35　　图 3-36

Chapter 4

第4章

剖析“盒模型”特性，详解布局方寸间的逻辑关系

看文字太累？那就看视频！

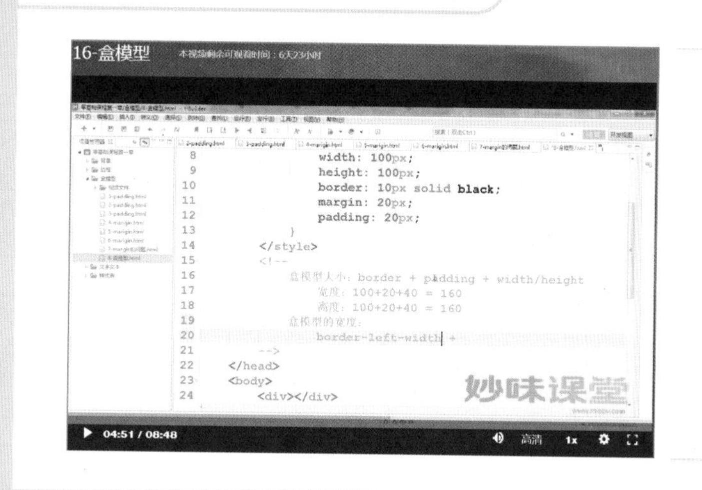

妙味视频

遇到困难？去社区问高手！

技术交流社区

里里外外、精准测量，大小空间、堆积排列。在网页的像素天地间，让页面规划准确无误，让尺寸设置精确到每一像素。

所谓盒子模型，其实就是在网页设计中进行 CSS 样式设置所使用的一种思维模型。使用盒子模型主要是为了便于控制网页中的元素。在盒子模型中，一个页面就是由大大小小许多盒子通过不同的排列方式堆积而成，这些盒子互相之间彼此影响。因此，我们既需要理解每个盒子内部的机构，也需要理解盒子之间的关系以及互相的影响。盒子模型是 CSS 布局页面元素的一个重要概念，只有掌握了盒子模型，才能让 CSS 很好地控制页面上每一个元素，达到我们想要的效果。

4.1 盒子模型的组成

在盒子模型中，页面上的每个元素都被浏览器看成是一个盒子，例如，前面所学过的 html、body、div 等元素都是盒子，其中 div 元素是布局网页时最常用的一个盒子。在进一步学习盒子相关内容之前，我们首先来看看这个盒子长什么样。通过 Chrome 浏览器提供的开发者工具可以查看 HTML 页面中的每个盒子。以下面的 HTML 文件中的几个元素作为例子，查看一下它们对应的盒子所具有的共同特点。

```
<html>
<head>
<meta charset="UTF-8">
<title> 盒子模型示例代码 </title>
<style>
div {
    border: 1px solid red; /* 边框样式 */
    margin: 10px; /* 外边距 */
    padding: 16px; /* 内边距 */
    width: 600px; /* 宽度 */
    height: 500px; /* 高度 */
}
</style>
</head>
<body>
    <div> 妙味课堂 </div>
</body>
</html>
```

上述代码在页面中设置了一个宽高分别为 600px 和 500px 以及具有 10px 内、外边距和宽为 1px 的红色边框的 <div> 区块。

打开 Chrome 浏览器运行上述 HTML 文件，然后在该浏览器窗口中单击鼠标右键，弹出如图 4-1 所示的菜单。在图 4-1 中单击“检查 (N)”菜单，打开如图 4-2 所示的开发者工具。

注意：开发者工具界面也可以使用组合键 Ctrl+Shilt+I 或 F12 功能键打开。

返回(B)	Alt+向左箭头
前进(F)	Alt+向右箭头
重新加载(R)	Ctrl+R
另存为(A)...	Ctrl+S
打印(P)...	Ctrl+P
翻成中文（简体）(T)	
查看网页源代码(V)	Ctrl+U
检查(N)	Ctrl+Shift+I

图 4-1 在浏览器窗口单击鼠标右键弹出的菜单

图 4-2 所示的开发者工具界面中，左侧窗口显示的内容为 HTML 代码结构，右侧窗口显示的是左侧窗口中所选元素的 CSS 代码以及对应

的盒子。图 4-3 至图 4-5 分别为 html、body 和 div 元素对应的盒子。

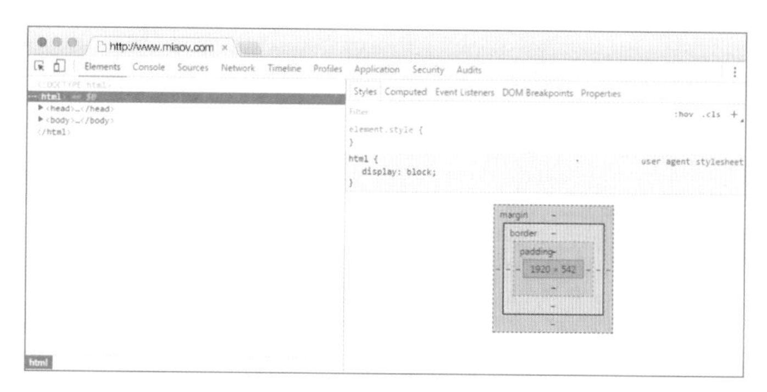

图 4-2　开发者工具界面

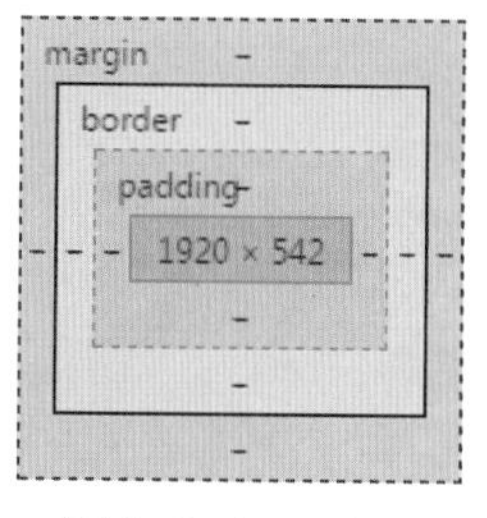

图 4-3　html 盒子

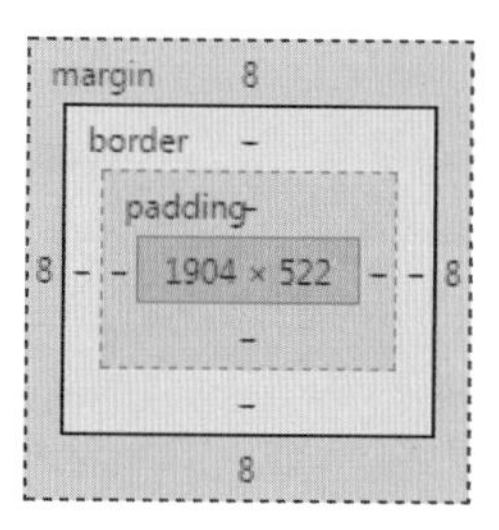

图 4-4　body 盒子

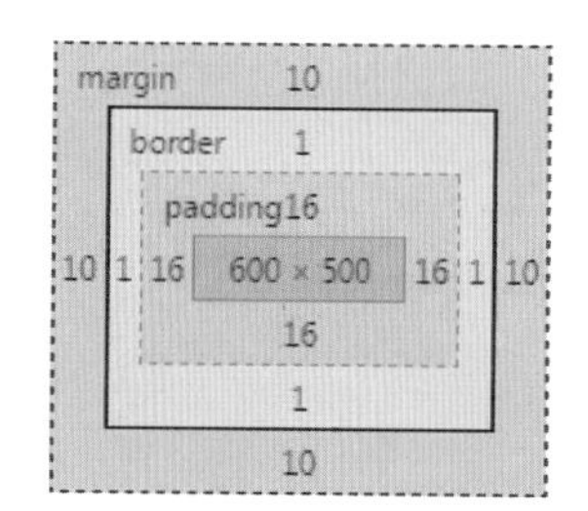

图 4-5　div 盒子

从图 4-3 至图 4-5 中，我们可以看到，每个盒子都呈矩形，每个盒子都具有 margin（外边距）、border（边框）、padding（内边距）以及一个具有特定宽度和高度的内容区域等组成部分。在这些组成部分中，margin 表示盒子的上、下、左、右 4 个方向的外边距，在盒子图中用橙色区域表示；padding 表示盒子的上、下、左、右 4 个方向的内边距，盒子图中用绿色区域表示；border 表示盒子的上、下、左、右 4 个方向的边框，盒子图中用黄色区域表示；宽度和高度表示盒子的内容大小，在盒子图中用蓝色区域表示。由此可得到如图 4-6 所示的盒子模型。

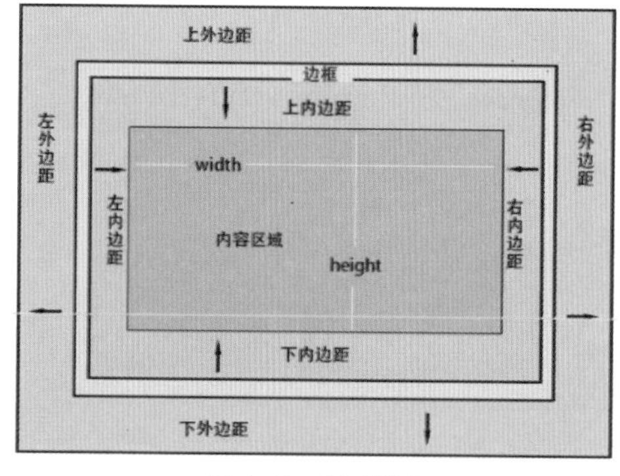

图 4-6　盒子模型

在图 4-3、图 4-5 盒子图中，HTML 盒子表示一个浏览器窗口，其 4 个方向的外边距、内边距和边框为 0，页面内容即浏览器窗口的宽度为 1920px，高度为 542px；body 盒子表示一个页面，其 4 个方向的外边距为 8px，这个值在 HTML 文件中并没有设置，可见是 Chrome 浏览器的默认外边距，而它的 4 个方向的内边距以及边框都为 0，页面内容的宽度为 1904px(=1920−8−8)，高度为 522px(=538−8−8)；div 盒子表示页面中的一个内容区域，其 4 个方向的外边距都为 10px，这个值是 HTML 文件的 CSS 代码设置的，它修改了外边距的默认值，而它的 4 个方向内边距和边框分别为 16px 和 1px，<div> 内容的宽度为 600px，高度为 500px。

可见，每个盒子在页面中都占据特定的空间，占据的实际空间是由“内容 + 内边距 + 外边距 + 边框”组成的。布局网页时，可以通过设定盒子的 border、padding、margin 和内容来调节盒子的位置以及大小。

4.2 盒子边框（border）设置

盒子边框包围了盒子的内边距和内容，形成盒子的边界。border 会占据空间，所以在排版计算时要考虑 border 的影响。

边框的样式涉及了颜色（color）、宽度（width）和风格（style）3 方面的内容。

4.2.1 设置边框风格

所谓边框风格指的是边框的形状，如实线、虚线、点状线等风格。设置边框风格需要使用边框风格属性。设置边框风格既可以使用一条样式代码统一设置盒子 4 个方向的边框风格，也可以针对每个方向分别使用一条样式代码设置。因而存在两类边框风格属性：border-style 和 border- 方向 -style，“方向”可取的值有 top（上）、right（右）、bottom（下）和 left（左）。边框风格属性的描述如表 4-1 所示。

表 4-1　边框风格属性

属　性	描　述
border-style	简写属性，同时设置边框 4 个方向的风格
border-bottom-style	设置下边框的风格
border-left-style	设置左边框的风格
border-right-style	设置右边框的风格
border-top-style	设置上边框向的风格

边框风格设置语法如下：

```
border-style: style [style] [style] [style];
border-方向-style: style [style] [style] [style];
```

语法说明：“style”参数用于设置边框形状，可取的值如表 4-2 所示。参数可取 1~4 个，各个参数之间使用空格分隔。

表 4-2　style 参数值

参数值	描　述
none	无边框，默认值
dotted	边框为点状
dashed	边框为虚线
solid	边框为实线
double	边框为双实线
groove	边框为 3D 凹槽
ridge	边框为 3D 垄状
inset	边框内嵌一个立体边框
outset	边框外嵌一个立体边框
inherit	指定从父元素继承边框样式

由边框风格的设置语法可知，边框风格属性值可以取 1~4 个，取值个数不一样，属性值代表的含义也不一样。

（1）边框风格属性取 1 个值时，表示 4 个方向的风格一样，例如：

```
border-style: dashed; /* 设置 4 个方向的边框都为虚线 */
```

（2）边框风格属性取 2 个值时，第一个参数设置上、下边框的风格，第二个参数设置左、右边框的风格，例如：

```
border-style: dashed solid; /* 上、下边框为虚线，左、右边框为实线 */
```

（3）边框风格属性取 3 个值时，第一个参数设置上边框的风格，第二个参数设置左、右边框的风格，第三个参数设置下边框的风格，例如：

```
border-style: dashed solid dotted; /* 上边框为虚线，左、右边框为实线，下边框为点线 */
```

（4）边框风格属性取 4 个值时，按顺时针方向依次设置上、右、下、左边框的风格，例如：

```
/* 上边框为虚线; 右边框为实线; 下边框为实线; 左边框为点线 */
border-style: dashed solid double dotted;
```

【示例 4-1】使用边框风格属性设置边框风格。

```
<!doctype html>
<html>
<head>
<meta charset="utf-8" />
<title> 使用边框风格属性设置边框风格 </title>
<style>
div {
    font-size: 26px;
    margin: 10px;
}
#box1 {
    border-style: solid;  /*1 个参数值，同时设置 4 个方向的边框为实线 */
}
#box2 {  /*2 个参数值，设置上、下边框为实线，左、右边框为虚线 */
    border-style: solid dashed;
}
#box3 {  /*3 个参数值，设置上边框为实线，左、右边框为虚线，下边框为点线 */
    border-style: solid dashed dotted;
}
/* 按顺时针方向依次设置上、右、下、左方向的边框分别为实线、虚线、点线和双实线 */
#box4 {
    border-style: solid dashed dotted double;
}
```

```
#box5 {  /* 使用对应方向的边框风格属性设置各个边框的风格 */
    border-top-style: solid;  /* 上边框为实线 */
    border-right-style: dashed;  /* 右边框为虚线 */
    border-bottom-style: dotted;  /* 下边框为点线 */
    border-left-style: double;  /* 左边框为双实线 */
}
</style>
</head>
<body>
  <div id="box1"> 边框风格设置示例 (border-style,1 个参数值 )</div>
  <div id="box2"> 边框风格设置示例 (border-style,2 个参数值 )</div>
  <div id="box3"> 边框风格设置示例 (border-style,3 个参数值 )</div>
  <div id="box4"> 边框风格设置示例 (border-style,4 个参数值 )</div>
  <div id="box5"> 边框风格设置示例 (border- 方向 -style 属性 )</div>
</body>
</html>
```

示例 4–1 代码的运行结果如图 4–7 所示。

图 4–7　使用边框风格属性设置边框风格

从图 4–7 可看到，#box4 和 #box5 两个 <div> 的边框风格完全相同，但 #box4 只使用了一条样式代码，而 #box5 则使用了 4 条样式代码。很显然，#box5 针对每个方向来设置边框风格的代码比较繁锁，在实际应用中一般不会这么用。在实际应用中，当盒子某个方向的边框和其他 3 个方向的边框只是风格不同，其他样式大部分相同时，一般会将 border–方向–style 属性结合 border 属性来分别设置个别样式和公共样式。border–方向–style 属性结合 border 属性结合使用的方法是：通过后者统一设置 4 个边框的样式，然后再使用前者设置指定方向的边框风格，从而覆盖后者设置的该边框风格。应用示例请参见示例 4–5。

4.2.2 设置边框宽度

设置边框宽度需要使用边框宽度属性。和边框风格设置情况一样，既可以使用一条样式代码统一设置盒子 4 个方向的边框宽度，也可以针对每个方向分别使用一条样式代码设置。因而也存在两类边框宽度属性：border–width 和 border– 方向 –width，“方向”可取的值与边框风格的完全相同。边框宽度属性的描述如表 4–3 所示。

表 4–3　边框宽度属性

属　性	描　述
border–width	简写属性，同时设置边框 4 个方向的宽度
border–bottom–width	设置下边框的宽度
border–left–width	设置左边框的宽度
border–right–width	设置右边框的宽度
border–top–width	设置上边框向的宽度

边框宽度设置语法如下：

```
border-width: width_value [width_value] [width_value] [width_value] | inherit;
border- 方向 -width: width_value [width_value] [width_value] [width_value] | inherit;
```

语法说明：“width_value”参数用于设置边框宽度，可取两类值，如表 4-4 所示。参数可取 1~4 个，各个参数之间使用空格分隔。

表 4-4　宽度值

宽度值		描　述
length		具体某个数值，单位可以是 px 或 em
关键字	thin	细边框
	medium	中等边框，默认值
	thick	粗边框
inherit		指定从父元素继承边框宽度

注意： 关键字代表的值由浏览器决定，不同浏览器取值可能不一样，比如有些浏览器的取值可能分别为 2px、3px 和 5px，有些浏览器的取值却可能分别为 1px、2px 和 3px。

和边框风格属性一样，边框宽度属性也可以取 1~4 个，取值个数不一样，属性值代表的含义也不一样。

（1）边框宽度取 1 个值时，表示 4 个方向的宽度一样，例如：

```
border-width: 3px; /* 设置 4 个方向边框宽度为 3px*/
```

（2）边框宽度取 2 个值时，第一个值设置上、下边框的宽度，第二个值设置左、右边框的宽度，例如：

```
border-width: 3px 6px; /* 上、下边框宽度为 3px，左、右边框 6px*/
```

（3）边框宽度取 3 个值时，第一个值设置上边框的宽度，第二个值设置左、右边框的宽度，第三个值设置下边框的宽度，例如：

```
/* 上边框宽度为 3px，左、右边框宽度为 6px，下边框宽度为 9px*/
border-width : 3px 6px 9px;
```

（4）边框宽度取 4 个值时，按顺时针方向依次设置上、右、下、左边框的宽度，例如：

```
/* 上边框宽度为 1px; 右边框宽度为 3px; 下边框宽度为 6px; 左边框宽度为 9px*/
border-width : 1px 3px 6px 9px;
```

需要注意的是，要使边框宽度有效，必须保证 border-style 的属性值不是 none，否则，边框宽度设置无效。反之，要使 4.2.1 小节介绍的边框风格设置有效，必须保证不能显式设置边框宽度为 0。例如：

```
div { /* 没有边框显示 */
    border-style: none;
    border-width: 20px;
}
```

```
div {  /* 显示宽度为 20px 的实线边框 */
    border-style: solid;
    border-width: 20px;
}
div {  /* 没有边框显示，因而边框风格也无法显示 */
    border-style:  solid;
    border-width:  0;
}
```

【示例 4-2】使用边框宽度属性设置边框宽度。

```
<!doctype html>
<html>
<head>
<meta charset="utf-8" />
<title> 使用边框宽度属性设置边框宽度 </title>
<style>
div {
    font-size: 26px;
    margin: 10px;
    border-style: solid; /* 必须保证边框风格不为 none*/
}
#box1 {
    border-width: 1px;  /*1 个值，同时设置 4 个方向的边框宽度为 1px*/
}
#box2 {  /*2 个值，设置上、下边框宽度为 3px，左、右边框宽度为 6px*/
    border-width: 3px 6px;
}
#box3 {  /*3 个值，设置上边框宽度为 3px，左、右边框宽度为 6px，下边框宽度 9px*/
    border-width: 3px 6px 9px;
}
/* 按顺时针方向依次设置上、右、下、左方向的边框分别为 1px、3px、6px 和 9px*/
#box4 {
    border-width: 1px 3px 6px 9px;
}
#box5 { /* 使用对应方向的边框宽度属性设置各个边框的宽度 */
    border-top-width: 1px;   /* 上边框宽度为 1px*/
    border-right-width: 3px;   /* 右边框宽度为 3px*/
    border-bottom-width: 6px;   /* 下边框宽度为 6px*/
    border-left-width: 9px;   /* 左边框宽度为 9px*/
}
</style>
</head>
```

```
<body>
  <div id="box1">边框宽度设置示例 (border-width,1 个值 )</div>
  <div id="box2">边框宽度设置示例 (border-width,2 个值 )</div>
  <div id="box3">边框宽度设置示例 (border-width,3 个值 )</div>
  <div id="box4">边框宽度设置示例 (border-width,4 个值 )</div>
  <div id="box5">边框宽度设置示例 (border- 方向 -width 属性 )</div>
</body>
</html>
```

示例 4-2 代码的运行结果如图 4-8 所示。

从图 4-8 可看到，#box4 和 #box5 两个 <div> 的边框宽度完全相同，但 #box4 只使用了一条样式代码，而 #box5 则使用了 4 条样式代码。很显然，#box5 针对每个方向来设置边框宽度的代码比较繁琐，在实际应用中一般不会这么用。在实际应用中，当盒子某个方向的边框和其他 3 个方向的边框只是宽度不同，其他样式大部分相同时，一般会将 border-方向-width 属性结合 border 属性来分别设置个别样式和公共样式。border-方向-width 属性结合 border 属性的使用方法是：通过后者统一设置 4 个边框的样式，然后再使用前者设置指定方向的边框宽度，从而覆盖后者设置的该边框宽度。应用示例请参见示例 4-5。

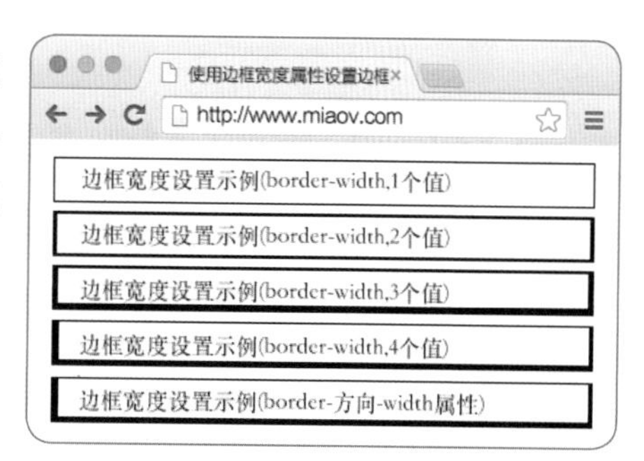

图 4-8 使用边框宽度属性设置边框宽度

4.2.3 设置边框颜色

设置边框颜色需要使用边框颜色属性。和边框风格设置情况一样，既可以使用一条样式代码统一设置盒子四个方向的边框颜色，也可以针对每个方向分别使用一条样式代码设置。因而也存在两类边框颜色属性：border-color 和 border- 方向 -color，“方向”可取的值边框风格的完全相同。边框颜色属性的描述如表 4-5 所示。

表 4-5 边框颜色属性

属　性	描　述
border-color	简写属性，同时设置边框四个方向的颜色
border-bottom-color	设置下边框的颜色
border-left-color	设置左边框的颜色
border-right-color	设置右边框的颜色
border-top-color	设置上边框向的颜色

边框颜色设置语法如下：

```
border-color: color_value [color_value] [color_value] [color_value] | inherit;
border- 方向 -color:color_value [color_value] [color_value] [color_value] | inherit;
```

语法说明：“color_value”参数用于设置边框颜色，值可以是表示颜色英文单词或颜色的十六进制数或颜色的 rgb 等值 。参数可取 1~4 个，各个参数之间使用空格分隔。参数个数不同时，各个参数代表的含义也不一样。

（1）1 个参数时，表示 4 个方向的颜色一样，例如：

```
border-color: red; /* 设置 4 个方向边框颜色为红色 */
```

（2）2 个参数时，第一个参数设置上、下边框的颜色，第二个参数设置左、右边框的颜色，例如：

```
border-color: red blue; /* 上、下边框颜色为红色，左、右边框颜色为蓝色 */
```

（3）3 个参数时，第一个参数设置上边框的颜色，第二个参数设置左、右边框的颜色，第三个参数设置下边框的颜色，例如：

```
border-color: red blue green; /* 上边框颜色为红色，左、右边框颜色为蓝色，下边框颜色为绿色 */
```

（4）4 个参数时，按顺时针方向依次设置上、右、下、左边框的颜色，例如：

```
/* 上边框颜色为红色; 右边框颜色为蓝色; 下边框颜色为绿色; 左边框颜色为粉红色 */
border-color: red blue green pink;
```

需要注意的是，要使边框颜色有效，必须保证 border-style 的值不是 none 以及 border-width 的值不为 0，否则，边框颜色设置无效。

【示例 4-3】使用边框颜色属性设置边框颜色。

```
<!doctype html>
<html>
<head>
<meta charset="utf-8" />
<title> 使用边框颜色属性设置边框颜色 </title>
<style>
div {
    font-size: 26px;
    margin: 10px;
    border-style: solid; /* 必须保证边框风格不为 none*/
    border-width: 3px; /* 必须保证边框宽度不为 0*/
}
#box1 {
    border-color: #F00; /*1 个值，同时设置 4 个方向的边框颜色为红色 */
}
#box2 {  /*2 个值，设置上、下边框颜色为红色，左、右边框颜色为蓝色 */
    border-color: #F00 #00F;
}
#box3 {  /*3 个值，设置上边框颜色为红色，左、右边框颜色为蓝色，下边框颜色为绿色 */
    border-color: #F00 #00F #0F0;
}
```

```
/* 按顺时针方向依次设置上、右、下、左方向的边框颜色分别为红色、蓝色、绿色和粉红色 */
#box4 {
    border-color: #F00 #00F #0F0 #F0F;
}
#box5 { /* 使用对应方向的边框颜色属性设置各个边框的颜色 */
    border-top-color: #F00;  /* 上边框颜色为红色 */
    border-right-color: #00F;  /* 右边框颜色为蓝色 */
    border-bottom-color: #0F0;  /* 下边框颜色为绿色 */
    border-left-color: #F0F;  /* 左边框颜色为粉红色 */
}
</style>
</head>
<body>
  <div id="box1">边框颜色设置示例 (border-color,1 个值 )</div>
  <div id="box2">边框颜色设置示例 (border-color,2 个值 )</div>
  <div id="box3">边框颜色设置示例 (border-color,3 个值 )</div>
  <div id="box4">边框颜色设置示例 (border-color,4 个值 )</div>
  <div id="box5">边框颜色设置示例 (border- 方向 -color 属性 )</div>
</body>
</html>
```

示例 4-3 代码的运行结果如图 4-9 所示。

从图 4-9 中可看到，#box4 和 #box5 两个 <div> 的边框颜色完全相同，但 #box4 只使用了一条样式代码，而 #box5 则使用了 4 条样式代码。很显然，#box5 针对每个方向来设置边框颜色的代码比较繁锁，在实际应用中一般不会这么用。在实际应用中，当盒子某个方向的边框和其他 3 个方向的边框只是颜色不同，其他样式大部分相同时，一般会将 border-方向-color 属性结合 border 属性来分别设置个别样式和公共样式。border-方向-color 属性结合 border 属性的使用方法是：通过后者统一设置 4 个边框的样式，然后再使用前者设置指定方向的边框颜色，从而覆盖后者设置的该边框颜色。应用示例请参见示例 4-5。

图 4-9 使用边框颜色属性设置边框颜色

4.2.4 统一设置边框的宽度、颜色和风格

前面介绍的边框风格、边框颜色和边框宽度分别针对边框的某个属性进设置，如果要同时设置边框这 3 方面的样式，使用这些属性设置至少需要 3 条样式代码，因而使用这种设置方法的样式代码比较繁锁。需要统一设置边框的风格、颜色和宽度时，我们一般会使用“border”（边框）属性（统一设置所有边框的各个样式）或“border- 方向”属性（统一设置指定方向边框的各个样式）。“方向”可取的值与边框风格的完全相同。边框属性的描述如表 4-6 所示。

表 4-6　边框属性

属　性	描　述
border	简写属性，同时设置四条边框的颜色、宽度和风格
border-bottom	同时设置下边框的颜色、宽度和风格
border-left	同时设置左边框的颜色、宽度和风格
border-right	同时设置右边框的颜色、宽度和风格
border-top	同时设置上边框向的颜色、宽度和风格

边框设置语法如下：

```
border: border-width border-style border-color;
border- 方向 : border-width border-style border-color;
```

语法说明：3 个参数的位置任意，但一般会写成上述的顺序。参数之间使用空格分隔。

当盒子的某条边框不同于其他 3 条边框时，一般会将 border 属性和 border-方向属性结合使用，以使用指定方向的边框样式覆盖统一设置的边框样式，具体应用见示例 4-4；当盒子的某条边框的某个样式不同于其他 3 条边框时，一般会将 border 属性和 border-方向-width、border-方向-style 和 border-方向-color 属性结合使用，以使指定方向的边框的指定样式覆盖统一设置的相应样式，具体应用如示例 4-5 所示。

【示例 4-4】使用边框属性同时设置边框的宽度、颜色和风格。

```
<!doctype html>
<html>
<head>
<meta charset="utf-8" />
<title> 使用边框属性同时设置边框的宽度、颜色和风格 </title>
<style>
div {
    font-size: 26px;
    margin: 10px;
}
#box1 {
    border: 6px solid #F00; /* 设置宽度为 6px 的红色实线边框 */
}
#box2 {
    border: 6px solid #F00;
    border-top: 3px dashed #0F0;/* 重新设置上边框的宽度、颜色和风格 */
}
</style>
</head>
<body>
  <div id="box1"> 使用 border 属性同时设置 4 条边框的宽度、颜色和风格 </div>
  <div id="box2"> 结合使用 border 和 border-top 属性设置边框的宽度、颜色和风格
```

```
    </div>
  </body>
  </html>
```

第一个 <div> 的 4 条边框的宽度、颜色和风格完全相同，所以可以使用 border 属性统一设置，而第二个 <div> 的上边框样式与其他 3 条边框都不相同，因而可以首先使用 border 属性统一设置 4 条边框的各个样式，然后再使用 border-top 重新设置上边框的各个样式来覆盖 border 属性设置的上边框的各个样式。运行结果如图 4-10 所示。

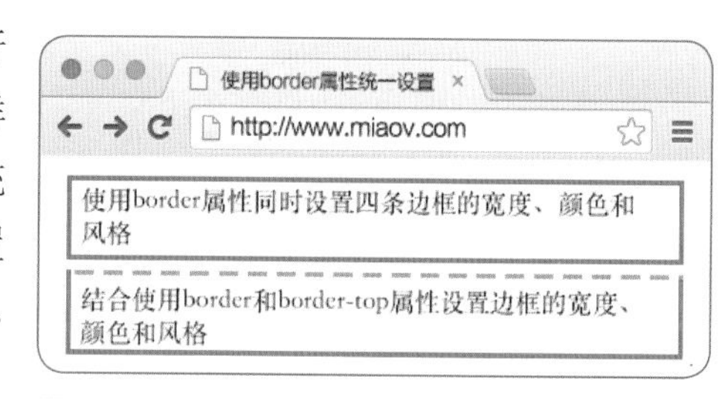

图 4-10 使用 border 属性统一设置边框各个样式

思考： 如果要将示例 4-4 中的第一个 div 的下边框修改为 3px 的蓝色虚线，应如何修改示例 4-4 代码？具体修改可参考示例 4-5。

【示例 4-5】 border 属性结合其他边框属性设置边框样式。

```
<!doctype html>
<html>
<head>
<meta charset="utf-8" />
<title>border 属性结合其他边框属性设置边框样式 </title>
<style>
div {
    font-size: 26px;
    margin: 10px;
}
#box1 {
    border: 3px solid #F00; /* 设置宽度为 3px 的红色实线边框 */
    border-top-color: #00F; /* 将上边框颜色修改为蓝色 */
}
#box2 {
    border: 3px solid #F00; /* 设置宽度为 3px 的红色实线边框 */
    border-bottom-width: 6px; /* 将下边框宽度修改为 6px*/
}
#box3 {
    border: 3px solid #F00; /* 设置宽度为 3px 的红色实线边框 */
    border-bottom-style: dotted; /* 将下边框风格修改为点线 */
}
</style>
</head>
<body>
  <div id="box1">border 属性结合 border-top-color 属性设置边框样式 </div>
  <div id="box2">border 属性结合 border-bottom-width 属性设置边框样式 </div>
  <div id="box3">border 属性结合 border-bottom-style 属性设置边框样式 </div>
```

```
</body>
</html>
```

#box1、#box2 和 #box3 这 3 个 div 的边框样式除了其中一条边框中的某个样式不同外，其他各个边框的所有样式都是一样的，所以可以首先使用 border 属性统一设置所有边框的各样式，而不同其他边框的那个样式，再使用边框指定方向的属性重新设置，以此来覆盖 border 设置的相应样式。例如使用 border-top-color 属性设置的边框颜色覆盖 border 设置的上边框颜色；使用 border-bottom-width 属性设置的边框宽度覆盖 border 设置的下边框宽度；使用 border-bottom-style 属性设置的边框风格覆盖 border 设置的下边框风格。运行结果如图 4-11 所示。

图 4-11　border 属性结合边框的指定方向的属性设置边框样式

4.2.5 边框的形状

前面介绍的各个示例的盒子边框在各个边框颜色都为同一种颜色时看上去都是矩形的，我们是否可由此得出这样的结论，就是所有盒子的边框都是矩形的呢？下面通过示例 4-6 和示例 4-7 来给出这个答案。

【示例 4-6】边框形状示例一。

```
<!doctype html>
<html>
<head>
<meta charset="utf-8" />
<title>边框形状示例一</title>
<style>
div {
    width: 0; /*盒子的宽度为0*/
    height: 0; /*盒子的高度为0*/
    border: 50px solid #9eb6ec; /*盒子的边框宽度为50px*/
    border-right-color: #ff594f;
    border-bottom-color: #ffa600;
    border-left-color: #b3f842;
}
</style>
</head>
<body>
  <div></div>
</body>
</html>
```

示例 4-6 的 CSS 代码设置 div 元素的宽、高为 0，边框的宽度是 50px，上、右、下、左边框颜色分别为 #9eb6ec、#ff594f、#ffa600 和 #b3f842，此时各个边框变成了对应颜色的一个色块。整个盒子显示的将是由各个边框色块组成的一个矩形框。运行结果如图 4-12 所示。

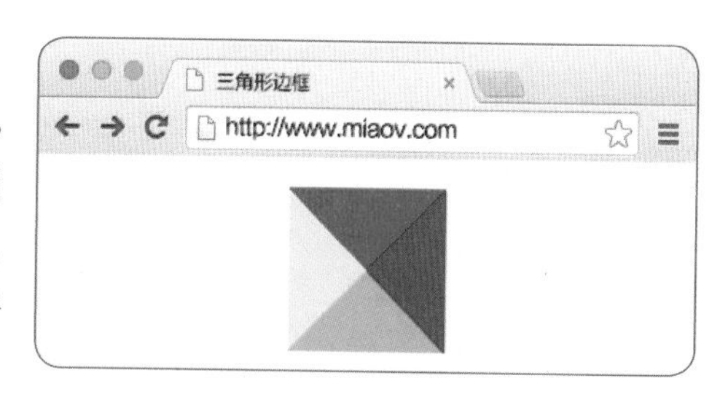

图 4-12　三角形边框

从图 4-12 可以看到，此时各个边框的形状为一个等边三角形。将示例 4-6 中的边框宽度分别修改为为不同的值，运行后发现当边框宽度大于或等于 3px 后，可以看到边框形状为三角形，值越大，三角形越明显。可见，当盒子的宽、高都为 0 时，边框宽度大于或等于 3px 时的盒子的边框形状为三角形。下面再看示例 4-7。

【示例 4-7】边框形状示例二。

```
<!doctype html>
<html>
<head>
<meta charset="utf-8" />
<title>边框形状示例二 </title>
<style>
div {
    width: 100px; /* 盒子的宽度为 100px*/
    height: 100px; /* 盒子的高度为 100px*/
    border: 50px solid #9eb6ec; /* 盒子的边框宽度为 50px*/
    border-right-color: #ff594f;
    border-bottom-color: #ffa600;
    border-left-color: #b3f842;
}
</style>
</head>
<body>
  <div></div>
</body>
</html>
```

示例 4-7 代码运行结果如图 4-13 所示。

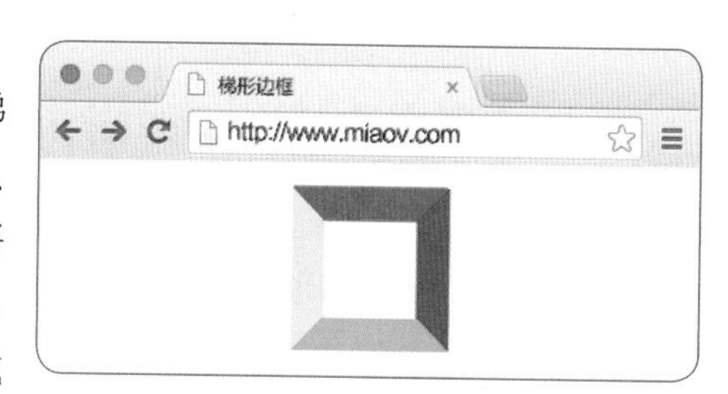

图 4-13　梯形边框

从图 4-13 可以看到，此时盒子的各个边框的形状为一个梯形。相较于示例 4-6，示例 4-7 不同的地方在于 div 元素的宽、高变为 100px。在得出某个结论之前，我们同样做几个测试：将示例 4-7 中的 div 元素的宽、高以及边框宽度修改为不同的值，然后分别运行，结果发现，当元素的宽、高以及边框宽度大于或等于 2px 后，可以看到边框形状为梯形，值越大，梯形越明显。可见，当盒子的宽、高以及边框宽度大于或等于 2px，盒子的边框形状为梯形。

从图 4-13 中可以看到，两条边框相交的地方是斜线。正因为相交的边框具有这样的特点，使得当盒子的宽、高为 0，边框宽度大于 1px 时，边框形状为三角形。当盒子的宽、高不为 0 时，由于浏览器的最小分辨率是 1px，当边框宽度为 1px 时，边框呈现的形状是一条直线；当边框宽度大于 1px 时，边框形状为梯形。

在实际应用中，可以根据边框的这个特点来获得我们需要的一些特效。例如：要获得一个如图 4-14 所示的倒三角形，可以将盒子的样式做如以下的设置。

```
div {
    width: 0;
    height: 0;
    border: 50px solid #fff;
    border-top-color: #ff594f;
}
```

获得图 4-14 所示的倒三角形边框的关键是只显示上边框的色块，而隐藏其他边框色块。而要隐藏其他边框，一个最简单的方法就是将这些边框的颜色和背景颜色保持一致就可以了。

从上述获得倒三角形示例中，可以总结出由盒子获得三角形涉及到的几个要点：

（1）盒子的宽高为 0；

（2）三角形的底边有多大，盒子的 border 的宽度就有多大；

（3）盒子边框颜色和盒子背景颜色一致；

（4）最后改变特定方向的边框颜色（必须和背景颜色不相同），使该边框显现出来。

思考：使用所学的盒子样式以及背景属性等知识如何获取图 4-15 所示效果。说明：页面背景颜色为 #ff594f，三角形底边长 10px。

图 4-14 倒三角形边框

图 4-15 设置盒子样式获取三角形

4.3 盒子内边距（padding）设置

盒子 padding 定义了边框和内容之间的空白区域，该空白区域称为盒子的内边距。默认情况下，绝大部分盒子的内边距为 0，但也有一些标签，比如 <ul>、<ol> 等标签默认存在一定的内边距。

4.3.1 内边距的设置

内边距跟边框一样，分为上、右、下、左 4 个方向的内边距，对这些内边距的设置可以使用 padding 属性同时设置各个方向的内边距，也可以分别使用 padding- 方向属性来设置指定方向的内边距，“方向”可取的值与边框的完全相同。设置内边距属性的描述如表 4-7 所示。

表 4-7　内边距属性

属　性	描　述
padding	简写属性，同时设置边框 4 个方向的内边距
padding-bottom	设置下内边距
padding-left	设置左内边距
padding-right	设置右内边距
padding-top	设置上内边距

内边距设置语法如下：

```
padding: padding_value [padding_value] [padding_value] [padding_value];
padding- 方向 : padding_value [padding_value] [padding_value] [padding_value];
```

语法说明：“padding_value”参数用于设置内边距，可取 4 类值，如表 4-8 所示。参数可取 1~4 个，各个参数之间使用空格分隔。

表 4-8　内边距参数值

参数值	描　述
auto	浏览器计算内边距
length	以 px、em、cm 等为单位的某个具体正数数值作为内边距值，默认为 0
%	基于父级元素的宽度来计算内边距
inherit	继承父级元素的内边距

和边框使用简写属性可以指定 1~4 个属性值来设置样式类似，简写属性 padding 也可以这样取值。

（1）指定 1 个值时，表示 4 个方向的内边距一样。例如：

```
padding: 10px; /* 设置 4 个方向的内边距都为 10px*/
```

（2）指定 2 个值时，第一个值设置上、下内边距，第二个值设置左、右内边距。例如：

```
padding:10px 6px; /* 上、下内边距为 10px，左、右内边距为 6px*/
```

（3）指定 3 个值时，第一个值设置上内边距，第二个值设置左、右内边距，第三个值设置下内边距。例如：

```
padding:7px 6px 8px; /* 上内边距为 7px，左、右内边距为 6px，下内边距为 8px*/
```

（4）指定 4 个值时，各个值按顺时针方向依次设置上、右、下、左内边距。例如：

```
padding:7px 6px 8px 9px; /* 上内边距为 7px; 右内边距为 6px; 下内边距为 8px; 左内边距为 9px*/
```

【示例 4-8】使用 padding 属性设置内边距。

```
<!doctype html>
<html>
<head>
<meta charset="utf-8" />
<title> 使用 padding 属性设置内边距 </title>
<style>
div { /* 使用元素选择器设置两个 div 的公共样式 */
    width: 100px;
    margin: 10px;
    border: 1px solid red;
}
#box2 {
    padding: 30px; /*1 个值，同时设置 4 个方向的内边距为 30px*/
}
</style>
</head>
<body>
    <div id="box1"> 妙味课堂是北京妙味趣学信息技术有限公司旗下的 IT 前端培训品牌 </div>
    <div id="box2"> 妙味课堂是北京妙味趣学信息技术有限公司旗下的 IT 前端培训品牌 </div>
</body>
</html>
```

示例 4-8 的代码中，第一个 <div> 没有设置内边距，将使用默认内边距；第二个 <div> 则使用 padding 属性设置了 1 个值，该设置等效于以下样式设置：

```
padding-top: 30px;
padding-right: 30px;
padding-bottom: 30px;
padding-left: 30px;
```

即同时设置 4 个方向的内边距都为 30px。上述代码的运行结果如图 4-16 所示。

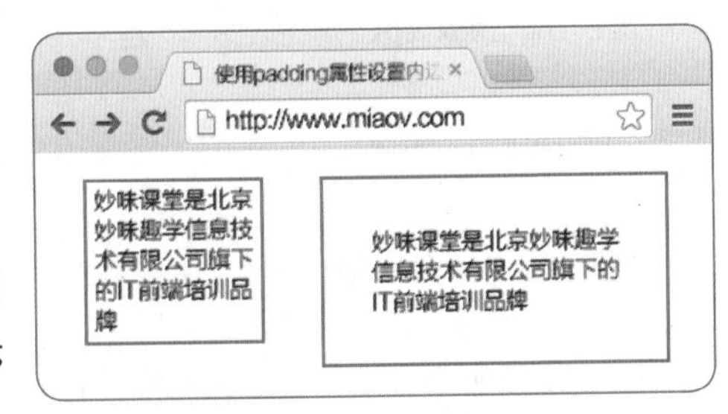

图 4-16　使用 padding 属性设置内边距

从图 4-16 看到，没有设置内边距时，<div> 的内边距为 0，盒子内容和边框之间挨得很紧，不太美观。

思考： 如果希望示例 4-8 中第二个 <div> 的左、右两边的内边距为 30px，上、下两边的内边距为 20px，应如何修改 padding 属性的设置？

使用 padding 属性可以同时设置 4 个方向的内边距，如果需要单独设置某一方向的内边距，可以使用 padding-top、padding-right、padding-bottom、padding-left 属性来设置，如示例 4-9 所示。

【示例 4-9】使用 padding-top 属性设置上内边距。

```
<!doctype html>
<html>
<head>
<meta charset="utf-8" />
<title>使用 padding-top 属性设置上内边距 </title>
<style>
div {
    width: 00px;
    padding-top: 1.5em; /* 设置上内边距为 1.5em*/
    border: 1px solid red;
}
</style>
</head>
<body>
  <div>妙味课堂是北京妙味趣学信息技术有限公司旗下的 IT 前端培训品牌 </div>
</body>
</html>
```

示例 4-9 的 CSS 代码中，只使用了 padding-top 属性设置上内边距，其他内边距将使用默认内边距。运行结果如图 4-17 所示。

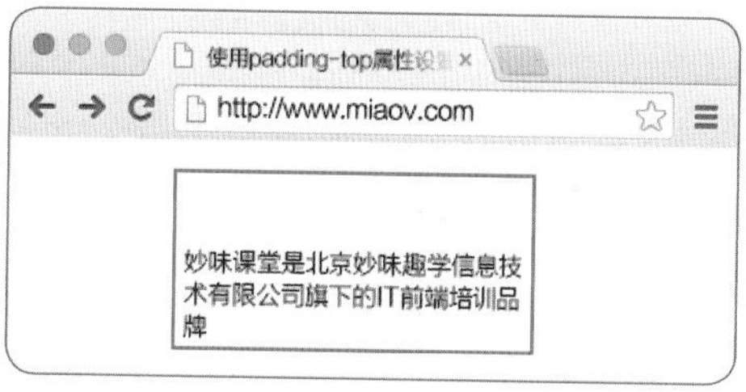

思考：示例 4-9 中的内边距的设置，如果需要使用 padding 属性来设置，应如何修改样式代码？另外，如果还需要使用 padding- 方向属性设置 1em 的左内边距，应如何修改样式代码？

图 4-17　使用 padding-top 属性设置上内边距

4.3.2 padding 内边距的特点

padding 内边距自身具有一些特点，我们在使用的时候需要加以考虑。

1. padding 可以撑大元素的尺寸

下面将以示例 4-10 的运行结果为例来介绍 padding 的第一个特点。

【示例 4-10】设置 <div> 宽 100px，高 100px，内边距 30px。

```
<!doctype html>
<html>
<head>
<meta charset="utf-8" />
<title>设置 div 元素的宽高以及内边距等样式 </title>
<style>
div {
    width:100px;
```

```
        height:100px;
        padding:30px; /* 设置四个方向的内边距为 30 个像素 */
        border:4px solid #000;
    }
</style>
</head>
<body>
  <div> 妙味课堂是北京妙味趣学信息技术有限公司旗下的 IT 前端培训品牌 </div>
</body>
</html>
```

示例 4–10 代码的运行结果如图 4–18 所示。

将图 4–18 复制并粘贴到 Photoshop 中，按以下方法 测量其尺寸：

使用选框工具，测量元素边框以内的尺寸，如图 4–19 所示。打开“窗口”工具的“信息”面板，然后观察元素的尺寸，发现宽度（W）是 160px，高度（H）是 160px，相比较 <div> 本身的设置，4 个方向都多了 30px，即内边距 padding 的值。由此可见，padding 可以撑开 <div> 的尺寸，但是设置的宽高并不包含 padding，所以在测量的时候需要注意：如果测量的时候包含了 padding，那么在设置宽高的时候需要减去 padding 数值。

图 4–18　设置了宽高和内边距等样式的 div

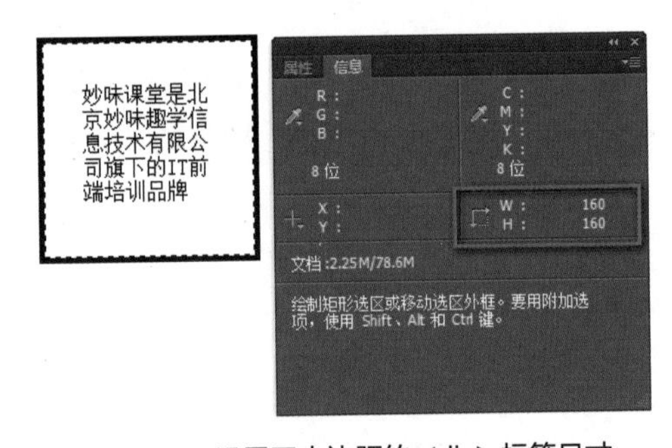

图 4–19　设置了内边距的 <div> 标签尺寸

2. 背景可以延伸到 padding 区域

padding 可以撑开元素大小，此外，还会对元素的其他属性有什么影响呢？给出答案之前，我们使用示例 4–11 先测试一下。

【示例 4–11】 设置 <div> 宽高、内边距以及背景颜色等样式。

```
<!doctype html>
<html>
<head>
<meta charset="utf-8" />
<title> 设置 div 元素的宽高、内边距以及背景颜色等样式 </title>
<style>
div {
    width: 100px;
```

```
        height: 100px;
        border: 4px solid #000;
        padding: 30px;
        background: #ffec00; /* 背景颜色设置 */
    }
    </style>
    </head>
    <body>
      <div> 妙味课堂是北京妙味趣学信息技术有限公司旗下的 IT 前端培训品牌 </div>
    </body>
    </html>
```

示例 4-11 的代码给 div 元素设置宽、高、背景、内边距以及边框等样式，运行结果如图 4-20 所示。

从图 4-20 可以看到，div 元素的背景颜色不仅对内容区域有效，同时对内边距也有效，即背景可以延伸到 padding 区域。

综上所述：本身盒子有宽度，当给盒子设置一个内边距，内边距会撑开盒子，多出来的宽度 / 高度恰好为左右 / 上下的 padding 数值，并且背景会延伸到 padding 区域。

图 4-20　设置了宽高和内边距等样式的 <div>

4.4 盒子外边距（margin）设置

Padding 属性定义的内边距用于在盒子内部扩展距离。如果需要向外扩展盒子与周围其他盒子之间的距离，则需要使用 margin 属性。margin 属性用于定义盒子边框与周围其他盒子之间的空白区域，该空白区域称为盒子的外边距。

4.4.1 外边距的设置

外边距跟边框一样，分为上、右、下、左 4 个方向的外边距，对这些外边距的设置可以使用 margin 属性同时设置各个方向的内边距，也可以分别使用 margin- 方向属性来设置指定方向的外边距，"方向"可取的值与边框的完全相同。设置外边距属性的描述如表 4-9 所示。

表 4-9　外边距属性

属　性	描　述
margin	简写属性，同时设置边框 4 个方向的外边距
margin-bottom	设置下外边距
margin-left	设置左外边距
margin-right	设置右外边距
margin-top	设置上外边距

外边距设置语法如下：

```
margin: margin_value [margin_value] [margin_value] [margin_value];
margin- 方向 : margin_value [margin_value] [margin_value] [margin_value];
```

语法说明："margin_value"参数用于设置内边距，可取 4 类值，如表 4-10 所示。参数可取 1~4 个，各个参数之间使用空格分隔。

表 4-10　外边距参数值

参数值	描　述
auto	浏览器计算外边距
length	以 px、em、cm 等为单位的数值作为外边距值，可取正、负值
%	基于父级元素的宽度来计算内边距
inherit	继承父级元素的内边距

和边框使用简写属性可以指定 1~4 个属性值来设置样式类似，简写属性 margin 也可以这样取值。

（1）指定 1 个值时，表示 4 个方向的外边距一样。例如：

```
margin: 10px; /* 设置 4 个方向的外边距都为 10px*/
```

（2）指定 2 个值时，第一个值设置上、下外边距，第二个值设置左、右外边距。例如：

```
margin: 10px 6px; /* 上、下外边距为 10px，左、右外边距为 6px*/
margin: 0 auto; /* 上、下外边距为 0，左、右外边距为由浏览器根据内容自动调整 */
```

注意：在实际应用中，经常使用"margin: 0 auto;"来实现元素在浏览器窗口中水平居中。

（3）指定 3 个值时，第一个值设置上外边距，第二个值设置左、右外边距，第三个值设置下外边距。例如：

```
margin: 7px 6px 8px; /* 上外边距为 7px，左、右外边距为 6px，下外边距为 8px*/
```

（4）指定 4 个值时，各个值按顺时针方向依次设置上、右、下、左外边距。例如：

```
/* 上外边距为 7px; 右外边距为 6px; 下外边距为 8px; 左外边距为 9px*/
margin: 7px 6px 8px 9px;
```

需要注意的是，父子元素之间的边距既可以使用 padding 定义，也可以使用 margin 定义。当父子边距定义为内边距时，应在父级元素中使用 padding 属性设置内边距；当父子边距定义为外边距时，则应在子级元素中使用 margin 属性设置外边距。

使用 margin 属性可以同时设置 4 个方向的外边距，如果需要单独设置某一方向的外边距，可以使用 margin-top、margin-right、margin-bottom、margin-left 属性来设置。

【示例 4-12】使用 margin 属性设置外边距。

```
<!doctype html>
<html>
<head>
<meta charset="utf-8" />
<title> 使用 margin 设置外边距 </title>
```

```
<style>
body {
    margin: 0;
}
div { /* 使用元素选择器设置 div 的公共样式 */
    width: 100px;
    height: 25px;
    border: 1px solid #F0F;
}
#box3 {
    margin: 10px; /* 设置元素 4 个方向的外边距为 10px*/
}
</style>
</head>
<body>
  <div id="box1">DIV1</div>
  <div id="box2">DIV2</div>
  <div id="box3">DIV3</div>
  <div id="box4">DIV4</div>
</body>
</html>
```

默认情况下，body 存在一个 8px 的外边距，为了不对各个 <div> 的外边距设置产生影响，示例 4-12 将其的外边距重置为 0。div1、div2 和 div4 没有设置外边距，因而它们将使用默认的外边距；div3 使用 margin 属性设置了 1 个值，该设置等效于以下样式设置：

```
margin-top:10px;
margin-right:10px;
margin-bottom:10px;
margin-left:10px;
```

即同时设置 4 个方向的外边距都为 10px。上述代码的运行结果如图 4-21 所示。

从图 4-21 中可看到没有设置外边距的 div1 和 div2 以及 body 相互之间重叠在一起，可见，div 元素的默认外边距为 0。而 div3 和 body、div2 和 div4 都存在一定的间距，这是由 div3 设置了 4 个方向的外边距所产生的效果。

图 4-21　使用 margin 属性设置外边距

思考： 如果希望示例 4-12 中 div3 的左、右两边的外边距为 20px，上、下两边的外边距为 30px，应如何修改 margin 属性的设置？

4.4.2 盒子外边距合并

标准流排版（有关标准流的内容请参见第 11 章）中，两个或更多个相邻块级元素在垂直外边距相遇时，会将垂直方向上的两个外边距合并成一个外边距。如果发生合并的外边距全部为正值，则合并后的外边距的高度等于这些发生合并的外边距的高度值中的较大者；如果发生合并的外边距不全为正值，则会拉近两个块级元素的垂直距离，甚至会发生元素重叠现象。

垂直外边距合并主要有以下 2 种情况：

- 相邻元素外边距合并；
- 包含（父子）元素外边距合并。

1. 相邻元素外边距合并

两个相邻标准流块级元素，上面元素的 margin-bottom 边距会和下面元素的 margin-top 边距合并。如果两个外边距全为正值，合并后的外边距等于 margin-bottom 边距和 margin-top 边距中最大的那个边距，这种现象称为 margin 的“塌陷”，即较小的 margin 塌陷到较大的 margin 中了。如果两个外边距存在负值，合并后的外边距的高度等于这些发生合并的外边距的和。当和为负数时，相邻元素在垂直方向上发生重叠，重叠深度等于外边距和的绝对值；当和为 0 时，两个块级元素无缝连接。相邻块级元素外边距合并的结果示意图如图 4-22 和图 4-23 所示。

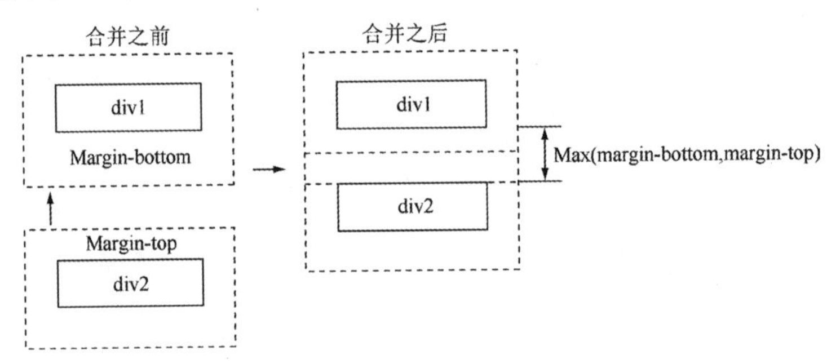

图 4-22　相邻块级元素外边距全部为正值的合并示意图

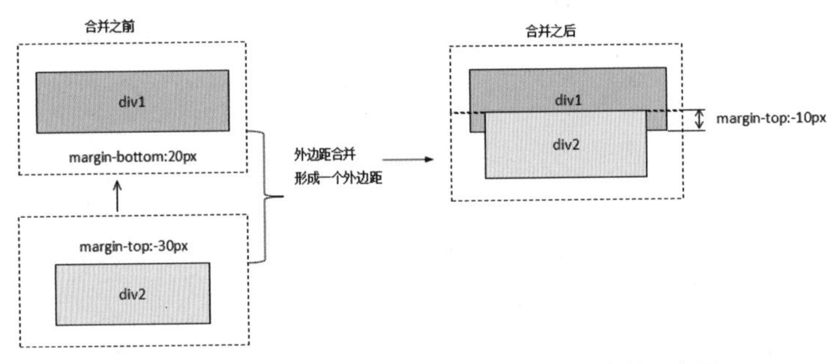

图 4-23　相邻块级元素外边距不全为正值的合并示意图

【示例 4-13】相邻块级元素外边距全部为正值的合并。

```
<!doctype html>
<html>
<head>
<meta charset="utf-8">
<title> 相邻块级元素外边距全部为正值的合并 </title>
<style>
```

```
div {
    color: #000;
    font-size: 36px;
    line-height: 100px;
    text-align: center;
}
.a {
    width: 100px;
    height: 100px;
    background: #ffe370;
    margin-bottom: 50px; /* 下外边距为 50px*/
}
.b {
    width: 100px;
    height: 100px;
    background: #ffe370;
    margin-top: 30px;  /* 上外边距为 30px*/
}
</style>
<body>
  <div class="a">A</div>
  <div class="b">B</div>
</body>
</html>
```

示例 4-13 的代码中，A 和 B 为两个相邻标准流块级元素，因而 A 的 margin-bottom 和 B 的 margin-top 外边距会发生合并。这两个外边距分别为 50px 和 30px，都为正值，因而合并后的外边距等于合并的两个外边距中的最大外边距，即 50px。结果如图 4-24 所示。

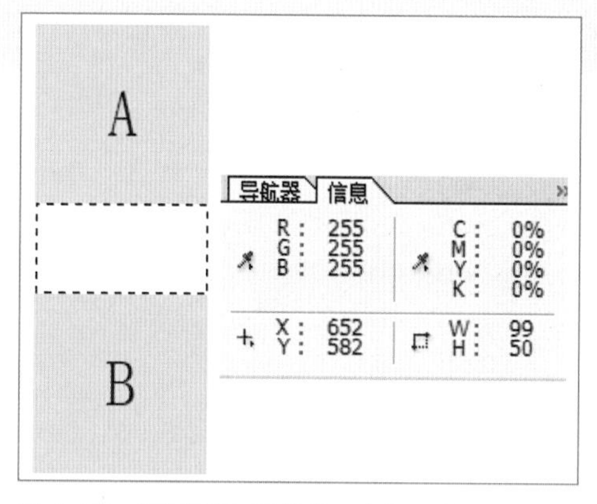

图 4-24 相邻块级元素外边距全为正值的合并效果

示例 4-13 演示了合并的两个外边距全部为正值的情况，下面使用示例 4-14 演示合并的两个外边距不全部正值的情况。

【示例 4-14】相邻块级元素外边距不全为正值的合并。

```
<!doctype html>
<html>
<head>
<meta charset="utf-8">
<title> 相邻块级元素外边距不全为正值的合并 </title>
<style type="text/css">
div {
    color: #000;
```

```
        font-size: 36px;
        line-height: 100px;
        text-align: center;
    }
    .a {
      width: 120px;
      height: 100px;
      margin-top: 20px;/* 上外边距为 20px*/
      margin-bottom: 10px; /* 下外边距为 10px*/
      background-color: #F00;
    }
    .b {
      width: 100px;
      height: 100px;
      margin-top: -40px; /* 上外边距为 -40px*/
      margin-bottom: 20px; /* 下外边距为 20px*/
      background-color: #FCF;
    }
    .c {
      width: 95px;
      height: 100px;
      margin-top: -20px; /* 上外边距为 -20px*/
      background-color: #CFF;
    }
    </style>
    </head>
    <body>
       <div class="a">A</div>
       <div class="b">B</div>
       <div class="c">C</div>
    </body>
    </html>
```

示例 4-14 的代码中，A 和 B、B 和 C 分别为两个相邻标准流块级标签，因而 A 的 margin-bottom(10px) 和 B 的 margin-top(-40px) 外边距会发生合并，B 的 margin-bottom(20px) 和 C 的 margin-top(-20px) 外边距会发生合并。由于 A 的 margin-bottom+B 的 margin-top=10px+(-40px)=-30px，外边距和为负值，因而 A 和 B 会发生重叠，重叠的深度等于 30px。而 B 的 margin-bottom+C 的 margin-top=20px+(-20px)=0px，外边距和为 0，因而 B 和 C 在垂直方向上无缝连接。结果如图 4-25 所示。

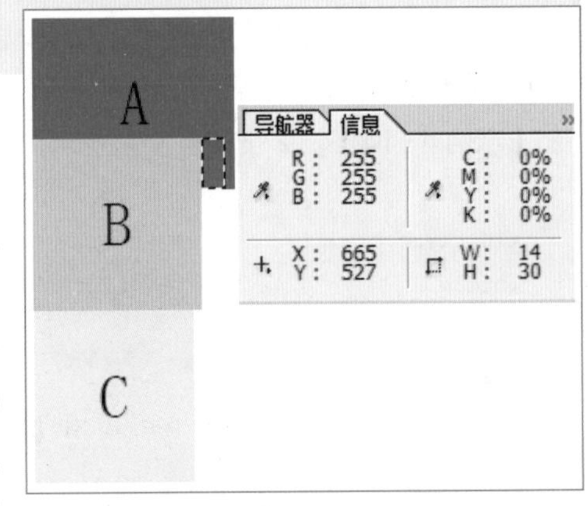

图 4-25　相邻块级元素外边距不全为正值的合并效果

2. 包含（父子）元素外边距合并

包含元素之间的关系如图 4-26 所示，外层元素和内层元素形成父子关系，也称嵌套关系。在某些条件下，父子元素外边距会合并。这个合并的条件就是：当父元素没有内容或内容在子元素的后面且没有内边距或没有边框时，子元素的上外边距将和父元素的上外边距合并为一个上外边距，且值为最大的那个上外边距，同时该上外边距作为父元素的上外边距。父子元素外边距合并示意图如图 4-27 所示。要防止父、子元素的上外边距合并，只需在子元素前面设置父元素内容或保持父元素内容不变的情况下添加内边距或添加边框。

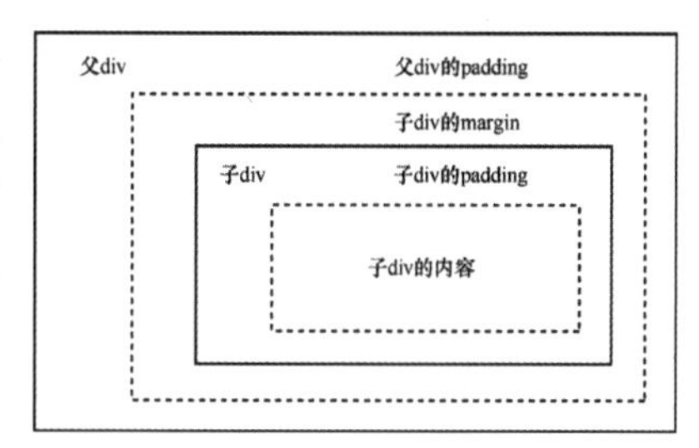

图 4-26　元素包含示意图

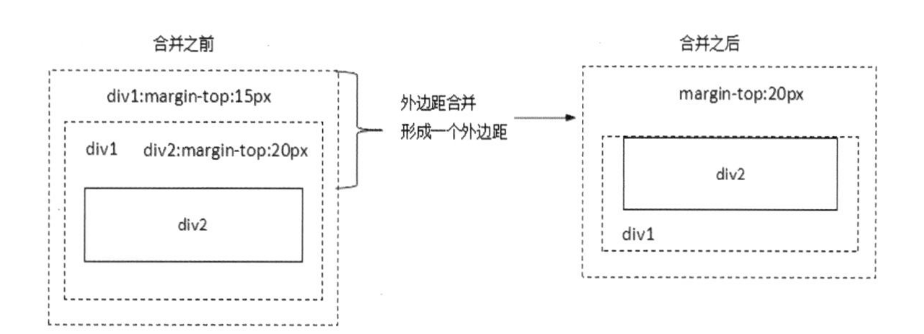

图 4-27　父子元素外边距合并示意图

【示例 4-15】没有外边距的包含元素示例。

```
<!doctype html>
<html>
<head>
<meta charset="utf-8">
<title>没有外边距的包含元素示例</title>
<style>
div {
    height: 100px;
    font-size: 36px;
    color: #000;
    text-align: center;
}
.a {
    width: 100px;
    background: pink;
}
.b {
    width: 200px;
    height: 160px;
    background: yellow;
}
```

```
    .c {
        width: 100px;
        background: #aee8ae;
    }
    </style>
    <body>
        <div class="a">A</div>
        <div class="b">
            <div class="c">C</div>
            B
        </div>
    </body>
    </html>
```

示例 4–15 代码的运行结果如图 4–28 所示。

从图 4–29 可看到页面上有 3 个盒子，其中 A 和 B 是并列关系，B 和 C 是包含关系。这些盒子之间都没有边距。如果现在希望 B 和 C 之间有一个 20px 的边距，很显然可以给 C 设置“margin–top:20px;”。如下所示修改示例 4–15 中的 c 类选择器样式代码。

```
    .c {
        width: 100px;
        margin-top: 20px; /* 对子盒子添加上外边距 */
        background: #aee8ae;
    }
```

运行修改后的示例 4–15，结果如图 4–29 所示。

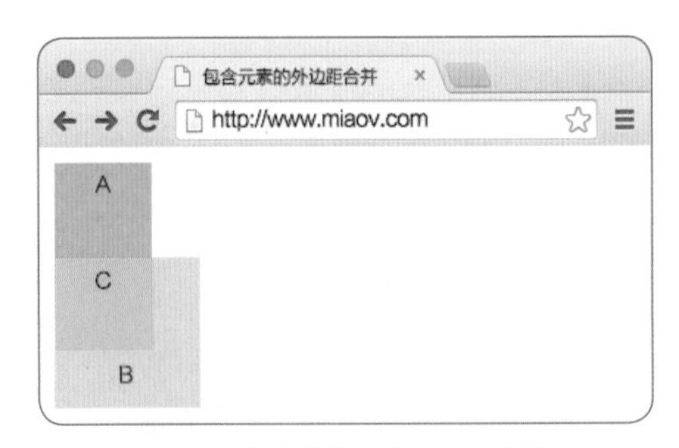

图 4–28　没有外边距的包含元素效果

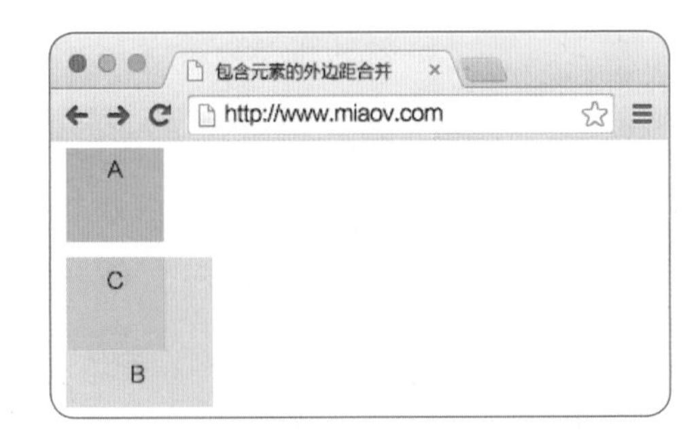

图 4–29　包含标签的外边距合并效果

图 4–29 中盒子虽然产生了边距，但却并不是我们所期望的 B 和 C 之间的边距，而是 A 和 B 之间的边距。为什么会出现这种结果呢？原因是，存在包含关系的 B 和 C 盒子中，作为父级的 B 盒子的内容放在子盒子 C 之后，而且它既没有边框也没有内边距。要取消 B 和 C 的外边距合并，且保持内容位置不变的情况下，目前，我们可以采取这样两种方法：一是给父级盒子 B 加内边距；二是给父级盒子 B 加上边框。

（1）给 B 盒子添加上内边距方法需要对 b 类选择器样式作如下修改。

```
.b {
    width: 170px;
    height: 160px;
    padding-top: 0.1px; /* 对 B 盒子添加一个较小的上内边距，使其影响尽可能的小 */
    background: yellow;
}
```

运行修改后的示例 4-15，结果如图 4-30 所示。

（2）给 B 盒子加边框方法需要对示例 4-15 中的 b 类选择器样式作如下修改。

```
.b {
    width: 170px;
    height: 160px;
    border: 1px solid red; /* 对 B 盒子添加边框 */
    background: yellow;
}
```

运行修改后的示例 4-15，结果如图 4-31 所示。

图 4-30　给父级盒子添加上内边距取消包含元素的外边距合并

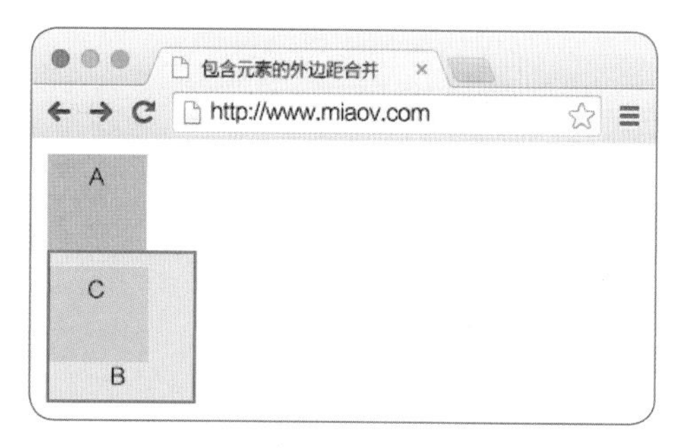

图 4-31　给父级盒子添加边框取消包含元素的外边距合并

比较图 4-30 和图 4-31 可知，当添加的上内边距比较小时，给父级盒子添加上内边距方法优于给父级盒子添加边框方法，因为前者对样式的影响较小。

外边距合并在实际应用中存在一定的意义，例如网页中的文本段落，第一个段落上面的空间等于段落的上外边距，如果没有外边距合并，后续所有段落之间的外边距都将是相邻上外边距和下外边距的和。这意味着段落之间的空间是页面顶部的两倍。如果发生外边距合并，段落之间的上外边距和下外边距就合并在一起，这样各处的距离就一致了。外边距虽然存在一定的意义，但有时却会造成一些意想不到的效果，此时可以使用浮动或绝对定位来防止外边距合边，具体做法请参见相关章节内容。

4.4.3 相邻盒子之间的水平间距

在元素排版时，需要考虑两个相邻的行内元素或浮动元素之间的水平间距。所谓行内元素，是指元素不会独占一行，相邻的行内元素会排列在同一行里，直到一行排不下才会换行。span 是一个很常用的行内元素，有关 span 的介绍请参见第 5 章。两个相邻元素之间的水平间距等于左边元素的 margin-right+ 右边元素的 margin-left，如果相加的 maring-right 和 margin-left 分别为正值，则拉开两元素之间的距离，否则拉近两者的距离。如果 margin-right+margin-left 的和为 0，则两元素无缝相连；如果和为负数，则右边元素重叠在左边元素上，重叠的深度等于负数的绝对值。图 4-32 和图 4-33 是相邻盒子之间的水平间距的示意图。

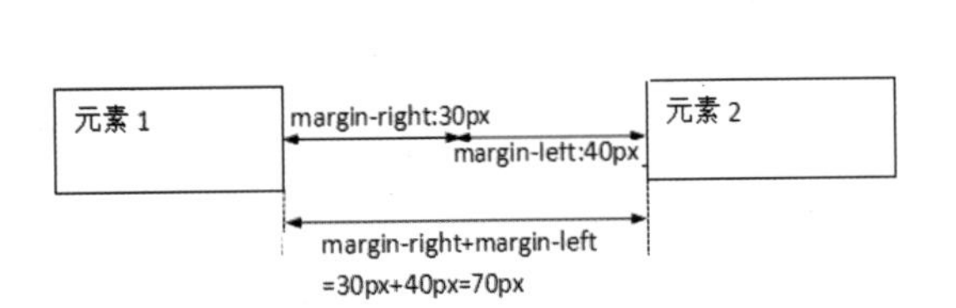

图 4-32　两个外边距均为正值时的水平间距示意图

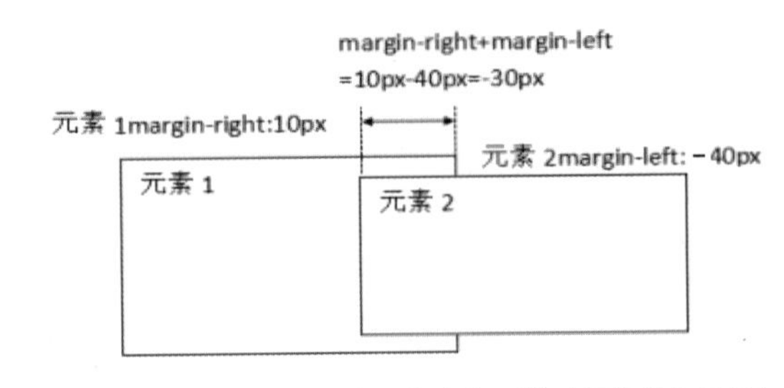

图 4-33　两个外边距之和为负值时的水平间距示意图

下面通过示例 4-16 和示例 4-17 分别演示两个相邻行内元素的外边距全为正值和不全为正值时的标签之间的水平间距。

【示例 4-16】相邻两个元素的外边距均为正值时的水平间距。

```
<!doctype html>
<html>
<head>
<meta charset="utf-8">
<title> 相邻两个元素的外边距均为正值时的水平间距 </title>
<style>
body {
    margin-top: 30px;
}
span {
    padding: 10px;
    font-size: 30px;
}
span.left {
    margin-right: 30px; /* 右外边距为正值 */
    background-color: #a9d6ff;
}
Span.right {
    margin-left: 40px; /* 左外边距为正值 */
    background-color: #eeb0b0;
}
</style>
</head>
<body>
```

```
    <span class="left">行内元素 1</span><span class="right">行内元素 2</span>
</body>
</html>
```

在示例 4-16 的 CSS 代码中，行内标签 1 的 margin-right 和行内标签 2 的 margin-left 的值均为正值，所以两元素的位置被拉开，间距为 margin-right+margin-left=70px。运行结果如图 4-34 所示。

需要注意的是：上述代码中的第二个 <span> 标签，如果换行显示在下一行，运行后会产生一个 8px 的空间，在布局网页时应加以考虑。

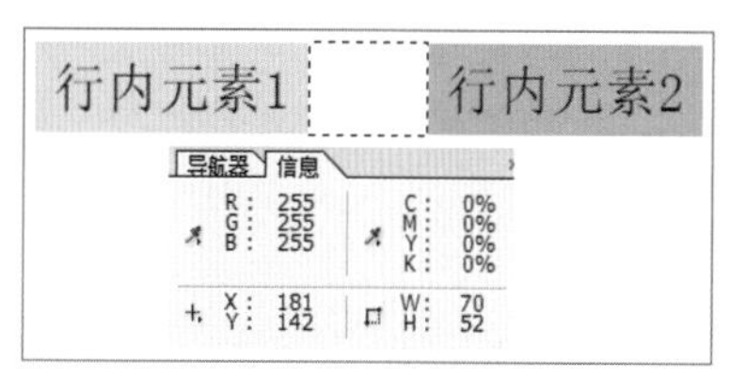

图 4-34 相邻两个元素的外边距均为正值时的水平间距效果

【示例 4-17】相邻两个元素的外边距不全为正值时的水平间距。

```
<!doctype html>
<html>
<head>
<meta charset="utf-8">
<title>相邻两个元素的外边距不全为正值时的水平间距</title>
<style>
body {
    margin-top: 30px;
}
span {
    padding: 10px;
    font-size: 30px;
}
span.left {
    font-size: 39px;
    margin-right: -60px; /* 右外边距为负值 */
    background-color: #a9d6ff;
}
span.right {
    font-size: 30px;
    margin-left: 20px; /* 左外边距为正值 */
    background-color: #eeb0b0;
}
</style>
</head>
<body>
    <span class="left">行内元素 1</span><span class="right">行内元素 2</span>
</body>
</html>
```

示例 4-17 的 CSS 代码中，行内元素 1 的 margin-right 为负值，所以两元素的位置被拉近，间距为 margin-right+margin-left=-40px，和为负值，因而行内元素 2 重叠在行内元素 1 上，重叠的深度等于 40px。运行结果如图 4-35 所示。

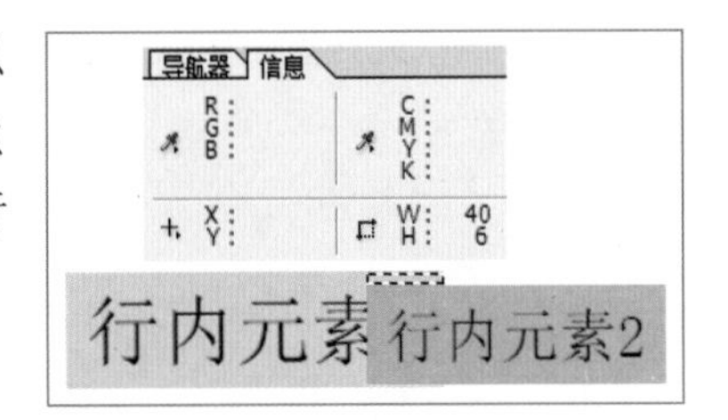

图 4-35 margin 为负值时盒子之间的定位效果

练习题

请使用本章所学知识点，以及前 3 章知识点，完成如图 4-36~ 图 4-38 的练习。

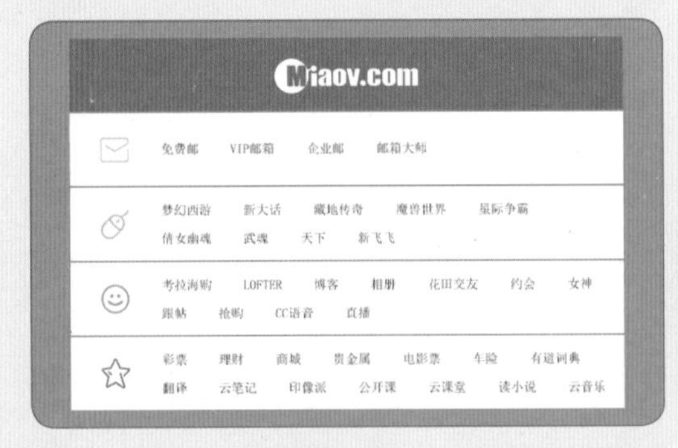

图 4-36

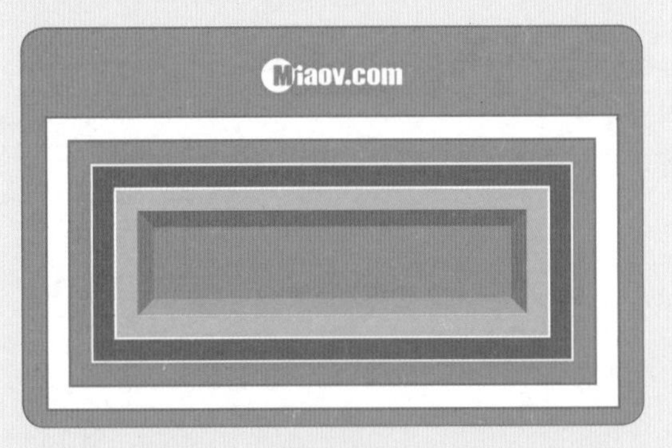

图 4-37

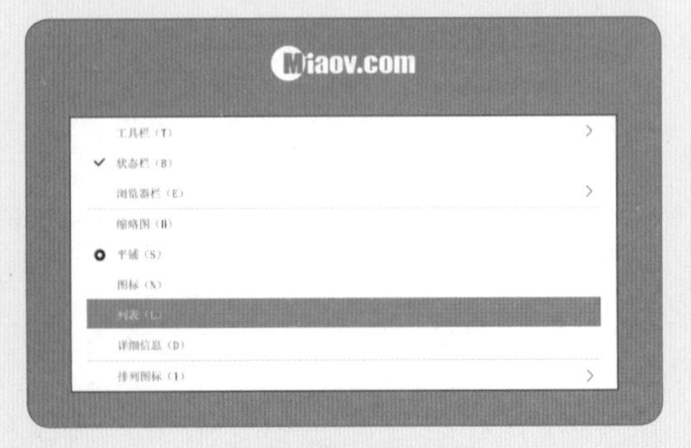

图 4-38

Chapter 5

第5章 世界是多样化的，标签是语义化的

看文字太累？那就看视频！

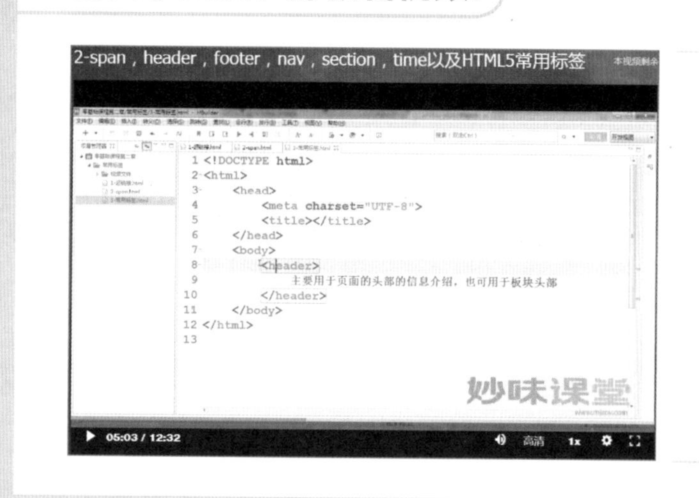

妙味视频

遇到困难？去社区问高手！

技术交流社区

HTML 标签就像各种盒子，不同数据依据它们特性的不同，必须放入不同的盒子中。用什么盒子装什么东西，虽然没有统一的标准，但若你非要把臭鞋放入冰箱保鲜柜，是否有点不合适？

标签是 HTML 语言中最基本的一个要素，在尖括号所包含的数据当中，存在着各种数据的分类与结构的划分，比如说一篇普通的文章，既有标题也有正文；又比如一个网页结构中，既有头部也有侧边栏、还有底部；假如没有一个合理的规划，那这些不同的信息和模块将使页面变得复杂而臃肿，恰在此时，各种 HTML 标签应运而生，发展至今，HTML 的语义化内涵已变得异常丰富，它们结构清晰且易于理解，接下来我们就这些 HTML 标签中的"文本标签"开始向大家逐一道来……

5.1 常用文本标签

文本是网页最基础的内容，其对页面传达信息起着关键性的作用。为了得到不同的页面效果和更好的信息传达，常常需要对页面文本进行有效的设置。对文本的设置除了可以使用 CSS，还常常需要使用相关的一些标签。下面将介绍与文本相关的常用的一些标签以及特殊文本的输入方法。

5.1.1 段落与换行标签

段落就是一段格式上统一的文本。在网页中创建段落需要使用 <p> 标签，使用基本语法如下：

```
<p> 段落内容 </p>
```

语法说明：将标签对之间的内容创建为一个段落。生成的段落默认与上下文有一空行的间隔，这是由段落的默认样式所决定的。默认情况下，段落存在 16px 的上外边距和下外边距。可以通过 margin:0 样式代码来重置这个默认外边距。

在使用时，如果写成单标签，绝大多数的浏览器都能正确显示，但不建议这样写，因为在某些情况下有可能会得到意想不到的效果。

默认情况下，段落相对于其父窗口居左对齐。要修改水平对齐方式，有两种方法，一种是使用标签的 align 属性；另一种是使用 CSS。建议使用 CSS 方式。

设置段落的水平对齐方式语法如下：

```
<p align= " 对齐方式 "> 段落内容 </p>
```

语法说明："对齐方式"可分别取 left、center 和 right 这 3 种值，含义如表 5-1 所示。

表 5-1　常用 align 属性值及含义

属性值	描 述
left	居左对齐，默认值
center	居中对齐
right	居右对齐

因为段落默认存在一个 16px 的上、下外边距，所以在显示效果上，段落之间默认是隔行换行的，文字的行间距比较大，当希望换行后文字显示比较紧凑时，可以将段落元素的默认外边距重置为 0，也可以使用标签
 来实现换行。
 是一个空标签，没有结束标签，一般使用"/"来结束标签。换行的设置语法如下：

```
<br />
```

语法说明：一个换行使用一个
，多个换行可以连续使用多个
，连续使用两个
 将产生一个空行。

【示例 5-1】段落标签和换行标签的使用。

```
<!doctype html>
<html>
<head>
<meta charset="utf-8" />
<title> 段落及换行标签的使用示例 </title>
<style>
.txt {
    text-align: center; /* 使用 CSS 设置段落水平居中 */
}
</style>
</head>
<body>
    <p> 一本好书并非一定要帮助你出人头地，而是应能教会你了解这个世界以及你自己。</p>
    <p> 一本好书并非一定要帮助你出人头地，<br/> 而是应能教会你了解这个世界以及你自己。</p>
    <p align="center"> 使用标签 align 属性设置段落水平居中 </p>
    <p class="txt"> 使用 CSS 设置段落水平居中 </p>
</body>
</html>
```

示例 5-1 的代码创建了 4 个段落，其中，前两个段落使用了默认的对齐方式，第三个段落使用标签 align 属性设置相对浏览器窗口水平居中对齐，第四个段落使用 CSS 设置相对浏览器窗口水平居中对齐。另外，第二个段落使用了
 进行换行显示。运行结果如图 5-1 所示。

图 5-1　段落和换行标签的使用效果

5.1.2 标题字标签

标题字就是以某几种固定的字号去显示文字，一般用于强调段落要表现的内容或作为文章的标题。默认情况下，标题字具有加粗显示并与下文产生一空行的间隔特性，这是由标题字的默认样式所决定的。默认情况下，标题字存在特定长度的上外边距和下外边距，但需要注意的是，不同级别的标题字的默认外边距不相同，而且同一级别的标题字，不同浏览器默认的外边距也可能不相同。所以在实际应用中，为了提高浏览器的兼容性，通常会通过 margin：0 样式代码来重置标题字的默认外边距。

标题字根据字号的大小分为 6 级，分别用标签 h1 ～ h6 表示，字号的大小默认随数字增大而递减。标题字的大小可以使用 CSS 修改。

标题字的设置语法如下：

```
<hn> 标题字 </hn>
```

语法说明：hn 中的“n”表示标题字级别，取值 1 ～ 6，具体设置如表 5-2 所示。

表 5-2　各级标题字

标　签	描　述
<h1>…</h1>	一级标题设置
<h2>…</h2>	二级标题设置
<h3>…</h3>	三级标题设置
<h4>…</h4>	四级标题设置
<h5>…</h5>	五级标题设置
<h6>…</h6>	六级标题设置

默认情况下，标题字相对其父窗口居左对齐。要修改水平对齐方式，和段落一样，可以使用标签的 align 属性和使用 CSS 两种方式。建议使用 CSS 方式。

标题字水平对齐设置语法如下：

```
<hn align= " 水平对齐方式 "> 标题字 </h1>
```

语法说明：水平对齐方式可分别取 left、center 和 right 这 3 种值，含义如表 5-1 所示。

【示例 5-2】标题字标签的使用。

```
<!doctype html>
<html>
<head>
<meta charset="utf-8" />
<title> 标题字标签的使用 </title>
<style>
.txt {
    text-align: center; /* 使用 CSS 设置标题字水平居中 */
}
</style>
</head>
<body>
  <h1> 一级标题字 </h1>
  <h2> 二级标题字 </h2>
  <h3> 三级标题字 </h3>
  <h4> 四级标题字 </h4>
  <h5 class="txt"> 五级标题字（使用 CSS 设置标题字水平居中）</h5>
  <h6 align="center"> 六级标题字（使用标签属性 align 设置标题字水平居中）</h6>
</body>
</html>
```

示例 5-2 的代码创建了 6 个标题字，其中，前 4 个标题字使用了默认的对齐方式，第五个标题字使用使用 CSS 设置相对浏览器窗口水平居中对齐，第六个标题字使用了标签的 align 属性设置相对浏览器窗口水平居中对齐。运行结果如图 5-2 所示。

从图 5-2 中可以看到标题字加粗显示，并且从一级到六级字号逐级递减，每一级标题字都与下文产生一个空行，但空行大小略有差别。

注意： 标题字标签会对网页中的文本起到着重强调的作用，同时也可以引起搜索引擎的侧重，所以使用标题字标签的文字，一定要比其他文本具备更重要的意义。在标题字标签中，<h1> 标题字的着重最强，常常用来设置页面的 Logo，示例代码如下所示：

图 5-2　标题字标签的使用效果

```
<h1>
    <a href="index.html">
        <img src="images/logo.png" alt=" 妙味课堂 ">
    </a>
</h1>
```

5.1.3 <strong> 标签

<strong> 是通过语气的加重来强调文本，是一个具有强调语义的标签，除了样式上要显示加粗效果外，还通过语气上作特别的加重来强调文本。而且使用 <strong> 修饰的文本会更容易吸引搜索引擎。另外，盲人朋友使用阅读设备阅读网页时，<strong> 标签内的文字会着重朗读。

<strong> 标签对文本的设置语法如下：

```
<strong> 文本 </strong>
```

语法说明：需要修饰的文本直接放到标签对之间即可。

【示例 5-3】 <strong> 标签的使用。

```
<!doctype html>
<html>
<head>
<meta charset="utf-8" />
<title>strong 标签的使用 </title>
</head>
<body>
  <p> 你中了 500 万（没有使用任何格式化标签）</p>
  <p><strong> 你中了 500 万（使用 strong 标签加强语气）</strong></p>
</body>
</html>
```

示例 5-3 的代码创建了两段文本，最后一段文本会加粗显示。运行结果如图 5-3 所示。

“中 500 万奖”是一件多么让人激动的事。但图 5-3 所示的第一行文本，仅仅平铺直叙地表达中奖这一件事，让我们无法体会到陈述者激动的心情；而第二文本不仅从视觉效果可以引起我们的注意，而且还能通过陈述者加强的语气，来体现其此刻情绪的激昂，使用阅读设备阅读该文本时，也会更大声地着重阅读。

图 5-3 strong 标签的设置效果

5.1.4 <em> 标签

<em> 标签是一个具有强调语义的标签，除了在样式上会显示倾斜效果外，还通过语气上作特别的加重来强调文本，更能引起搜索引擎的侧重。<em> 标签和 <strong> 标签一样，都可以强调文本，但语气上要比 <strong> 标签轻，即 <strong> 的强调程度更强一些。

<em> 标签对文本的设置语法如下：

```
<em> 文本 </em>
```

语法说明：需要格式化的文本直接放到标签对之间即可。

【示例 5-4】 <em> 标签的使用。

```
<!doctype html>
<html>
<head>
<meta charset="utf-8" />
<title>em 标签的使用 </title>
</head>
<body>
  <p> 你中了 500 万 ( 没有使用任何格式化标签 )</p>
  <p> 你中了 <em>500</em> 万 ( 使用 em 标签强调 500)</p>
</body>
</html>
```

示例 5-4 的代码创建了两段文本，最后一段文本会倾斜显示。运行结果如图 5-4 所示。

图 5-4 <em> 标签的设置效果

中奖的大小对人情绪的影响是不一样的，“中 500 万”不管对谁都是一个大奖，所以为了突出奖项的大小，应特别强调奖金数量。但图 5-4 的第一行文本，奖金数量和其他文本格式完全一样，没法突出数量；第二行中的数量不仅可以从视觉效果引起我们的注意，而且通过使用了 <em> 标签来加强语气，因而更能体现陈述者此刻情绪的激昂。

5.1.5 <mark> 标签

<mark> 标签是 HTML5 新增的标签，用来定义带有记号的文本，一般需要突出显示文本时使用 <mark> 标签。

<mark> 标签对文本的设置语法如下：

```
<mark> 页脚内容 </mark>
```

【示例 5-5】<mark> 标签的使用。

```
<!doctype html>
<html>
<head>
<meta charset="utf-8">
<title>mark 标签的使用 </title>
</head>
<body>
  <p> 欢迎来到 <mark> 妙味课堂 </mark></p>
</body>
</html>
```

示例 5-5 的代码在 Chrome 浏览器的运行结果如图 5-5 所示。从图中可以看到，<mark> 标签可以使文本高亮显示。默认情况下，<mark> 的背景颜色是黄色，可以通过修改 <mark> 的背景属性来修改高亮显示的背景色，如果不想要文字高亮突出，也可以通过 background: none; 来取消背景色。

图 5-5　使用 <mark> 标签加亮文本

5.1.6 < time> 标签

<time> 标签是 HTML5 新增标签，用来定义公历的时间（24 小时制）或日期。该标签能够以机器可读的方式对日期和时间进行编码。比如用户代理能够把生日提醒或排定的事件添加到用户日程表中，另外，搜索引擎也能够据此生成更智能的搜索结果。

<time> 的属性包含以下两个属性。

datetime 属性：定义标签的日期和时间。如果未定义该属性，则必须在标签的内容中规定日期或时间。

pubdate 属性：指示 <time> 标签中的日期 / 时间是文档的发布日期，可选值为 pubdate。

【示例 5-6】<time> 标签的使用。

```
<!doctype html>
<html>
<head>
<meta charset="utf-8">
<title>time 标签的使用 </title>
</head>
<body>
  <p> 今天是 <time>2017-03-12</time> </p>
  <p> 我们每天早上 <time>9:00</time> 开始营业。</p>
  <p><time datetime="2017-03-12 15:00"> 今天下午 3 点 </time> 要开会 </p>
  <article>
    ...
    文章发表日期：<time pubdate>2017-03-12</time>
  </article>
</body>
</html>
```

需要注意的是：<time> 标签中如果没有设置 datetime 属性，则必须在标签的内容中规定日期或时间。

5.1.7 <span> 标签

<span> 标签是一个装饰性标签，通常用于设置文本的视觉差异，例如某些关键字需要区别对待时，或者搜索关键字标红，如图 5-6 所示。这时就可以使用 <span></span> 标签进行装饰。

图 5-6　使用 <span> 标红关键字

<span> 标签对文本的设置语法如下：

```
<span> 文本内容 </span>
```

下面使用示例 5-7 来演示使用 <span> 标签单独设置关键字的颜色 。

【示例 5-7】使用 <span> 标签设置关键字颜色。

```
<!doctype html>
<html>
<head>
<meta charset="utf-8">
<title> 使用 span 标签设置关键字颜色 </title>
<style>
span {
    color: red;
}
</style>
</head>
<body>
  <div> 欢迎大家来到 <span> 妙味课堂 </span> 学习前端课程 </div>
</body>
</html>
```

示例 5-7 通过使用 <span> 标签设置“妙味课堂”颜色为红色，使其更加醒目，如图 5-7 所示。

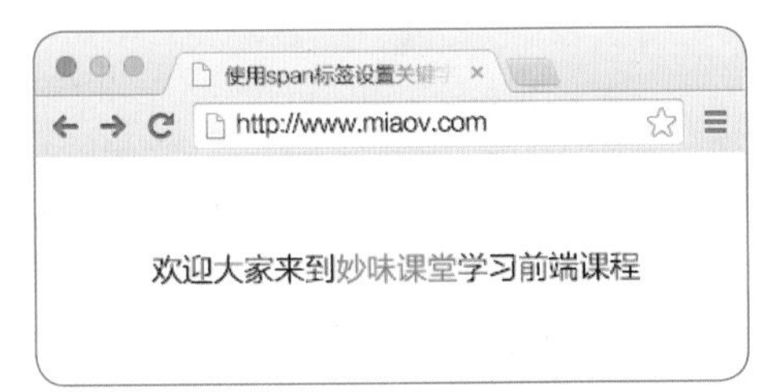

图 5-7　使用 <span> 标签设置关键字颜色

5.1.8 空格和特殊字符的输入

1. 空格的输入

在网页中，经常需要在文本内容中包含 1 至多个半角空格。在制作网页时，每按一次空格键可以产生一个半角空格，需要多个空格时，可以按多次空格键来产生。但我们发现一个问题就是：制作网页时由空格键生成的多个空格，在浏览器中浏览时只保留一个空格，其余空格都被自动截掉了。可见，网页中的空格不能仅用空格键来生成。不用空格键，那用什么方法来生成空格呢？答案之一是在网页源代码中使用空格对应的字符实体。

在网页中的空格几乎都是不换行空格（Non-Breaking Space），在网页源代码中生成不换行空格的语法如下：

```
 
```

语法说明：一个“ ”表示一个不换行空格，需要多个空格时需要连续输入多个“ ”。在“ ”中 nbsp 是 Non-Breaking Space 的缩写形式，表示空格对应的实体名称，而“&”和“;”则是用于表示引用字符实体的前缀和后缀符号，不能省略。

需要注意的是，默认情况下，“ ”在不同的浏览器中显示的宽度是不一样的，比如在 IE 浏览器中，4 个“ ”等于 1 个汉字，而在Chrome 中，有些是 2 个“ ”等于 1 个汉字，在较新的一些版本则是 1 个“ ”等于 1 个汉字。空格宽度不相等的原因主要是各个浏览器默认使用的请求和响应的编码不一样。对此，在实际应用中我们最好使用 CSS 样式来生成空格，比如段首的缩进空格，最好使用 text-indent 样式属性来设置。

2. 特殊字符的输入

有些字符在 HTML 里有特别的含义，比如小于号“<”就表示 <html> 标签的开始；另外，还一些字符无法通过键盘输入。这些字符对于网页来说都属于特殊字符。要在网页中显示这些特殊字符可以使用输入空格的形式，即使用它们对应的字符实体。设置语法如下：

```
& 实体名称 ;
```

语法说明：使用时用特殊字符对应的实体名称。常用的特殊字符与对应的字符实体如表 5-3 所示。

表 5-3　常用特殊字符及其字符实体

特殊符号	字符实体
“	"
&	&
<	<
>	>
·	·
X	×
§	§
¢	¢
¥	¥
£	£
©	©
®	®
TM	™

【示例 5-8】在网页中输入空格和特殊字符。

```
<!doctype html>
<html>
```

```
<head>
<meta charset="utf-8" />
<title> 在网页中输入空格和特殊字符 </title>
<style>
.txt {
    text-indent: 2em; /* 设置段首缩进两个字符 */
}
</style>
</head>
<body>
  <!-- 使用   设置段首缩进 -->
  <p>     此句首缩进了 4 个空格。</p>
  <!-- 使用类选择器样式设置段首缩进 -->
  <p class="txt"> 此句使用 CSS 样式实现段首缩进了 2 个汉字空格。</p>
  <!-- 特殊字符使用对应的字符实体输入 -->
  <p> 这是一本专业 &amp; 详尽的有关 &quot; 前端开发 &quot; 的书籍，其中包括
  &lt;body&gt;、&lt;form&gt; 等常用标签的介绍。售价：&yen99 元。 </p>
  <p>&copy; 妙味课堂版权所有 2017</p>
</body>
</html>
```

示例 5-8 的代码在 Chrome 和 IE11 浏览器中的运行结果分别如图 5-8 和图 5-9 所示。

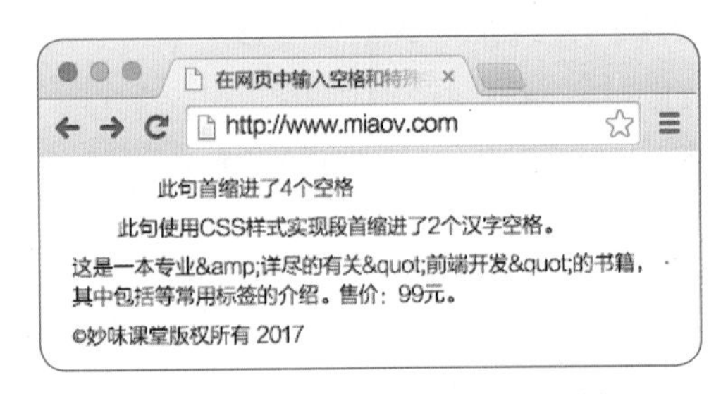

图 5-8　在 Chrome 浏览器中的运行结果

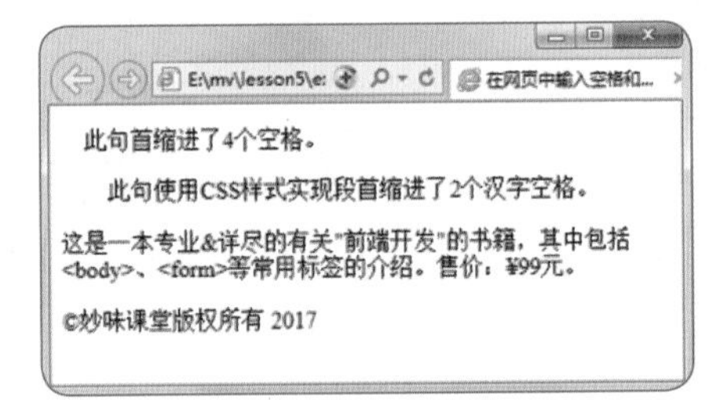

图 5-9　在 IE11 浏览器中的运行结果

比较图 5-8 和图 5-9，我们发现，不同的地方主要是使用“ ”生成空格的宽度的不同。在 Chrome 浏览器中每个空格等于 1 个汉字，而在 IE11 中 4 个空格等于 1 个汉字。而使用 text-indent 属性设置段首则兼容两个浏览器，显示效果完全一样。可见，CSS 可提高浏览器的兼容性，在实际应用中我们应尽量使用 CSS 来设置各个样式。

5.2 文档结构标签

在 HTML5 以前，页面的头部、主体内容、侧边栏和页脚等不同结构的内容都是使用 <div> 来划分的。使用 <div> 虽然对样式的设置以及一般的用户没有任何的影响，但对于搜索引擎和视力障碍人士却影响比较大。虽然我们可以通过给每个 <div> 标签的 ID 命名一个相对合理的名字，以此让它表示不同的结构。但遗憾的是，由于 ID 属性值可以任意，所以不同的人对同一个结构，是完全可能取不同的自认为合理的值的。所以，我们不能通过标签的 ID 来区别不同的结构。也就是说 <div> 标签本身并无法指出内容类型，

它主要负责显示。当搜索引擎抓取使用 <div> 划分结构的页面内容的时候，就只能去猜测某部分的功能。另外就是使用 <div> 划分结构的页面交给视力障碍人士来阅读时，由于文档结构和内容不清晰而不利于他们阅读。

针对上述问题，HTML5 新增了几个专门用于表示文档结构的标签，如：<header>、<footer> 、<section>、<article> 和 <aside> 等标签。使用这些标签可以使页面布局更加语义化，让页面代码更加易读，同时也能使搜索引擎更好的理解页面各部分之间的关系，从而更快、更准确搜索到我们需要的信息，此外编写样式表选择符时，也更加方便。

5.2.1 <header> 标签

<header> 定义了页面或内容区域的头部信息，例如：放置页面的站点名称、Logo 和导航栏、搜索框等放置在页面头部的内容以及内容区域的标题、作者、发布日期等内容都可以包含在 <header> 标签中。如图 5-10 所示的网站头部中的各个信息就是使用了 <header> 标签来定义的。

图 5-10　妙味网站头部

<header> 是一个双标签，头部信息需要放置在标签对之间。设置语法如下：

```
<header> 头部相关信息 </header>
```

通常 <header> 标签至少包含（但不局限于）一个标题标签（<h1>~<h6>），还可以包括搜索表单、<nav> 导航等标签。

使用 <header> 标签时注意以下事项。

（1）可以作为网页或者任何一块元素的头部信息。

（2）在同一个 <html> 页面内没有个数限制。

（3）< header> 里不能嵌套 <header> 或者 <footer> 标签。

【示例 5-9】 <header> 标签的使用。

```
<!doctype html>
<html>
<head>
<meta charset="utf-8">
<title>header 标签的使用 </title>
</head>
<body>
  <header>
    <h1> 网站名称 </h1>
    <nav>...</nav>
  </header>
  <article>
```

```
        <header>
          <h3> 文章标题 </h3>
        </header>
        ...
    </article>
    </body>
    </html>
```

示例 5-9 的代码中，<header> 标签既用于设置网站名称和导航条，又用于设置文章标题。可见，在一个页面中，<header> 标签可以多次出现，而且，既可以出现在页面的头部，也可以出现在页面的某块内容中。

说明：<article> 用于表示页面中一块独立的内容，具体用法参见下一节。

5.2.2 < article> 标签

<article> 用于表示页面中一块独立的、完整的相关内容块，可独立于页面其他内容使用。例如一篇完整的论坛帖子、一篇博客文章、一个用户评论、一则新闻等。<article> 通常会包含一个 <header>(包含标题部分) 或标题字标签，以及一个或多个 <section> 或 <p> 标签，有时也会包含 <footer> 和嵌套的 <article>。内层的 <article> 对外层的 <article> 标签有隶属关系。例如，一篇博客的文章可以用 <article> 显示，然后一些评论可以以 <article> 的形式嵌入其中。设置语法如下：

```
<article> 独立内容 </article>
```

【示例 5-10】 <article> 标签的使用。

```
<!doctype html>
<html>
<head>
<meta charset="utf-8">
<title>article 标签的使用 </title>
</head>
<body>
  <article>
    <h2> 写给 IT 职场新人的六个 " 关于 "</h2>
    <p>
      <h3> 关于工作地点 </h3>
      ...
    </p>
    <p>
      <h3> 关于企业 </h3>
      ...
    </p>
    ...
  </article>
</body>
</html>
```

示例 5-10 的代码的文章中包含了标题和多个段落。

5.2.3 <section> 标签

<section> 标签用于对页面上的内容进行分块，例如将文章分为不同的章节、页面内容分为不同的内容块。例如图 5-11 所示的页面就是由妙味动态、公司介绍、团队、联系我们和招聘合作这几块内容组成，这些内容就可以分别使用 <section> 来分块介绍。设置语法如下：

```
<section> 块内容 </section>
```

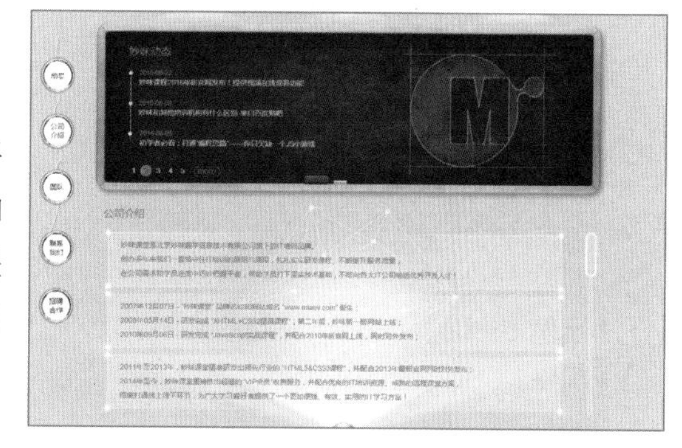

图 5-11　使用 <section> 标签对页面内容分块

注意：由 <section> 标识的区块通常由内容及其标题组成。另外，需要把 <section> 和 <div> 的作用区分开来。我们使用 <section> 主要是从语义上对内容进行分块，而不是作为内容的容器使用，而 <div> 主要是作为容器使用，主要用于定义容器样式或通过脚本定义容器行为。

【示例 5-11】<section> 标签的使用。

```
<!doctype html>
<html>
<head>
<meta charset="utf-8">
<title>section 标签的使用 </title>
</head>
<body>
  <article>
     <h2> 写给 IT 职场新人的六个 " 关于 "</h2>
    <section id="workplace">
       <h3> 关于工作地点 </h3>
       <p>...</p>
    </section>
    <section id="company">
        <h3> 关于企业 </h3>
        <p>...</p>
    </section>
     ...
  </article>
</body>
</html>
```

示例 5-11 的代码使用多个 <section> 元素将一篇文章分成了几块，其中每块又包含标题和内容。

5.2.4 <main> 标签

<main> 标签用于定义页面的主体内容，其中的内容对页面来说是唯一的，不能包含任何在一系列文档中重复出现的诸如：侧边栏、导航栏、版权信息、站点标志或搜索表单等内容。设置语法如下：

```
<main> 页面主体内容 </main>
```

【示例 5-12】 <main> 标签的使用。

```
<body>
  <header>
    <h1>...</h1>
    <nav>...</nav>
  </header>
  <main>
    <h1> 写给 IT 职场新人的 6 个 " 关于 "</h1>
    <article id="workplace">
       <h3> 关于工作地点 </h3>
       <p>...</p>
    </article>
    <article id="company">
       <h3> 关于企业 </h3>
       <p>...</p>
    </article>
     ...
   </main>
</body>
```

注意: 在一个页面中，最多只能出现一个 <main> 标签；<main> 标签不能作为以下标签的后代：<article>、<aside>、<footer>、<header> 或 <nav>；目前除了 IE 浏览器外，其他几大浏览器都支持 <main>。

5.2.5 <nav> 标签

<nav> 用于定义页面上的各种导航条，一个页面中可以拥有多个 <nav> 标签，作为整个页面或不同部分内容的导航。设置语法如下：

```
<nav> 导航条 </nav>
```

图 5-12 是一个网站的导航条，使用 <nav> 标签创建该导航条的代码如示例 5-13 所示。

首页 课程 VIP会员 学员作品 关于我们 论坛 留言

图 5-12　网站导航条

【示例 5-13】 使用 <nav> 标签创建网站导航条。

```
<body>
  <header>
    <nav>
```

```
        <ul>
          <li><a href="#"> 首页 </a></li>
          <li><a href="#"> 课程 </a></li>
          <li><a href="#">VIP 会员 </a></li>
          <li><a href="#"> 关于我们 </a></li>
          <li><a href="#"> 论坛 </a></li>
          <li><a href="#"> 留言 </a></li>
        </ul>
      </nav>
    </header>
    ...
</body>
```

注意：<nav> 只针对导航条来使用，既可以用于创建整个网站的导航条，也可以创建页面内容的导航条。当超链接并不做为导航条时，不应使用 <nav>。

5.2.6 <aside> 标签

<aside> 用于定义当前页面或当前文章的附属信息部分，可以包含与当前页面或主要内容相关的引用、侧边栏、广告、导航条等内容，通常放在主要内容的左右两侧，因而也称侧边栏内容。<aside> 包含的内容与页面的主要内容是分开的，可以被删除，而不会影响页面所要传达的信息，其应用如示例 5-14 所示。设置语法如下：

```
<aside> 导航条 </aside>
```

【示例 5-14】 使用 <aside> 标签创建侧边栏。

```
<body>
  ...
  <aside>
     <h2> 热点新闻 </h2>
     <ul>
     <li><a href="#">" 女神 " 翻译张璐：如果多给我一秒，都能翻译得更好 </a></li>
     <li><a href="#"> 武汉大学樱花绚烂绽放铺排绵延宛若云带 </a></li>
        ...
    </ul>
  </aside>
  ...
</body>
```

示例 5-14 的代码生成的热点新闻将作为侧边栏内容。

5.2.7 <footer> 标签

<footer> 主要用于为页面或某篇文章定义脚注内容，包含了与页面、文章或是部分内容有关的信息，比如文章的作者或者日期，页面的版权、使用条款和链接等内容。一个页面可以包含多个 <footer> 标签。设置语法如下：

```
<footer> 页脚内容 </footer>
```

图 5-13 是一个网站的页脚，使用 <footer> 标签创建该页脚的代码如示例 5-15 所示。

图 5-13　网站页脚

【示例 5-15】使用 <footer> 标签创建网站页脚。

```
<body>
  ...
  <footer>
     ...
      <p>
        <a href="#"> 首页 </a>|
        <a href="#"> 课程 </a>|
        <a href="#"> 学员作品 </a>|
        <a href="#"> 视频教程 </a>|
        <a href="#"> 关于我们 </a>|
        <a href="#"> 在线留言 </a>|
        <a href="#"> 常见问题 </a>
     </p>
     <p>
        <span> 京 ICP 备 08102442 号 -1 2007-2016 MIAOV.COM 版权所有 </span>
      </p>
  </footer>
</body>
```

示例 5-15 的代码页面设置了网站的链接和版权信息等信息。

使用 <footer> 标签时需注意以下事项：

（1）< footer> 可以用于创建网页或者任何一块元素的尾部部分；

（2）在同一个 html 页面内 <footer> 的出现没有个数限制；

（3）< footer> 不能嵌套 <header> 或者 <footer> 标签。

练习题

1. 请描述 5 种以上常用文本标签的种类和特性。

2. 请列举 5 种以上的文档结构标签及含义。

Chapter 6

第6章

探究多媒体标签，揭秘各种元素类型

看文字太累？那就看视频！

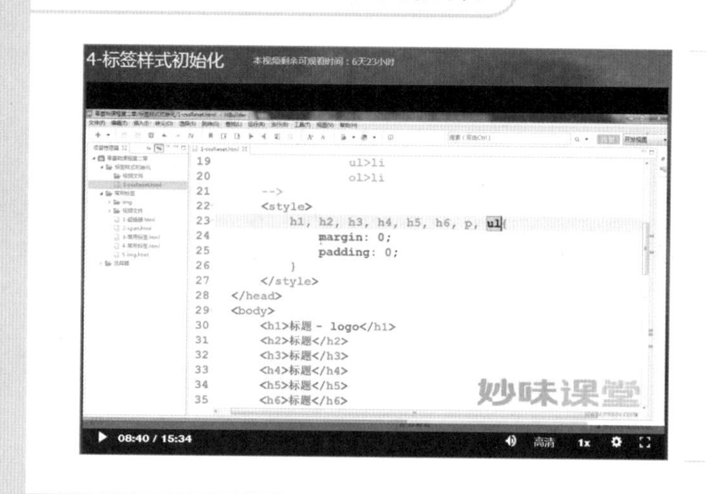

妙味视频

遇到困难？去社区问高手！

技术交流社区

自从出现了多媒体内容，互联网才真正开始多姿多彩。深入探究这些精彩元素背后的类型性质，已成为技术宅们津津乐道的话题。

当一个网页的各种“数据信息”“网页结构”等内容都能使用语义化标签在页面中合理展现的同时，还有一些更精彩的 HTML 元素也不该被人忽视，它就是多媒体元素。我们在网页上欣赏到的那些精彩动画、声音、视频等内容，应该在页面上有更得体的表现。在接下来要描述的知识点当中，我们会将这些丰富多彩的多媒体标签向大家详细呈现，现在就跟随我们的脚步继续向前吧！

6.1 多媒体标签

现在的网页不仅仅有文本和图片，还常常包含一些 Flash 动画、音频、视频等媒体内容。对网页中多媒体内容的嵌入可使用的标签有 <object>、<embed>、<video> 和 <auto>。需要注意的是，这些标签存在浏览器兼容问题，使用时需要特别注意。

6.1.1 <object> 标签

<object> 标签用于包含对象、音频、视频、Java applets、ActiveX、PDF 及 Flash。<object> 设计的初衷是取代 img 和 applet 元素。不过由于漏洞以及缺乏浏览器支持，这一点并未实现。

<object> 标签可用于 Windows IE 3.0 及以后浏览器或者其他支持 ActiveX 控件的浏览器。针对不同的浏览器，<object> 标签的设置语法有所不同，下面分别对它们进行介绍。

（1）针对 IE 9/IE 8/IE 7/IE 6 等低版本的设置语法如下：

```
<object classid="clsid_value" codebase="url" width="value"
    height="value">
    <param name="movie" value="file_name">
    <param name="quality" value="high">
    <param name="wmode" value="opaque">
   ...
</object>
```

语法说明：上述语法只针对 IE9 及以下较低版本的 IE 有效，在 IE 10 及以上的 IE 浏览器以及非 IE 浏览器使用上述语法无效，对这些浏览器需要在 <object> 标签中再嵌入 <object>。

（2）针对 IE 10/11 和非 IE 浏览器（注意：firefox 不支持 object）的设置语法如下：

```
<object classid="clsid_value" codebase="url" width="value"
    height="value">
   <param name="movie" value="media_fileName">
   <param name="quality" value="high">
    ...
   <!--[if !IE]>-->
  <object type="media_type" data="media_fileName" width="value" height="value">
  <!--<![endif]-->
    <param name="quality" value="high">
    <param name="wmode" value="opaque">
    ...
    <!--[if !IE]>-->
  </object>
  <!--<![endif]-->
</object>
```

语法说明：<object> 和 <param> 标签常用属性说明如表 6-1 所示。

表 6-1 <object> 和 <param> 标签常用属性

属 性	描 述
classid	设置浏览器的 ActiveX 控件
codebase	设置 ActiveX 控件的位置，如果浏览器没有安装，会自动下载安装
data	在嵌套的 object 标签中指定嵌入的多媒体文件名
type	嵌套的 object 标签中设置媒体类型，对动画的类型是：application/x-shockwave-flash
height	以百分比或像素指定嵌入对象的宽度
width	以百分比或像素指定嵌入对象的宽度
name	设置参数名称
value	设置参数值
movie	指定动画的下载地址
quality	指定嵌入对象的播放质量
wmode	设置嵌入对象窗口模式，可取：window|opaque|transparent，其中，window 为默认值，表示嵌入对象始终位于 HTML 的顶层，opaque 允许嵌入对象上层可以有网页的遮挡，transparent 设置 flash 背景透明

【示例 6-1】使用 <object> 标签在网页中嵌入 flash 动画。

```
<!doctype html>
<html>
<head>
<meta charset="utf-8" />
<title>使用 object 标签嵌入 flash 动画 </title>
</head>
<body>
    <object id="FlashID" classid="clsid:D27CDB6E-AE6D-11cf-96B8-444553540000"
      width="777" height="165">
      <param name="movie" value="flash/01.swf">
      <param name="quality" value="high">
      <param name="wmode" value="opaque">
      <!--[if !IE]>-->
      <object type="application/x-shockwave-flash"
         data="flash/01.swf" width="777" height="165">
      <!--<![endif]-->
         <param name="quality" value="high">
         <param name="wmode" value="opaque">
      <!--[if !IE]>-->
      </object>
      <!--<![endif]-->
    </object>
</body>
</html>
```

上述代码使用 <object> 在网页中嵌入了一个指定宽度和高度的 flash 动画中。上述代码通过在 <object>

标签中嵌入 <object> 的方式，实现了对 IE 和非 IE 浏览器的兼容处理。在 Chrome 浏览器中的运行结果如图 6-1 所示。

图 6-1 使用 <object> 标签在网页中嵌入 flash 动画

6.1.2 <embed> 标签

<embed> 标签和 <object> 标签一样，也可以在网页中嵌入 flash 动画、音频和视频等多媒体内容。不同于 <object> 标签的是，<embed> 标签用于 Netscape Navigator2.0 及以后的浏览器或其他支持 Netscape 插件的浏览器，其中包括 IE 和 Chrome 浏览器，firefox 目前还不支持 embed。

使用 <embed> 标签嵌入多媒体的语法如下：

```
<embed src="file_url"></embed>
```

语法说明：src 属性指定多媒体文件，这是一个必设属性。多媒体文件的格式可以是 mp3、mp4、swf 等。

在 <embed> 标签中，除了必须设置 src 属性外，还可以设置其他属性以获得所嵌入多媒体对象的不同表现效果。<embed> 标签的常用属性如表 6-2 所示。

表 6-2 <embed> 标签常用属性

属 性	描 述
src	指定嵌入对象的文件路径
width	以像素为单位定义嵌入对象的宽度
height	以像素为单位定义嵌入对象的高度
loop	设置嵌入对象的播放是否循环不断，取值 true 时循环不断，否则只播放一次，默认值是 false
hidden	设置多媒体播放软件的可视性，默认值是 false，即可见
type	定义嵌入对象的 MIME 类型

【示例 6-2】使用 <embed> 标签在网页中嵌入 mp3 和 flash 动画。

```
<!doctype html>
<html>
<head>
<meta charset="utf-8" />
<title> 使用 embed 嵌入 mp3 和 flash 动画 </title>
</head>
<body>
  <p> 使用 embed 嵌入 mp3:</p>
  <embed src="flash/song.mp3"></embed>
  <p> 使用 embed 嵌入 flash 动画 :</p>
  <embed src="flash/01.swf" width="777" height="165"></embed>
</body>
</html>
```

上述代码使用了两个 <embed> 标签在网页中分别嵌入了默认大小的 mp3 播放器和一个指定宽度和高度

的 flash 动画。在 Chrome 浏览器中的运行结果如图 6-2 所示。

图 6-2 使用 <embed> 标签在网页中嵌入 mp3 和 flash 动画

6.1.3 <video> 标签

前面介绍的 <object> 和 <embed> 虽然可以在网页中嵌入多媒体内容，但都存在浏览器兼容问题，如在 firefox 浏览器中都无法获得支持。当在一些较新版的支持 HTML5 标签的浏览器中，如果嵌入的是非 flash 动画，则我们可以使用 <video> 和 <audio> 标签来替代 <object> 和 <embed> 标签。<video> 和 <audio> 标签是 HTML5 新增标签，其中 <video> 用于在网页中嵌入音频和视频，<audio> 则用于在网页中嵌入音频。IE 9 及以上版本、Firefox、Opera、Chrome 以及 Safari 都支持 <video> 和 <audio> 标签。本节我们介绍 <video> 标签的使用，<audio> 标签将在下一节介绍。

<video> 标签嵌入视频的语法如下：

```
<video src="file_url"></video>
```

语法说明：src 属性指定多媒体文件，这是一个必设属性。多媒体文件的格式可以是 mp3、mp4、ogg、webm 等。

在 <video> 标签中，除了必须设置 src 属性外，还可以设置其他属性以获得所嵌入多媒体对象的不同表现效果。<video> 标签的常用属性如表 6-3 所示。

表 6-3 <video> 标签常用属性

属 性	描 述
src	指定嵌入对象的文件路径
autoplay	嵌入对象在加载页面后自动播放
controls	出现该属性，则向用户显示控件
preload	设置视频在页面加载时进行加载，并预备播放，如果同时使用了“autoplay”，则该属性没效
muted	设置视频中的音频输出时静音
width	以像素为单位定义嵌入对象的宽度
height	以像素为单位定义嵌入对象的高度
loop	设置嵌入对象的播放是否循环不断，取值 true 时循环不断，否则只播放一次，默认值是 false
hidden	设置多媒体播放软件的可视性，默认值是 false，即可见
poster	设置视频下载时显示的图像，或者在用户单击播放按钮前显示的图像
type	定义嵌入对象的 MIME 类型

【示例 6-3】使用 <video> 标签在网页中嵌入 mp3 音乐和 mp4 视频。

```
<!doctype html>
<html>
<head>
<meta charset="utf-8" />
<title> 使用 video 标签在网页中嵌入 mp3 音乐和 mp4 视频 </title>
```

```
</head>
<body>
  <p> 使用 video 嵌入 mp3 音乐 :</p>
  <video src="flash/song.mp3" controls autoplay></video>
  <p> 使用 video 嵌入 mp4 视频 :</p>
  <video src="flash/video.mp4" width="300" height="200" controls muted></video>
</body>
</html>
```

上述代码使用了两个 <video> 标签在网页中分别嵌入了默认大小的 mp3 播放器和一个指定宽度和高度的 mp4 视频播放器，两个 <video> 都设置了 controls，因而都可以显示播放软件。另外，mp3 设置了 autoplay 属性，因而加载页面后自动播放，而 mp4 设置了 muted，因而播放视频时音频输出被静音。上述代码在 Chrome 浏览器中的运行结果如图 6-3 所示。

图 6-3　使用 <video> 标签在网页中嵌入 mp3 音乐和 mp4 视频

6.1.4 <audio> 标签

<audio> 标签用于在网页中嵌入音频。嵌入的音频格式包括 mp3、wav、ogg、webm 等。

<audio> 标签嵌入音频的语法如下：

```
<audio src="file_url" control></audio>
```

语法说明：src 属性指定多媒体文件，这是一个必设属性。在 <audio> 标签中，除了必须设置 src 属性外，还可以设置其他属性获得所嵌入多媒体对象的不同表现效果。<audio> 标签的常和 <video> 标签的绝大都数属性都是一样的，对表 6-3 中所列属性，除了 poster 属性 <audio> 标签没有外，其他属性都有，且作用也一样，此处不再赘述。

【示例 6-4】使用 <audio> 标签在网页中嵌入嵌入音频。

```
<!doctype html>
<html>
<head>
<meta charset="utf-8" />
<title> 使用 audio 标签嵌入音频 </title>
</head>
<body>
  <p> 使用 audio 在网页中嵌入 mp3 音乐 :</p>
  <audio src="flash/song.mp3" controls loop></audio>
  <p> 使用 audio 在网页中嵌入 wav 音乐 :</p>
  <audio src="flash/CDImage.wav" controls autoplay></audio>
</body>
</html>
```

上述代码使用了两个 <audio> 标签在网页中分别嵌入了默认大小的 mp3 播放器和一个指 wav 播放器，两个 <audio> 都设置了 controls，因而都可以显示播放软件。另外，mp3 设置了 loop 属性，因而 mp3 将循环不断的播放，而 wav 设置了 autoplay，因而 wav 在页面加载后自动播放。上述代码在 Chrome 浏览器中的运行结果如图 6-4 所示。

图 6-4　使用 <audio> 标签在网页中嵌入 mp3 和 wav 音乐

6.2 元素类型

在盒子模型中，网页上的每一个元素都是一个盒子。一个网页就是由许多大小不一的盒子所构成。不同的盒子在网页中的显示形式以及具有的特点也可能是不一样的。从盒子的显示形式及具有的特点来分，网页中的元素主要分为 3 类：块级元素、行内元素以及行内块级元素。

6.2.1 block 块级元素

块级元素具有如下一些特点。

（1）独占一行。

（2）不设置宽度样式时，宽度自动撑满父元素宽度。

（3）和相邻的块级元素依次垂直排列。

（4）可以设定元素的宽度（width）和高度（height）以及 4 个方向的内、外边距。

块级元素一般是其他元素的容器，例如 div 就是一种最常见的块级元素，它主要就是作为一个容器来使用。常见的块级元素有 div、p、h1~h6、ul、ol、dt、dd 以及 HTML5 中的新增元素 section、header、footer、nav 等元素。

【示例 6-5】 block 块级元素示例。

```
<!doctype html>
<html>
<head>
<meta charset="utf-8">
<title> 块级元素示例 </title>
<style>
.d1,
p,
h1 {
    height: 20px;
    padding: 10px;
    color: #e9ef15;
    background: #f19149;
    border: 1px solid #e60012;
    font: bold 36px/50px " 微软雅黑 ";
}
p,
h1 {
    margin: 10px 0px;
}
```

```
.d2 {
    width: 300px;
    margin: 30px;
    background: #6be8e3;
    line-height: 30px;
    text-align: center;
}
</style>
<body>
  <div class="d1"> 我是 div 块级元素 </div>
  <p> 我是 p 块级元素 </p>
  <h1> 我是 h1 块级元素 </h1>
  <div class="d2"> 我是第二个 div 块级元素 </div>
</body>
</html>
```

上述代码分别创建了两个 div、一个段落和一个一级标题 4 个块级元素，其中前面 3 个块级元素没有设置宽度，第 4 个块级元素设置了宽度。在 Chrome 浏览器中的运行结果如图 6-5 所示。从图 6-5 中，我们看到，4 个块级元素都是独占一行，并在垂直方向上依次排列，且没有设置宽度的元素自动撑满父元素宽度。从示例的 CSS 代码以及运行结果中，我们也可以看到，块级元素既可以设置宽高，也可以设置 4 个方向的内、外边距。

注意：前 3 个块级元素撑满其父元素 body 宽度，而 body 没有宽度设置，因而 body 又自动撑满其父元素 HTML，而 HTML 的宽度跟浏览器屏幕大小相等，所以没设置宽度时，块级元素会跟浏览器屏幕大小保持一致。但我们看到图 6-5 中前 3 个块级元素的宽度并没有等于浏览器屏幕大小，这是因为 body 元素默认存在外边距，当我们对 body 设置 margin:0px 样式时，将得到图 6-6 所示的结果。从图 6-5 中，可看到，此时前 3 个块级元素的宽度等于浏览器屏幕大小。

图 6-5　块级元素的显示效果

图 6-6　块级元素的显示效果（body 元素外边距为 0）

6.2.2 inline 行内元素

行内元素也称为内联元素或内嵌元素。行内元素具有如下的特点。

（1）行内元素不会独占一行，相邻的行内元素会从左往右依次排列在同一行里，直到一行排不下才会换行。

注意：源代码中，行内元素换行会被解析成空格。

（2）不可以设置宽度（width）和高度（height）。

（3）可以设置 4 个方向的内边距以及左、右方向的外边距，但不可以设置上、下方向的外边距。

（4）行内元素的高度由元素高度决定，宽度由内容的长度控制，即宽、高由内容撑开。

行内元素内一般不可以包含块级元素。常见的行内元素有 span、a、em 、strong 以及 HMTL5 中新增的 mark、time 等元素。

【示例 6-6】 inline 行内元素示例。

```
<!doctype html>
<html>
<head>
<meta charset="utf-8">
<title> 行内元素示例 </title>
<style>
.box {
    height: 30px;
    width: 300px;
    line-height: 30px;
    margin-top: 10px;
    border: 1px solid #000;
}
.span,
.span3,
.span4,
.a {
    color: #fff;
    background: #e96e84;
}
.a {
    color: #e6798d;
    background: #9FF;
}
.span3 {/* 设置行内元素的宽度、高度和 4 个方向的外边距 */
    width: 100px;
    height: 100px;
    margin: 20px;
}
.span4 {/* 设置行内元素 4 个方向的内、外边距 */
    padding: 10px;
    margin: 20px;
}</style>
</head>
<body>
   <div class="box"> 我是块级元素 DIV1</div>
   <div class="box"> 我是块级元素 DIV2</div>
```

```
    <span class="span"> 我是行内元素 span1</span>
    <span class="span"> 我是行内元素 span2</span><a href="#" class="a"> 我是行内元素 a1</a>
    <br/>
    <span class="span3"> 我是行内元素 span3</span>
    <br/><br/>
    <span class="span4"> 我是行内元素 span4</span><a href="#" class="a"> 我是行内元素 a2</a>
</body>
</html>
```

示例 6-6 代码分别创建了 2 个块级元素和 6 个行内级元素。在 Chrome 浏览器中的运行结果如图 6-7 所示。

从 6-7 图中可以看到，各个相邻块级元素独占一行显示，而相邻行内元素在遇到
 前都显示在同一行，并且代码中没有换行的 span2 和 a1 两个行内元素之间没有空隙，而 span1 和 span2 的代码显示在不同行，因而 span1 和 span2 两个行内元素之间有一个空格。在图 6-7 中，设置了宽、高的 span3 和其他没有设置宽、高的行内元素的大小完全一样，可见，宽度和高度的设置对行内元素是无效的。再有就是，span3 和 span4 都设置了 4 个方向的外边距，但图 6-7 中只有左、右外边距有效，上、下外边距设置都没有效。另外，span4 还设置了 4 个方向的内边距，对比 span3 可看出，span4 4 个方向的内边距设置都有效。

图 6-7　行内元素的显示效果

6.2.3 inline-block 行内块元素

行内块元素可以理解为是块元素 block 和内嵌元素 inline 的结合体，它同时具有 block 和 inline 的一些特性。行内块元素的特点如下。

（1）和相邻的行内元素以及行内块元素从左往向依次排列在同一行，直到一行排不下才会换行。

注意：和行内元素一样，源代码中，行内块元素换行会被解析成空格。

（2）可以设置宽度（width）和高度（height）。

（3）可以设置 4 个方向的内、外边距。

常见的行内块元素有 input 和 img（img 在规范中为行内元素，但在表现行为上却是行内块元素。在本书中，把 img 作为行内块元素看待）。

注意：对于行内块元素来说，相邻两个行内块元素，水平方向的间距等于左边元素的右外边距 + 右边元素的左外边距；垂直方向的间距等于上面元素的下外边距 + 下面元素的上外边距。

【示例 6-7】inline-block 行内块元素示例。

```
<!doctype html>
<html>
<head>
<meta charset="utf-8">
<title> 行内块元素示例 </title>
<style>
```

```
.img2 {/* 设置图片的宽、高 */
    width: 100px;
    height: 80px;
    border: 1px solid #f1574a;
}
.img3 {/* 设置图片的宽、高以及内、外边距 */
    width: 100px;
    height: 80px;
    padding: 20px;
    margin: 20px;
    border: 1px solid #f1574a;
}
.img4 {
    width: 100px;
    height: 80px;
    /*vertical-align: bottom;*//* 用于取消图片下方和容器之间的空隙 */
}
div {
    width: 100px;
    border: 1px solid #f1574a;
}
</style>
</head>
<body>
  <img src="images/01.jpg" class="img1" alt=" 图片 1"/>
  <img src="images/01.jpg" class="img2" alt=" 图片 2"/>
  <img src="images/01.jpg" class="img3" alt=" 图片 3"/>
  <div><img src="images/01.jpg" class="img4" alt=" 图片 4"/></div>
</body>
</html>
```

上述代码在页面中插入了 4 张图片，其中第 1 张图片没有作任何样式的修改；第 2 张图片设置了大小以及边框；第 3 张图片同时设置了大小以及内、外边距和边框；第 4 张图片放在 div 容器中，设置了宽、高。在 Chrome 浏览器中的运行结果如图 6-8 所示。

图 6-8 行内块元素的显示效果

从 6-8 图中可以看到，在没有使用
 之前的前 3 个图片是显示在同一行的；第 1 张图片是原始大小，后面 3 张图片都设置了大小，可见行内块元素可以设置宽、高；第 3 张图片设置了 4 个方向的内、外边距，对比第 2 张图片，可见图片 4 个方向的内、外边距都有效。第 4 张图片放在 div 容器中，从图中可以看到图片下方和容器之间存在一个空隙。

行内块元素具有很多优点，但却也存在一些问题，主要问题有以下两点。

一是存在浏览器兼容性问题：在低版本浏览器（例如 IE 6、IE 7）下 inline-block 会失效。

兼容性解决方案：给元素添加 display:inline;zoom:1; 做兼容处理。

注意：兼容性在 HTML 代码中用来表示样式是否能和浏览器完美的融合。市面上的主流浏览器的老版本（比如 IE 中的 IE 6/IE 7/IE 8）对很多属性和样式不支持或显示效果不一致，为了让页面在各个浏览器下都能正常显示，处理兼容性是必不可少的一步。

二是 inline-block 元素默认下方会有空隙，如图 6-8 中的第 4 张图片所示。

取消行内块元素下方的空隙采用的解决方法之一是：给行内块元素设置 vertical-align:middle|top|bottom 即可（3 个属性值任意一个都可以）。

6.2.4 使用 display 属性改变元素类型

display 属性规定元素应该生成的盒子类型，通过 display 可以将 block 块级元素、inline 行内元素以及 inline-block 行内块元素相互转化，改变元素的显示方式。常用的 display 属性的取值情况如表 6-4 所示。

表 6-4　常用 display 属性值

属性值	描　述
none	元素不被显示（隐藏）
block	元素显示为块级元素
inline	元素显示为行内元素
inline-block	元素显示为行内块元素
inherit	继承父级元素的 display 属性

注意：display 经常用到是“block”、“inline”、“inline-block”和“none”这几个属性值，此外还有其他一些属性值，例如第 9 章中的表格，通过 display:table 等属性可以将元素的类型转为表格系列形式。

下面我们分别通过示例演示上述块级元素、行内元素以及行内块元素之间的相互转化。

1. 使用 display:block 将行内元素转为块级元素

【示例 6-8】使用 display:block 将行内元素转化为块级元素。

```
<!doctype html>
<html>
<head>
<meta charset="utf-8">
<title>使用 display:block 将行内元素转化为块级元素 </title>
<style>
.sp1,
.sp2 {/* 设置两个行内元素的宽、高以及四个方向的外边距等样式 */
    width: 300px;
    height: 100px;
    margin: 10px;
    background: #e96e84;
}
.sp2 {
    display: block;/* 将行内元素转化类块级元素 */
}
</style>
```

```
</head>
<body>
  <span class="sp1">行内元素 span1</span>
  <span class="sp2">行内元素 span2 设置 display:block 后的结果 </span>
</body>
</html>
```

示例 6-8 代码创建了两个 span，并分别对它们设置了宽、高以及 4 个方向的外边距，同时对第 2 个行内元素设置了 display:block，使得它转化为一个块级元素。上述代码在 Chrome 浏览器中的运行结果如图 6-9 所示。从图中可以看到，第 1 个行内元素的宽、高由其内容撑开，设置的宽、高以及上、下外边距无效，而第 2 个行内元素因为已转化为块级元素，所以设置的宽、高和 4 个方向的外边距的样式都有效。对比图中的两个元素，可以看出它们的显示形式有明显的不同。

图 6-9　使用 display:block 将行内元素转化为块级元素

2. 使用 display:inline 将块级元素转化为行内元素

【示例 6-9】使用 display:inline 将块级元素转化为行内元素。

```
<!doctype html>
<html>
<head>
<meta charset="utf-8">
<title> 使用 display:inline 将块级元素转化为行内元素 </title>
<style>
.div1,
.div2 {
    width: 150px;
    height: 100px;
    padding: 20px;
    background: #e96e84;
    display: inline;/* 将块级元素转化为行内元素 */
}
</style>
</head>
<body>
  <div class="div1"> 我是块级元素 DIV1</div>
  <div class="div2"> 我是块级元素 DIV2</div>
</body>
</html>
```

上述代码创建了两个 div，并分别对它们设置了宽、高等样式，同时设置了 display:inline，使它们转化为行内元素。上述代码在 Chrome 浏览器中的运行结果如图 6-10 所示。从图中可以看到，两个 div 并没有各自独占一行显示，而是在同一行内显示，同时它们的宽、高也没有按设置的大小来显示，而是由内容决定其大小，其中原因就是这两个 div 现在已经已变为行内元素了，所以在显示上具有行内元素的特征。

图 6-10　使用 display:inline 将块级元素转化为行内元素

3. 使用 display:inline-block 将块级元素和行内元素转化为行内块元素

【示例 6-10】使用 display:inline-block 将块级元素和行内元素转化为行内块元素。

```
<!doctype html>
<html>
<head>
<meta charset="utf-8">
<title> 使用 display:inline-block 将块级元素和行内元素转化为行内块元素 </title>
<style>
.div1 {
    width: 500px;
    height: 30px;
    border: 3px solid #000;
}
.div2,
.span1 {/* 设置元素的宽、高以及内、外边距等样式 */
    width: 160px;
    height: 60px;
    padding: 10px;
    margin: 20px;
    font-size: 24px;
    background: #e96e84;
    display: inline-block; /* 将块级元素和行内元素转化为行内块元素 */
}</style>
</head>
<body>
  <div class="div1"> 我是块级元素 DIV1</div>
  <div class="div2"> 我是块级元素 DIV2</div>
  <span class="span1"> 我是行内元素 span</span>
</body>
</html>
```

上述代码创建了两个 div 和一个 span，并分别对它们设置了宽、高等样式，同时对第 2 个 div 和 span 设置了 display:inline-block，使它们转化为行内块元素。上述代码在 Chrome 浏览器中的运行结果如图 6-11 所示。从图中可以看到，第 1 个 div 仍然是块级元素，所以独占一行显示，并且宽、高样式都有效；而第 2 个 div 和 span 显示在同一行，并且宽高以及内、外边距设置都有效，因为这两元素现在已经变为行内块元素了，所以在显示上具有行内块元素的特征。

6.3 使用 CSS reset 标签样式

图 6-11　使用 display:inline-block 将块级元素和行内元素转化为行内块元素

我们知道，每一个 HTML 标签在浏览器里都有默认的样式，例如 <p> 标签有上下边距、<strong> 标签的字体默认是加粗样式、<em> 标签的字体默认是倾斜的……这些默认样式，在不同的浏览器中可能不一样。这就导致在开发项目时，浏览器的默认样式会给我们带来很大的麻烦，从而影响开发效率。对标签默认样式处理的最好的解决方案就是在一开始的时候就将浏览器的默认样式全部去掉或者覆盖掉，通过重新定义标签的样式来确保标签在各个浏览器下表现的特征一致。确保标签在不同浏览器中的表现一致是我们样式重置（css reset）的根本原因。

样式重置之前，我们首先应该知道各个标签具有哪些默认样式，这样才可以有针对性的重置不需要的样式。大家可以打开 Chrome 浏览器的"开发者工具"的"Elements"和"Styles"选项卡窗口来审查元素，在"Elements"窗口中选择标签，然后在"Styles"窗口中查看选中标签的盒模型。通过盒模型就可以知道每个标签的默认样式有哪些。

在此我们总结了一些经常需要重置的标签的默认样式及其重置情况，如表 6-5 所示。

表 6-5　常用标签的默认样式及其重置

标　签	默认样式	重置默认样式

body	上下左右 4 个方向具有外边距	body {
		　margin: 0;
		}

p	上下具有外边距	p {
		　margin: 0;
		}

h1~h6 标题标签	上下具有外边距	h1,h2,h3,h4,h5,h6 {
		　margin: 0;
		}

ul 无序列表	上下具有外边距；
	列表样式默认有小圆点；
	左边有内填充
		ul {
		　list-style: none;/* 清除小圆点 */
		　margin: 0;
		　padding: 0;
		}

ol 有序列表	上下具有外边距；
	有序列表默认有数字；
	左边有内填充
		ol {
		　list-style: none;
		　margin: 0;
		　padding: 0;
		}

dl 定义列表	dl 上下有外边距；
	dd 左边有内填充
		dl {
		　margin: 0;
		}
		dd {
		　padding: 0;
		}

续表

标　签	默认样式	重置默认样式

mark	背景默认是黄色背景；
	字体颜色默认是黑色
		mark 是标记标签，用来区分元素，默认样式根据实际情况来清除或者更换背景色
		`mark {`
		`  background: none;`
		`}`

strong 强调一个词或者一段话（显示加粗）	默认字体是加粗	根据实际来清除默认样式
		`strong {`
		`  font-weight: normal`
		`}`

em 强调一个词或者一段话（显示倾斜）	默认字体是倾斜	根据实际来清除默认样式
		`em {`
		`  font-style: normal;`
		`}`

a	默认有下画线，字体默认是蓝色	`a {`
		`  text-decoration: none;`
		`  color: #333;/* 颜色可根据实际设置 */`
		`}`

img	容器有边框时，图片底层默认有 1px 的空隙	`img { /* 容器有边框时的样式重置 */`
		`  vertical-align: top;`
		`  border: none; /* 非标准的 IE 中，图片超链接中的图片默认会显示边框 */`
		`}`

练习题

1. 请描述各个多媒体标签适用的多媒体对象及浏览器兼容情况。

2. 请描述常见的元素类型有哪三种，如何转换一个元素的类型?

3. 请描述常用标签的默认样式，并写出这些默认样式的重置代码。

Chapter 7

第7章 为网页配上精美图片、让列表清晰传达具象内容

看文字太累？那就看视频！

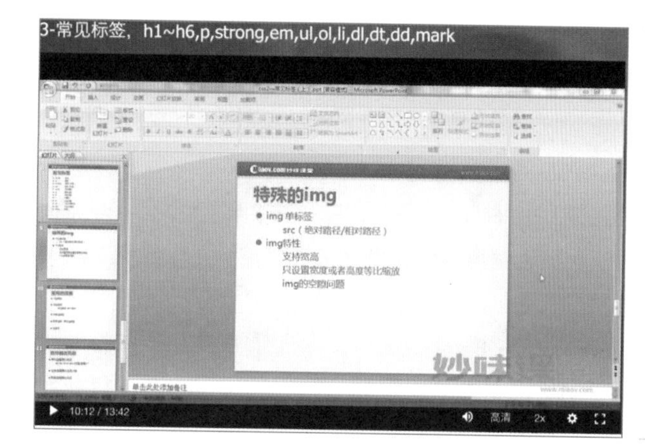

妙味视频

遇到困难？去社区问高手！

技术交流社区

图文并茂、有图有真相！在图片和信息列表交相辉映的今天，我们能在互联网的世界窥见千年的奥秘。

一张精彩的配图能够传递出各种具象的信息，能够激发人们无限想象，能够迅速把人引入某种特定的场景……在互联网的世界里，我们可以利用丰富多彩的图片，再配上结构清晰的列表呈现方式，就能走进图文并茂且结构清晰的虚拟世界！就趁现在，勇敢地一同随我们来吧……

7.1 使用 <img> 标签在网页中插入图片

一本故事情节扣人心弦的小说，虽满篇文字却不觉枯燥，原因是小说的剧情足以让读者天马行空的去想象，那么报纸、杂志以及我们的网页等媒介是否也可以像小说一样全篇文字呢？由于报纸、杂志以及网页中的内容绝大部分都是没什么故事情节的，如果通篇文字的话，将很容易使阅读者疲劳。因此为了吸引读者眼球，以及不被他们所抛弃，现在这些媒介特别是网页都会以图文并茂的形式出现，其中文字把图片引述出来，图片则更生动的解释文字，两者配合相得益彰。

7.1.1 网页常用图片格式

目前，图片格式有 GIF、JPEG、PNG、BMP、TIF 等多种格式，在制作网页时，是否可以对图片的格式不加考虑呢？我们的答案是否定的。原因是不同格式图片的浏览速度是不一样的。从浏览速度的角度来看，目前适合在网上浏览的图片格式主要有 JPEG、GIF 和 PNG 这 3 种。

• JPEG 格式

联合图像专家组标准（Joint Photographic Experts Group，JPEG，又称 JPG），支持数百万种色彩，主要用于显示照片等颜色丰富的精美图像。JPEG 是质量有损耗的格式，这意味着在压缩时会丢失一些数据，因而降低了最终文件的质量，然而由于数据丢失得很少，因此在质量上不会差很多。

• GIF 格式

图形交换格式（Graphics Interchange Format，GIF），是网页图像中很流行的格式。它最多使用 256 种色彩，最适合显示色调不连续或具有大面积单一颜色的图像。此外，GIF 还可以包含透明区域和多帧动画，所以 GIF 常用于卡通、导航条、Logo、带有透明区域的图形和动画等。

• PNG 格式

可移植网络图形（Portable Network Graphics，PNG）既融合了 GIF 格式透明显示的颜色，又具有 JPEG 处理精美图像的优势，是逐渐流行的网络图像格式，其中又属 PNG-24 格式为最佳。

7.1.2 插入图片的基本语法

网页中的图片需要使用 <img> 标签插入。插入图片的基本语法如下：

```
<img src=" 图片文件路径 ">
```

语法说明：src 属性指定需要插入的图片文件路径，这是一个必设属性。此时插入的是一张原始图片，图片的各个样式保持默认效果，如果需要修改图片的默认样式，可以使用 CSS 或 <img> 标签属性这两种方式。

<img> 标签常用的属性如表 7-1 所示。

表 7-1　<img> 标签常用属性

属　性	描　述
alt	指定图片的替换信息
height	定义图片的高度

续表

属 性	描 述
width	定义图片的宽度
title	定义图片的提示信息

注意：<img> 标签除了表 7-1 所示的一些属性外，还有一些现在已不建议使用的属性，如 border、align 等属性，这些属性的样式建议使用 CSS 来设置。

【示例 7-1】在网页中插入图片。

```
<!doctype html>
<html>
<head>
<meta charset="utf-8" />
<title> 在网页中插入图片 </title>
<style>
div {
    width: 300px;
    border: 5px solid red;
}
</style>
</head>
<body>
    <div><img src="images/01.jpg" /></div>
</body>
</html>
```

图 7-1　在网页中插入一张原始图片

上述代码使用 <img> 标签在网页中插入了一张原始大小的图片。该图片宽为 452px，高为 374px。运行结果如图 7-1 所示。

图 7-1 中，默认插入的图片为原始图片，图片大小不受父元素的宽度的限制。这是网页图片的一个特征。该特征会使父元素没有设置宽高时，插入的图片会把父元素的高度撑开（如果父元素为块级元素）或把父元素的宽度撑开（如果父元素为行内元素）。在图 7-1 中，虽然图片把父级元素的高度撑开了，但默认情况下，图片和父级元素的下边框存在一个小空隙，这是图片的一个特征，也是行内元素的一个特性。要解决这个问题，有两种方法：一种是设置父元素的高度等于图片的高度；第二种方法是给 <img> 标签添加 vertical-align 垂直对齐属性的样式设置即可，属性值可取为 top（向上对齐）或者 middle（垂直居中对齐）或者 bottom（向下对齐）。修改代码分别如下所示。

方法一：添加父元素的高度样式设置

```
div {
    width: 300px;
```

```
    height: 374px; /* 设置父元素的高度等于图片的高度 */
    border: 5px solid red;
}
```

方法二：添加图片的垂直对齐样式的设置

```
img {
    vertical-align: top; /* 设置父元素垂直对齐方式 */
}
```

使用上述两种方法对示例 7-1 修改后的结果完全一样，都如图 7-2 所示。

图 7-2　取消图片和父元素下边框之间的小空隙

7.1.3 设置图片提示信息和替换信息

为了能让用户了解网页上的图片所表示的内容，在用户将鼠标指针移到图片上时应弹出图片的相关描述信息（即提示信息）；而在浏览器加载慢或者其他原因导致图片不显示的时候，则应该在图片位置处显示图片的替换信息，这样在看不到图的情况下也大概知道图片所要描述的信息。要达到这些目的，需要对网页上的图片设置描述信息和替换信息。设置图片提示信息使用 title 属性，设置图片的替换信息使用 alt 属性。设置语法如下：

```
<img src=" 图片路径 " title=" 图片描述信息 " alt=" 图片替换信息 ">
```

语法说明：图片描述信息和替换信息可以包括空格、标点以及一些特殊字符。在实际使用时 title 和 alt 属性的值通常会设置一样。为了提高友好性，alt 属性一般都需要设置，而 title 属性可选。

注意：在较低版本的浏览器，如 IE7 及以下版本的浏览器，alt 属性可以同时设置图片的提示信息和图片的替换信息。但在各大浏览器的较高版本，如 IE8 及以上版本的浏览器中，图片的提示信息设置必须使用 title 属性，而图片的替换信息则必须使用 alt 属性来设置。所以为了兼容各种浏览器，设置图片的提示信息和替换信息时，应分别使用 title 和 alt 属性。

【示例 7-2】设置图片提示信息和替换信息。

```
<!doctype html>
<html>
<head>
<meta charset="utf-8" />
<title> 设置图片提示信息和替换信息 </title>
</head>
<body>
<img src="images/01.jpg"
   alt=" 此处显示图片无法下载时的替换信息 " title=" 此处显示图片提示信息 "/>
</body>
</html>
```

示例 7-2 代码使用 title 属性设置图片的提示信息，当鼠标移到图片时将弹出该信息。而 alt 属性设置的信息则是图片无法下载时显示的替换信息。运行结果如图 7-3 和图 7-4 所示。

图 7-3　鼠标指针移到图片上时显示提示信息

图 7-4　图片无法正常下载时显示替换信息

7.1.4 使用标签属性设置图片大小

使用 <img> 标签插入图片，默认情况下将插入原始大小的图片，如果想在插入图片时修改图片的大小，可以使用标签属性 height 和 width 或使用 CSS 实现。本节介绍使用标签属性修改图片大小，修改图片大小的语法如下：

```
<img src=" 图片文件路径 " width=" 宽度 " height=" 高度 ">
```

语法说明：宽度和高度为数值，单位是像素（px）。两个属性可以同时设置，也可以只设置其中一个。当只设置其中一个属性值时，另一个属性值会等比缩放。

【示例 7-3】设置图片大小。

```
<!doctype html>
<html>
<head>
<meta charset="utf-8" />
<title> 设置图片大小 </title>
</head>
<body>
  <img src="images/01.jpg"/>
  <img src="images/01.jpg" width="150"/>
  <img src="images/01.jpg" height="124"/>
  <img src="images/01.jpg" width="150" height="124"/>
</body>
</html>
```

示例 7-3 代码在页面中插入了 4 张图片，其中第 1 张插入的是原始图片（width: 452px, height: 374px），第 2 张图修改宽度为原来的 1/3，第 3 张图修改高度为原来的 1/3，第 4 张图同时修改宽度和高度都为原来的 1/3。运行结果如图 7-5 所示。

从图 7-5 中，可以看到，后面 3 张图的大小几乎完全一样，可见，只修改宽度 / 高度时，如果只设置其中一个属性，另一个属性会等比进行修改。

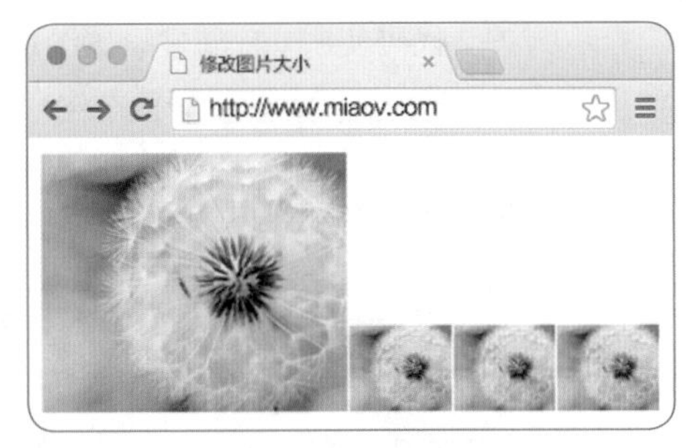

图 7-5　修改图片大小

注意：图 7-5 中各个图片之间存在一个空白区域，这是由行内元素换行所产生的一个空格，该空格宽度在不同浏览器中是不一样的，比如在 IE 中宽度为 4px，而在 Chrome 中则为 8px。

7.1.5 使用 CSS 设置图片样式

使用 CSS 可以设置图片的大小、边框、边距、对齐方式等样式，其中大小、边框、边距的样式使用盒子模型的相关属性设置，而图片的对齐方式又分水平对齐和垂直对齐，其中，水平对齐相对于包含的容器窗口来说的，主要是使用 text-align 属性（当窗口中只有图片时）或浮动和定位来实现（当图片周围有其他兄弟对象时。浮动和定位的使用请参见第 11、12 章），而垂直对齐则主要使用 CSS 属性 vertical-align 来设置。元素的 vertical-align 属性定义了行内元素的基线相对于该元素所在行的基线的垂直对齐。需要注意的是，vertical-align 属性设置的对齐方式只对显示方式为 inline（行内）、inline-block（行内块）和 table-tell（表格单元格）的元素有效，对 block（块）类型元素没有效。

注意：img、span 等元素是行内元素，div、p 等元素是块级元素。有关显示方式的内容请参见第 6 章。

vertical-align 属性的设置语法如下：

```
vertical-align: align_value;
```

语法说明："align_value" 参数用于指定垂直对齐方式，可取多种值，如表 7-2 所示。

表 7-2　垂直对齐参数值

参数值	描　述
length	以 px、em 等为单位的数值，可取正、负值。正值表示元素相对于基线升高指定值的距离，负值则降低指定值的距离。0px 等效于 baseline
%	相对于继承的 line-height 的百分数。可取正、负值。正、负值的作用参见上面的 length 值。0% 等效于 baseline
baseline	默认对齐方式。元素的基线与父元素的基线对齐
bottom	元素的底部与 line-box（行框）的底端对齐（每一行称为一个 line-box）
text-bottom	元素的底部与父元素的文本的底部对齐
middle	元素放置在父元素的中部（当元素不是单元格时，只有父元素为 table-cell 且父元素也设置为垂直居中时这个属性值才能体现元素垂直居中效果）
top	元素的顶部与 line-box（行框）的顶端对齐
text-top	元素的顶部与父元素的文本的顶部对齐

【示例 7-4】使用 vertical-align 设置图片垂直对齐方式。

```
<!doctype html>
<html>
<head>
<meta charset="utf-8" />
<title> 使用 css 设置图片的垂直对齐方式 </title>
<style>
img {
    width: 80px;
}
.img1 {
    vertical-align: text-bottom;/* 图片底部与周围文字的底部对齐 */
}
.img2 {
    vertical-align: text-top;/* 图片底部与周围文字的顶部对齐 */
}
.img3 {
    vertical-align: -15px;/* 使图片相对于基线下移 15px*/
}
</style>
</head>
<body>
  <p> 妙味课堂 x<img src="images/01.jpg" class="img0"/> 是 IT 前端培训品牌 ( 默认对齐方式 )</p>
  <p> 妙味课堂 x<img src="images/01.jpg" class="img1"/> 是 IT 前端培训品牌 (text-bottom 对齐 )</p>
  <p> 妙味课堂 x<img src="images/01.jpg" class="img2"/> 是 IT 前端培训品牌 (text-top 对齐 )</p>
  <p> 妙味课堂 x<img src="images/01.jpg" class="img3"/> 妙味课堂 ( 负值 :-15px)</p>
</body>
</html>
```

上述代码的运行结果如图 7-6 所示。

图 7-6 所示中，第 1 张图没有设置垂直对齐，使用默认的对齐方式，因此图片底部与基线即字母 x 的底部对齐；第 2、第 3 张图分别与文字的底部和顶部对齐；第 4 张图的垂直对齐属性值为 -15px，因而图片相对基线下移 15px。

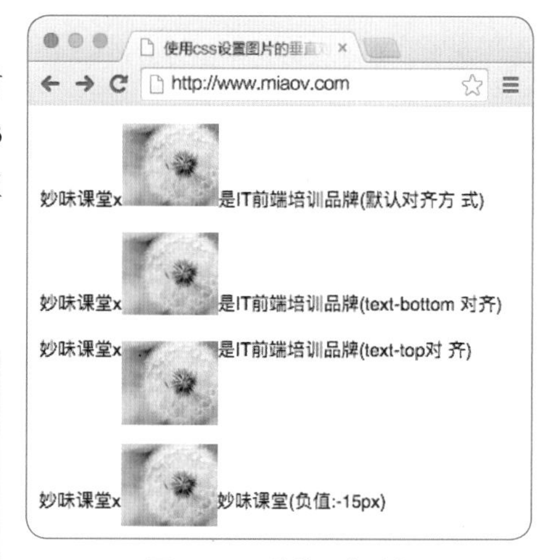

图 7-6　图片的垂直对齐

【示例 7-5】使用 CSS 设置图片的宽度、边框和外边距。

```
<!doctype html>
<html>
<head>
<meta charset="utf-8" />
<title> 使用 css 设置图片的样式 </title>
```

```
<style>
img { /* 设置所有图片的宽度和垂直对齐方式 */
    width: 100px;
    vertical-align: text-bottom;
}
.img1 { /* 设置图片的右外边距以及边框样式 */
    margin-right: 6px;
    border: 3px solid #00F;
}
.img2 { /* 设置图片上外边距样式 */
    margin-top: 20px;
}
</style>
</head>
<body>
  <div><img src="images/01.jpg" class="img1"/>使用 CSS 可以设置图片的大小、边框、边距、对齐方式等样式，
      其中大小、边框、边距的样式使用盒子模型的相关属性设置。
  </div>
  <div><img src="images/01.jpg" class="img2"/>使用 CSS 可以设置图片的大小、边框、边距、对齐方式等样式，
      其中大小、边框、边距的样式使用盒子模型的相关属性设置。</div>
</body>
</html>
```

上述 CSS 代码使用了盒子模型相应的属性对两张图设置了宽度、边框和外边距样式。运行结果如图 7-7 所示。

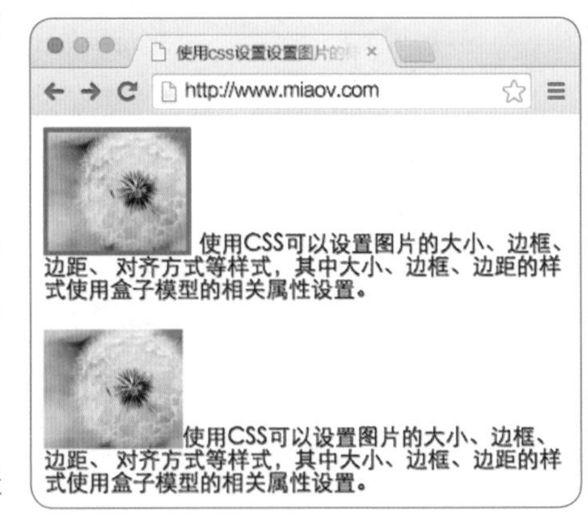

图 7-7　使用 CSS 设置图片的边框、宽度和外边距

7.2 使用列表标签创建列表

使用列表标签可以使相关的内容以一种整齐划一的方式排列显示。根据列表项排列方式的不同，可以将列表分为：有序列表、无序列表、定义列表和嵌套列表 4 大类。

7.2.1 创建有序列表

以数字或字母等可以表示顺序的符号为项目符号来排列列表项的列表，称为有序列表，如图 7-8 所示的热门排行榜就是使用了有序列表来排列各个项目。

1. 创建有序列表基本语法

创建有序列表需要使用 <ol> 和 <li> 两种标签，创建格式如下：

```
<ol>
   <li>列表项一</li>
```

```
        <li> 列表项二 </li>
        …
    </ol>
```

语法说明：有序列表首先需要使用 <ol> 标签声明，每个列表项使用一个 <li> 标签对设置，所有列表项需要在 <ol> 标签对之间设置。

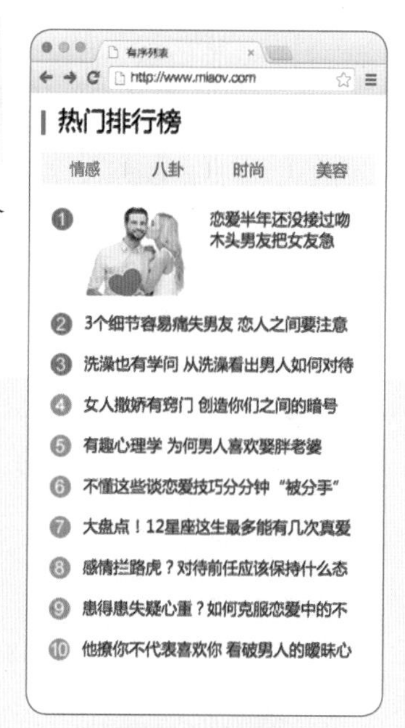

图 7-8 有序列表

【示例 7-6】创建一个简单的有序列表。

```
<!doctype html>
<html>
<head>
<meta charset="utf-8" />
<title> 创建有序列表 </title>
</head>
<body>
  <h3> 夏季时令水果 :</h3>
  <ol>
     <li> 西瓜 </li>
     <li> 桃子 </li>
     <li> 李子 </li>
   </ol>
</body>
</html>
```

上述代码的运行结果如图 7-9 所示。

图 7-9 显示了一个以阿拉伯数字来排序的包含 3 个列表项的有序列表。默认情况下，有序列表项前面的符号是阿拉伯数字。在实际应用中，我们可以根据需要将这个默认的项目符号修改为其他可以表示有序的符号，如字母或罗马数字。修改项目符号需要使用 <ol> 标签的 type 属性或使用相应的 CSS 列表属性（参见 7.2.5 小节介绍）。

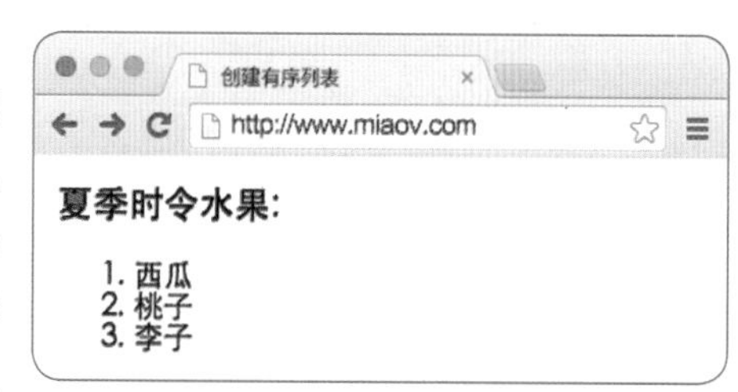

图 7-9 创建有序列表

2. 使用 type 属性设置项目符号

使用 <ol> 标签的 type 属性可以设置项目符号，设置语法如下：

```
<ol type=" 项目符号 ">
```

语法说明：在 <ol> 的开始标签中设置 type 属性，参数“项目符号”可取多种值，具体如表 7-3 所示。

表 7-3　type 属性值

属性值	描　述
1	项目符号为数字 1、2、3…（默认符号）
a	项目符号为小写字母 a、b、c…
A	项目符号为大写字母 A、B、C…
i	项目符号为小写罗马数字 i、ii、iii…
I	项目符号为大写罗马数字 I、Ⅱ、Ⅲ…

【示例 7-7】设置有序列表项目符号。

```
<!doctype html>
<html>
<head>
<meta charset="utf-8" />
<title> 设置有序列表项目符号 </title>
</head>
<body>
<h4> 数字列表 :</h4>
<ol>
   <li>Photoshop</li>
   <li>Illustrator</li>
   <li>CorelDraw</li>
</ol>
<h4> 小写字母列表 :</h4>
<ol type="a">
   <li>Photoshop</li>
   <li>Illustrator</li>
   <li>CorelDraw</li>
</ol>
<h4> 大写罗马数字列表 :</h4>
<ol type="I">
   <li>Photoshop</li>
   <li>Illustrator</li>
   <li>CorelDraw</li>
</ol>
</body>
</html>
```

上述代码创建了 3 个有序列表，其中第一个 <ol> 标签没有设置 type 属性，因而项目符号使用了默认的阿拉伯数字；第 2 个 <ol> 标签设置 type 属性值为“a”，因而项目符号使用了小写字母，第 3 个 <ol> 标签设置 type 属性值为“I”，因而项目符号为大写的罗马数字。运行结果如图 7-10 所示。

图 7-10　设置有序列表项目符号

7.2.2 创建无序列表

以无次序含义的符号（●、○、■等）为项目符号来排列列表项的列表，称为无序列表。图 7-11 所示的几个制图软件就是使用了无序列表来排列。

- Photoshop
- Illustrator
- CorelDraw

图 7-11　无序列表

1. 创建无序列表基本语法

创建无序列表需要使用 <ol> 和 <li> 两种标签，创建格式如下：

```
<ul>
   <li> 列表项一 </li>
   <li> 列表项二 </li>
   …
</ul>
```

语法说明：无序列表首先需要使用 <ul> 标签声明，所有列表项需要在 <ul> 标签对之间设置，每个列表项使用一个 <li> 标签对设置。

【示例 7-8】创建一个简单的无序列表。

```
<!doctype html>
<html>
<head>
<meta charset="utf-8" />
<title> 创建无序列表 </title>
</head>
<body>
  <h4> 早餐供应 :</h4>
  <ul>
    <li> 牛奶 </li>
    <li> 豆浆 </li>
    <li> 鸡蛋 </li>
    <li> 面包 </li>
    <li> 稀饭 </li>
  </ul>
</body>
</html>
```

上述代码的运行结果如图 7-12 所示。

图 7-12 显示了一个以圆点为项目符号的包含 5 个列表项的无序列表。默认情况下，无序列表项前面的符号是实心圆点。在实际应用中，我们可以根据需要将这个默认的项目符号修改为其他可以表示无序的符号，如小方块或空心圆点。修改项目符号需要使用 <ul> 标签的 type 属性或使用相应的 CSS 列表属性（参见 7.2.5 小节介绍）。

图 7-12　创建无序列表

2. 使用 type 属性设置项目符号

使用 <ul> 标签的 type 属性可以设置项目符号，设置语法如下：

```
<ul type=" 项目符号 ">
```

语法说明：在 <ul> 的开始标签中设置 type 属性，参数“项目符号”可取多种值，具体如表 7–4 所示。

表 7–4　type 属性值

属性值	描　述
disc	项目符号为实心圆点●（默认符号）
circle	项目符号为空心圆点○
square	项目符号为实心小方块■

【示例 7–9】设置无序列表项目符号。

```
<!doctype html>
<html>
<head>
<meta charset="utf-8" />
<title> 设置无序列表项目符号 </title>
</head>
<body>
<h4> 实心圆点列表 :</h4>
<ul>
    <li>Photoshop</li>
    <li>Illustrator</li>
    <li>CorelDraw</li>
</ul>
<h4> 空心圆点列表 :</h4>
<ul type="circle">
    <li>Photoshop</li>
    <li>Illustrator</li>
    <li>CorelDraw</li>
</ul>
<h4> 实心小方块列表 :</h4>
<ul type="square">
    <li>Photoshop</li>
    <li>Illustrator</li>
    <li>CorelDraw</li>
</ul>
</body>
</html>
```

上述代码创建了 3 个无序列表，其中第 1 个 <ul> 标签没有设置 type 属性，因而项目符号使用了默认的实心圆点；第 2 个 <ul> 标签设置 type 属性值为 “circle”，因而项目符号使用了空心圆点，第 3 个 <ul> 标签设置 type 属性值为 “square”，因而项目符号为实心小方块。运行结果如图 7-13 所示。

图 7-13　设置无序列表项目符号

注意：这部分的内容主要是让大家了解无序列表可通过 type 属性来设置列表项符号，实际应用中，不建议大家使用示例方法来设置列表项符号。这是因为无序列表提供的默认项目符号在不同浏览器中的样式会不一样，而且默认的符号相对也比较难看。实际应用中，一般都是通过 CSS 使用设计师设计好的图片来做列表项符号。

7.2.3 创建定义列表

定义列表用于对名词进行描述说明，是一种具有两个层次的列表，其中名词为第 1 层次，解释为第 2 层次。定义列表的列表项前没有任何项目符号，解释相对于名词有一定位置的缩进。图 7-14 所示的各个名词和后面的描述就是一个定义列表。

```
HTML:
    超文本标记语言
CSS:
    层叠样式表
Javascript:
    语法有点类似Java的脚本语言
```

图 7-14　定义列表示例

创建定义列表需要使用 <dl>、<dt> 和 <dd>3 种标签，创建定义列表的基本语法如下：

```
<dl>
<dt> 名词一 </dt>
    <dd> 解释 1</dd>
    <dd> 解释 2</dd>
    …
<dt> 名词二  </dt>
    <dd> 解释 1</dd>
    …
…
</dl>
```

语法说明：定义列表首先需要使用 <dl> 标签声明，然后在 <dl> 标签对中间使用 <dt> 标签定义需解释的名词，接着使用 <dd> 解释名词。一个名词可以有多条解释，每条解释使用一个 <dd> 标签对。

【示例 7-10】创建定义列表。

```
<!doctype html>
<html>
<head>
<meta charset="utf-8" />
<title> 创建定义列表 </title>
</head>
<body>
  <h4> 创建定义列表：</h4>
```

```
    <dl>
    <dt>Illustrator</dt>
       <dd>Adobe 公司出品 </dd>
       <dd> 矢量绘图软件 </dd>
    <dt>Freehand</dt>
      <dd>Mecromedia 公司出品，矢量绘图软件 </dd>
    <dt>CorelDraw</dt>
      <dd>Corel 公司出品，图形图像软件 </dd>
    </dl>
  </body>
  </html>
```

示例 7-10 上述代码的运行结果如图 7-15 所示。

图 7-15 定义了 3 个名词，每个名词下面包括一到多条说明，所有说明都显示在名词的下面并通过位置上的缩进来体现说明和名词之间的所隶属关系。

图 7-15　创建定义列表

7.2.4 创建嵌套列表

嵌套列表是指在一个列表项的定义中包含了另一个列表的定义，示例如下。

【示例 7-11】创建嵌套列表。

```
<!doctype html>
<html>
<head>
<meta charset="utf-8" />
<title> 创建嵌套列表 </title>
</head>
<body>
  <h4> 嵌套列表示例 :</h4>
  <ul>
    <li> 图像设计软件
       <ol>
          <li>Photoshop</li>
          <li>Illustrator</li>
         <li>CorelDraw</li>
       </ol>
    </li>
    <li> 网页制作软件
       <ul>
          <li>Dreamweaver</li>
          <li>Frontpage</li>
       </ul>
    </li>
```

```
      <li> 动画制作软件 </li>
    </ul>
  </body>
  </html>
```

示例 7-11 代码的运行结果如图 7-16 所示。

图 7-16 所示，外层定义了 3 个无序列表项，其中，前面两个无序列表项中又分别嵌套定义了一个有序列表和一个无序列表。

图 7-16　嵌套列表示例

7.2.5 使用 CSS 列表属性设置列表样式

从前面有序列表和无序列的示例中可以看到，在默认情况下，这些列表存在一些默认样式，比如：列表项前面都是有项目符号，而且每类列表的项目符号只能使用规定的符号；列表项目符号默认显示在列表项的外面，不占列表项宽度。有时这些默认样式不符合实际需要，而且很多默认样式在不同浏览器中显示效果不一致，这就需要开发人员在开发时重置这些默认样式。重置列表样式使用 CSS 列表属性。

CSS 列表属性主要用于设置列表项目类型，常用的列表属性如表 7-5 所示。

表 7-5　常用 CSS 列表属性

属　性	属性值	描　述
list-style	其他任意的列表属性值	简写属性。用于把所有用于列表的属性设置于一个声明中
list-style-type（设置列表项目类型）	disc	默认值，列表项目符号是“●”实心圆点
	circle	列表项目符号是“○”空心圆点
	square	列表项目符号是“■”实心方块
	decimal	列表项目符号是普通的阿拉伯数字
	lower-roman	列表项目符号是小写的罗马数字
	upper-roman	列表项目符号是大写的罗马数字
	lower-alpha	列表项目符号是小写的英文字母
	upper-alpha	列表项目符号是大写的英文字母
	none	列表项前没有任何的项目符号

注意： 上述列表中的两个属性在实际应用中，主要用来取消列表的默认样式，列表项目符号因为存在浏览器兼容问题，所以一般不需要使用属性设置，而是通过设置背景作为列表项目符号，示例如下。

【示例 7-12】 设置背景图片作为列表项目符号。

```
<!doctype html>
<html>
<head>
<meta charset="utf-8">
<title> 设置背景图片作为列表项目符号 </title>
</head>
<style>
ol, ul {
```

```
    list-style-type: none; /* 取消默认的列表项目符号 */
}
li { /* 使用背景图片作为列表项目符号 */
    padding-left: 12px;
    background: url(images/arrow.gif) no-repeat 0 50%;
}
</style></head>
<body>
  <ol><b> 网页制作软件（有序列表）: </b>
    <li>Dreamweaver</li>
    <li>FrontPage</li>
  </ol>
  <ul><b> 图像设计软件（无序列表）: </b>
    <li>Photoshop</li>
    <li>Illustrator</li>
    <li>CorlDraw</li>
  </ul>
</body>
</html>
```

上述 CSS 代码首先分别使用 list-style-type 属性取消了有序列表和无序列表的项目符号，然后使用对 <li> 元素设置背景图片，使用背景图片作为列表项目符号。上述代码在 Chrome 浏览器中的运行结果如图 7-17 所示。

图 7-17　设置背景图片作为列表项目符号

7.2.6 使用列表和列表属性创建纵向菜单

在实际项目中，导航菜单经常使用无序列或有序列来创建。这两类列表默认情况下都会显示项目符号，而菜单一般不需要显示这个符号，所以使用列表来创建菜单时，应使用 CSS 列表属性取消项目符号。示例 7-13 演示了使用列表和列表属性如何创建纵向菜单。

【示例 7-13】使用列表和列表 CSS 属性创建纵向菜单。

```
<!doctype html>
<html>
<head>
<meta charset="utf-8">
<title> 使用列表及列表 CSS 属性创建纵向菜单 </title>
<style>
body {
    margin: 10px;
    font-size: 12px;
    text-align: center;
    font-family: Verdana, Geneva, sans-serif;
}
```

```
#menu{
    width: 100px;
    border: 1px solid #ccc;/* 设置菜单容器 div 的边框 */
}
#menu ul {
    margin: 0px; /*ul 上、下外边距默认为 12px，重置 ul 的默认外边距样式 */
    padding: 0px;/*ul 的左内边距默认为 40px，重置 ul 的默认内边距样式 */
    list-style-type: none;/* 取消列表项的项目符号 */
}
#menu ul li {
    padding: 12px 0px;/* 设置列表项与边框的上、下内边距为 12px，左、右内边距为 0*/
    background: #eee;
    border-bottom: 1px solid #ccc;/* 设置列表项的下边框 */
}
#menu ul li.last {
    border-bottom: 0px; /* 将最后一个列表项的下边框取消 */
}
a:link { /* 使用伪类设置未访问状态样式 */
    color: #000;
    text-decoration: none;
}
a:hover { /* 使用伪类设置鼠标选停状态样式 */
    color: #f00;
}
</style>
</head>
<body>
  <div id="menu">
    <ul>
     <li><a href="#">菜单项 1</a></li>
        <li><a href="#">菜单项 2</a></li>
        <li><a href="#">菜单项 3</a></li>
        <li><a href="#">菜单项 4</a></li>
        <li><a href="#">菜单项 5</a></li>
        <li class="last"><a href="#">菜单项 6</a></li>
     </ul>
  </div>
</body>
</html>
```

ul 元素默认存在 12px 的上、下边距和 40px 的左内边距，这些属性值对菜单样式有很大的影响，因此应取消它们。上述 CSS 代码通过 #menu ul 选择器将 ul 的内、外边距全部重置为 0。

无序列表默认会显示实心圆点，通过 list-style-type:none，使无序列表不显示项目符号。另外，div 元素设置了边框线，li 元素也设置了下边框线，这样最下面的 li 元素的下边框线就会和 div 元素的下边框线合成一个 2px 的下边框线，如图 7-18 所示。为此应取消最下面的 <li> 的下边框线，上述 CSS 代码通过 #menu ul li.last 选择器将最下面的 <li> 的下边框线设为 0 覆盖之前的设置来达到这个需求，如图 7-19 所示。

图 7-18　纵向菜单下边框线为 2px

图 7-19　纵向菜单下边框线为 1px

7.2.7 使用列表和 display:inline 创建横向菜单

<ul> 和 <li> 是块级元素，默认情况下，<li> 是从上往下垂直排列的，我们可以使用 display:inline 修改 <li> 的这种排列方式，使它按从左往右的方式在同一行中显示。在实际应用中，我们常常利用 <li> 的这个特点配合列表元素和列表属性来创建横向菜单，示例如下。

【示例 7-14】使用列表和 display:inline 样式创建横向菜单。

```
<!doctype html>
<html>
<head>
<meta charset="utf-8">
<title> 使用列表和 display:inline 样式创建横向菜单 </title>
<style>
body {
    margin: 0;/* 重置 body 的外边距为 0*/
    font-size: 12px;
    text-align: center;
    font-family: Verdana, Geneva, sans-serif;
}
#menu {
    width: 450px;
}
#menu ul {
    padding: 0;/* 重置 ul 的内边距为 0*/
    margin: 0;/* 重置 ul 的外边距为 0*/
    background: #eee;
    list-style-type: none;/* 取消列表项前面的标记符号 */
}
#menu ul li {
    display: inline;/* 将块级元素的 li 修改为行内元素 */
```

```
    padding: 0 12px;
    line-height: 36px;
    border-right: 1px solid #ccc;
}
#menu ul li.last {
    border-right: 0px;/* 取消菜单中最右边的边框线 */
}
a:link {
    color: #000;
    text-decoration: none;
}
a:hover {
    color: #f00;
}
</style>
</head>
<body>
  <div id="menu">
    <ul>
     <li><a href="#">菜单项 1</a></li>
        <li><a href="#">菜单项 2</a></li>
        <li><a href="#">菜单项 3</a></li>
        <li><a href="#">菜单项 4</a></li>
        <li><a href="#">菜单项 5</a></li>
        <li class="last"><a href="#">菜单项 6</a></li>
     </ul>
  </div>
</body>
</html>
```

Body 元素默认存在 8px 的外边距，ul 元素默认存在 40px 的左内外边距以及 12px 的上、下外边距，要取消这些默认样式，就需要分别重置 body 的 margin 为 0，以及 ul 的 padding 和 margin 为 0。另外，为了将纵向排列的各个列表项变成横向排列，需要将列表项由块级元素变为行内元素，为此，代码中对 li 元素使用了 display:inline 样式代码来修改其类型。另外，li 元素设置显示右边框线，这样最右面的菜单项将显示一条边框线，如图 7-20 所示，这样的效果很难看，应取消最右边的 li 的右边框线。上述 CSS 代码通过 #menu ul li.last 选择器将最右边的 li 的边框线设为 0 覆盖之前的设置来达到这个需求，如图 7-21 所示。

图 7-20　横向菜单最右边显示边框线

图 7-21　横向菜单最右边没有显示边框线

7.2.8 使用列表和 display:inline-block 实现图文横排

使用列表以及 display:inline-block 样式代码还可以实现图文横排效果，示例如下。

【示例 7-15】使用列表和 display:inline-block 样式实现图文横排。

```
<!doctype html>
<html>
<head>
<meta charset="utf-8">
<title>使用列表和 display:inline-block 样式实现图文横排 </title>
<style>
body {
    margin: 0;/* 重置 body 的外边距为 0*/
    font-size: 12px;
    text-align: center;
    font-family: Verdana, Geneva, sans-serif;
}
#pic {
    width: 600px;
    margin: 0 auto;/* 实现 div 内容在浏览器窗口中水平居中 */
}
#pic ul {
    padding: 0;/* 重置 ul 的内边距为 0*/
    margin: 0;/* 重置 ul 的外边距为 0*/
    background: #eee;
    list-style-type: none;/* 取消列表项前面的标记符号 */
}
#pic ul li {
    margin: 10px 20px;
    display: inline-block;/* 将块级元素的 li 修改为行内块元素 */
}
</style>
</head>
<body>
  <div id="pic">
    <ul>
        <li><img src="images/cup.gif"/><br/>cup1</li>
        <li><img src="images/cup.gif"/><br/>cup2</li>
        <li><img src="images/cup.gif"/><br/>cup3</li>
        <li><img src="images/cup.gif"/><br/>cup4</li>
        <li><img src="images/cup.gif"/><br/>cup5</li>
        <li><img src="images/cup.gif"/><br/>cup6</li>
    </ul>
  </div>
</body>
</html>
```

body 元素默认存在 8px 的外边距，ul 元素默认存在 40px 的左内外边距以及 12px 的上、下外边距，要取消这些默认样式，就需要分别重置 body 的 margin 为 0，以及 ul 的 padding 和 margin 为 0。为了将纵向排列的各个列表项变成横向排列，同时可调节各个横向排列的列表的 4 个方向的外边距，需要将块级元素的 li 变为行内块级元素，为此，代码中对 li 元素使用了 display:inline-block 样式代码来修改其类型。另外，为了让图文在浏览器窗口中水平居中，对图文的容器 div 设置了 margin:0 auto，即 div 的上、下外边距为 0，左、右外边距自动调整。上述代码在 Chrome 浏览器中运行的结果如图 7-22 所示。

图 7-22　使用列表及列表 CSS 属性实现图文横排效果

注意： 图 7-22 中相邻两个图片之间的水平间距大概为 44px（= 左边图片的右外边距 20px+ 右边图片的左外边距 20px+ 源代码换行后产生的空格 4px），垂直间距为 20px（= 上面图片的下外边距 10px+ 下面图片的上外边距 10px）。读者不妨使用 Photoshop 中测量工具来验证一下这些间距值的正确与否。

练习题

请运用所学知识点，完成图 7-23 所示的 2 个练习。

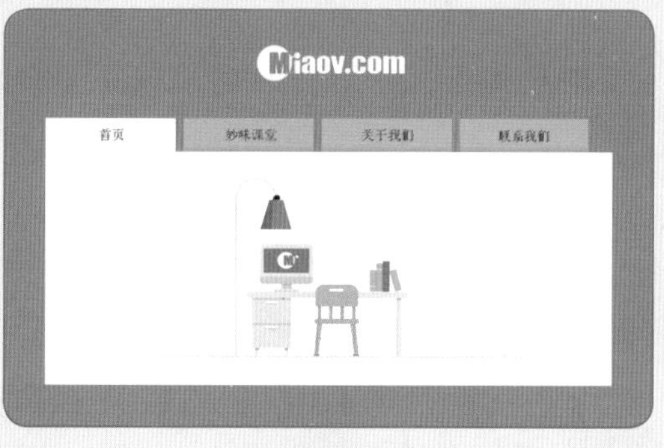

练习题 1

练习题 2

图 7-23

Chapter 8

第8章 使用超链接构建信息间的连接关系

看文字太累？那就看视频！

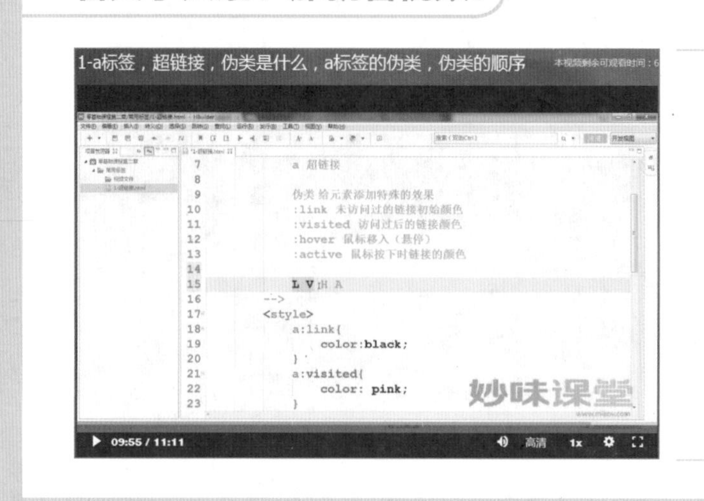

妙味视频

遇到困难？去社区问高手！

技术交流社区

在互联网的信息世界里，“超链接”的核心作用毋庸置疑。正是在“超链接”的构建下才能创造出体系庞大的互联网虚拟世界。

我们在网上冲浪时，常常需要单击一些文本或图片，以实现页面或位置的跳转。通过单击文本或图片对象，实现从一个页面跳到另一个页面，或从页面的一个位置跳到另一个位置的功能称为超链接，简称链接。超链接是一个网站的灵魂，一个网站，如果没有超链接或者超链接设置不正确，将很难或根本无法完整地实现网站功能。

8.1 使用 <a> 标签创建链接

链接要能正确地进行链接跳转，需要同时存在两个端点，即源端点和目标端点。源端点是指网页中提供链接单击的对象，如文本或图像；目标端点是指链接跳过去的页面或位置，如某网页、书签等。

8.1.1 创建链接的基本语法

创建链接需要使用 <a> 标签，目标端点需要使用 <a> 标签的 href 属性来指定，源端点则通过 <a> 标签的内容来指定。创建有效的超链接，除了需要使用 href 属性外，还常常需要用到其他一些相关的属性。表 8-1 描述了 <a> 标签常用的一些属性。

表 8-1　<a> 标签常用属性

属　性	描　述
href	必设属性。用于指定链接路径，用于设置超链接的目标端点
target	定义目标窗口
title	定义链接提示信息。当鼠标移到源端点时会弹出该提示信息

使用 <a> 标签创建超链接的基本语法如下：

```
<a href="链接路径"> 文本 / 图片 </a>
```

语法说明：链接的目标端点使用“链接路径”来表示，“文本 / 图片”为源端点。超文本引用（Hypertext Reference，href）用于指定链接路径，取值可以是绝对路径、相对路径和锚点。Href属性可取多种值，如表8-2所示。

表 8-2　href 属性值

属　性	描　述
""（引号内没有任何内容）	在 Chrome 浏览器中跳转到当前页面的顶部
#	跳转到当前页面的顶部
javascript:...;	执行 javascript 后面指定的脚本
URL	跳转到指定的页面

注意： "" 和 "#" 都是跳转到页面顶部，但含义是不相同的。前者表示查询（search）值，后者则表示锚点（hash）。

【示例 8-1】 在网页中创建一个简单的链接。

```
<!doctype html>
<html>
<head>
<meta charset="utf-8" />
<title> 在网页中创建一个简单的链接 </title>
```

```
</head>
<body>
  <a href="http://www.miaov.com">妙味课堂 </a>
</body>
</html>
```

示例 8-1 代码的运行结果如图 8-1 所示。

单击图 8-1 中的链接文本“妙味课堂”后窗口显示链接路径“http://www.miaov.com”所指向的页面，如图 8-2 所示。

图 8-1　在网页中创建超链接

图 8-2　打开的链接页面（链接目标端点）

8.1.2 设置链接目标窗口

链接页面在默认情况下是在当前窗口打开的，如图 8-2 显示的页面就在图 8-1 所示的窗口中打开。有时为了某种目的，希望链接页面在其他窗口，如新开一个窗口中打开，此时我们创建链接时就必须修改它的目标窗口。目标窗口的修改通过 target 属性来实现。

target 属性设置目标窗口的语法如下：

```
<a href="链接路径" target="目标窗口名称">文本 / 图片 </a>
```

语法说明：target 属性可取多个不同的值，常用值如表 8-3 所示。

表 8-3　target 属性常用值

属性值	描　述
_blank	新开一个窗口打开链接文档
_self	在同一个框架或同一窗口中打开链接文档（默认属性值）
_parent	在上一级窗口中打开，一般在框架页面中经常使用
_top	在浏览器的整个窗口中打开，忽略任何框架
框架名称	在指定的浮动框架窗口中打开链接文档

【示例 8-2】设置链接目标窗口。

本示例主要演示新开一个窗口和当前窗口作为目标，浮动框架作为链接目标的示例请参见第 8.6.3 小节中的示例 8-12。

```
<!doctype html>
<html>
<head>
<meta charset="utf-8" />
<title> 设置链接目标窗口 </title>
</head>
<body>
    <p><a href="http://www.miaov.com" target="_self">_self 目标窗口 </a></p>
    <p><a href="http://www.miaov.com" target="_blank">_blank 目标窗口 </a></p>
    <p><a href="http://www.miaov.com"> 默认目标窗口 </a></p>
</body>
</html>
```

上述代码运行的结果如图 8-3~ 图 8-6 所示。

图 8-3　页面运行后的最初效果

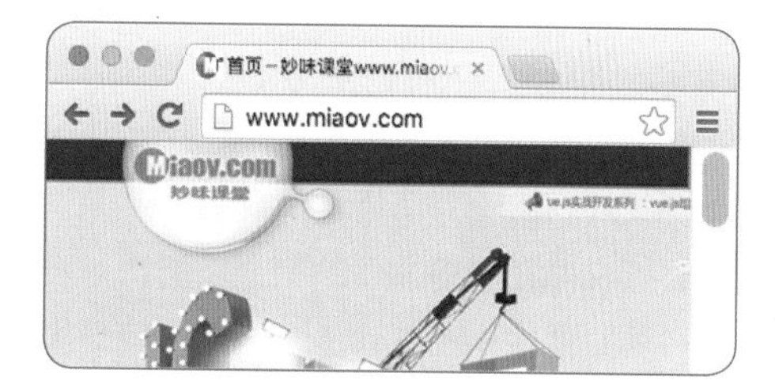

图 8-4 “_self 目标窗口”链接效果

图 8-5 “_blank 目标窗口”链接效果

图 8-6“默认目标窗口”链接效果

在“_self 目标窗口”和“默认目标窗口”中打开的链接页面时，浏览器窗口中的“后退”键可用，可以通过单击后退键回到超链接页面。而“_blank 目标窗口”打开的链接页面中，浏览器窗口中的“后退”键不可用。

8.1.3 链接路径的设置

链接路径的正确与否，将决定超链接是否有效，所以链接路径的设置特别要注意。链接路径包括绝对路径和相对路径两类。这两类路径不仅出现在链接的目标端点中，而且在网页中所有需要引用文件的地方，都会用到，例如在前面介绍的 CSS 样式表用到的背景图片，就会使用到相对路径或绝对路径；在 HTML 页面中链接外部 CSS 文件，同样会使用相对路径或绝对路径。这里介绍的路径的设置，适用于网页所有引用文件，包括链接目标端点所指的链接文件、外部 CSS 文件、外部 JS 文件以及背景图片等文件。

1. 相对路径

所谓相对路径，表示路径的指定需要参照物，并以这个参照物为起点去找目标文件。在相对路径中，这个参照物就是当前文件，即谁引用文件，谁就是参照物。所以相对路径的含义，具体来说就是：以引用文件的网页所在的位置为参考基础建立起来的路径。保存于不同目录的网页引用同一个文件时，所使用的路径将不相同，这也正是称之为“相对”的原因所在。

假设 index.html 和 about.html 两个文件保存在同一文件夹中，现希望在 index.html 页面设置对 about.html 的链接，要求使用相对路径来指定链接路径，应如何设置链接路径呢？以 index.html 文件为起点开始找 about.html，由于两个文件保存在同一目录中，因此直接找到文件名就找到了链接文件，因而在超链接标签中的 href 属性直接设置为 about.html 为链接路径就可以了，代码如下所示：

```
<a href="about.html">关于我们</a>
```

使用相对路径时，当前文件和链接文件在同一目录下时，链接路径就是链接文件名。如果两个文件不在同一目录下，链接路径又该如何来设置呢？此时需要分清两个文件的位置关系。总得来说，两个文件之间的位置关系不外乎就以下 3 种关系。

（1）两文件在同一目录下。

（2）链接文件在当前文件的某个下层目录中。

（3）链接文件在当前文件的某个上层目录中。

这些位置在路径中使用特定的符号来代表，如表 8-4 所示。

表 8-4　文件位置的路径表示符号

符　号	含　义
“.” 或 “./”	表示当前目录
“..”（两个点）	表示当前目录的父目录
“/”	进入下一层目录，如果是下两层目录，则表示为：目录 1/ 目录 2/，其他层目录依此类推
“../”	代表上一层目录，如果是上两层目录，则表示为：../../，依此类推

下面，以 CSS 样式代码设置背景图片为例，介绍一下上述各个路径符号的使用。

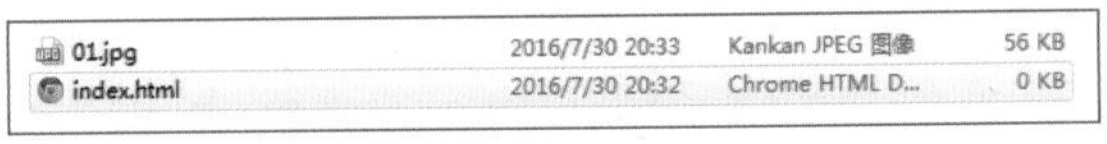

示例 1：页面和图片在同一目录，如图 8-7 所示。

图 8-7　当前文件和图片在同一目录下

分析：为了方便大家查看，我们将 CSS 样式写在了 index.html 页面中，所以在 CSS 代码引入图片的时候，是从 index.html 页面出发找 01.jpg。HTML 页面和图片在同一目录，直接引入图片文件名 01.jpg 就可以了，样式代码如下所示：

```
background:url(01.jpg);
```

在做项目时，图片会很多，如果图片和页面都放在同一层，文件会显得很乱。通常情况下会单独新建一个文件夹专门用来放图片，这时页面的背景路径又是怎样的呢？答案请参见示例 2。

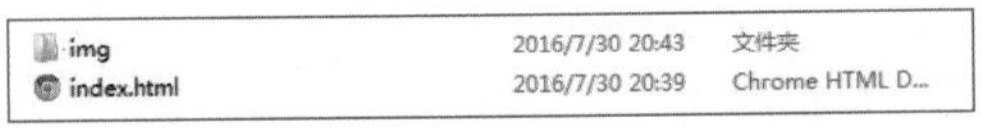

示例 2：文件在下一级目录 img 中，如图 8-8 所示。

图 8-8　图片在当前文件的下一级目录中

分析：背景路径还是从 index.html 出发找 01.jpg。首先要找到 img 文件夹，img 文件夹和 HTML 页面是同级关系，然后由 img 进入目录查找其文件，所以在 img 后面使用符号“/”表示进入 img 目录。进入 img 目录后找到目录下的 01.jpg 图片，因而路径可写成：img/01.jpg，因此样式代码如下：

```
background:url(img/01.jpg);
```

在实际开发中，常常会在 HTML 文件中链接外部 CSS 文件。如果外部 CSS 文件和它要引入作为背景的图片在同一级的不同的两个目录中。此时在 CSS 文件中的背景路径该如何设置呢？答案请参见示例 3。

示例 3：外部样式表文件在 CSS 目录中，图片在 img 文件夹中，如图 8-9 所示。

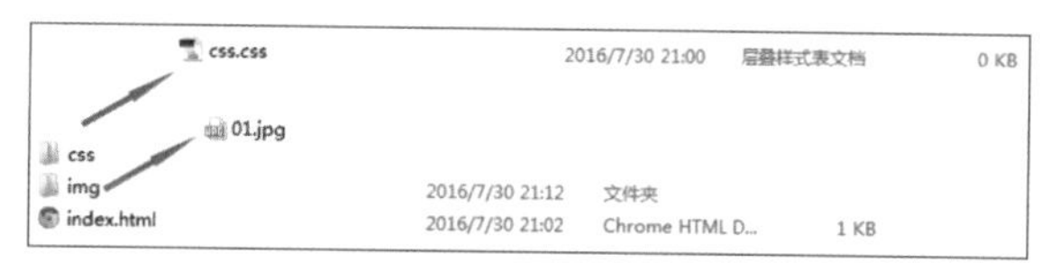

图 8-9　CSS 文件和图片分别在 index.html 上一层目录中

分析：页面的样式写在外部的 CSS 文件中，所以我们从 css.css 文件中去找 01.jpg 图片。首先从 css.css 文件出发，由于 css.css 所在目录没有图片，因此它必须使用符号“../”返回上一级目录。在上一级目录中找到 img 目录，然后使用符号“/”由 img 进入目录查找其文件，进入 img 目录后找到目录下的 01.jpg 图片。因而最终的路径可写成：../img/01.jpg，在 css.css 文件中的样式代码如下所示：

```
background:url(../img/01.jpg);
```

通过上述 3 个示例，我们可以总结相对路径的写法如下。

（1）当前文件和被引用文件在同一目录下，相对路径直接为引用文件的文件名。

（2）引用文件在当前文件的下一级目录中，相对路径为：下一级目录名 / 引用文件名。

（3）引用文件在当前文件的上一级目录中，相对路径为：../ 引用文件名。

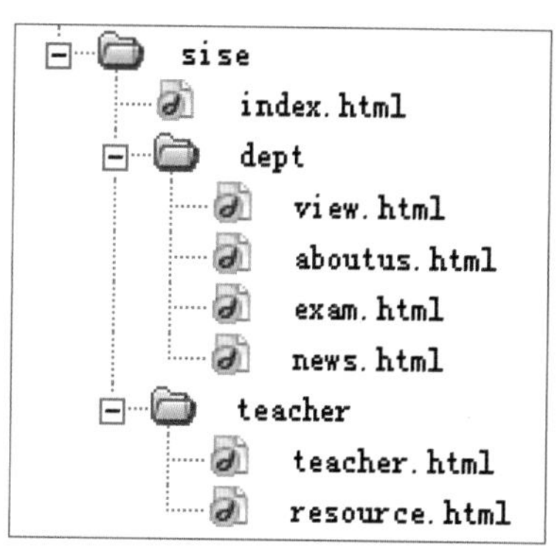

图 8-10　网站文件结构图

思考：对图8-10所示的文件结构，如何实现以下要求的链接路径设置？

（1）从 teacher.html 链接到 resource.html 的链接设置。

（2）从 index.html 链接到 view.html 的链接设置。

（3）从 exam.html 链接到 index.html 的链接设置。

2. 绝对路径

所谓绝对路径，是指一个文件的完整路径。相对于相对路径需要参照物的要求，绝对路径不需要参照物。不管谁来引用文件，所使用的路径都是一样的，这也是绝对路径之所以称之为“绝对”的原因所在。绝对路径有两种展现形式，一种是网页的网址，另一种是目录在本地硬盘上的地址。

① 路径为网页的网址，示例如下：

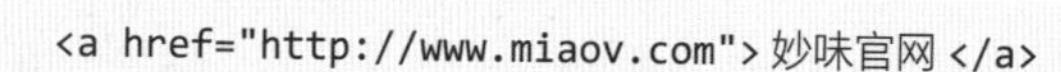

```
<a href="http://www.miaov.com">妙味官网 </a>
```

上述示例中，href 引入的是互联网网站的网址："http://www.miaov.com"，这个 URL 就是一个绝对路径。

② 目录在硬盘上的地址，示例如下：

```
<a href="c:/myfile/index.html">妙味官网 </a>
```

上述示例中，href 引入的是"c:/myfile/index.html"，该路径就是一个绝对路径。

至此，我们已了解了相对路径和绝对路径的写法。这两种路径，各有自己的特点和用处，但在实际项目中，不建议使用绝对路径，主要是因为，使用绝对路径，需要把文件所在的存储路径完整的写出来，这种书写方式一方面比较麻烦，另一方面也是最重要的原因就是这种写法很有可能导致引用的文件找不到。下面通过两个应用场景来说明这个问题。

场景一：在 E 盘的 file 文件夹中有 img01.png 图片，如果使用"E:/file/img01.png"来指定背景图片的位置，在自己的计算机上浏览可能会一切正常，但是上传到 Web 服务器上浏览很有可能不会显示图片了。因为上传到 Web 服务器上时，可能整个网站并没有放在 Web 服务器的 E 盘，有可能是 D 盘或 H 盘。即使放在 Web 服务器的 E 盘里，Web 服务器的 E 盘里也不一定会存在"E:/file"这个目录，因此在浏览网页时是不会显示图片的。

场景二：项目需要引入网络上一张漂亮的图片，链接地址为

http://d.hiphotos.baidu.com/image/pic/item/38dbb6fd5266d01622b0017d9f2bd40735fa353d.jpg

直接使用网址来引用文件，这种方法的确省事不少，但这种做法具有不稳定性，如果该网址不存在了或者图片改变了，那我们引用的图片就会跟着消失或改变。

为了避免上述情况的发生，我们一般会将图片保存到本地，然后使用相对路径引入。

从上面两个应用场景来看，使用绝对路径确实会带有很大的问题。那是不是就说绝对路径就一无是处了呢？当然不是，通常在网页中会使用网址形式的绝对路径，而且一般这个网址是相对于当前站点的，不过，通常不会显式在网页中写这个网址，而是通过在网页中使用我们下一节将介绍的 <base> 标签来设置网址的基准 URL 为"网络协议 + 主机名（域名）+ 端口号 + 虚拟目录"（例如：http://www.miaov.com:8080/mv），这个路径其实代表了站点根目录"/"，这时，网页中的所有引用文件只需使用相对于站点根目录的相对路径就可以了，此时引用文件中完整路径等于基准 URL+ 相对路径 。使用 <base> 设置基准 URL 后，相对路径中将只包含上述文件位置关系中的前 2 种，第 3 种位置将不会出现，如果出现了将一定不会找到文件的，这个大家不妨测试验证一下。 使用基准 URL 加相对路径的方式给我们带来了很大的方便，因为此时我们不用关心文件之间的位置关系，只需按照它们在网站中的目录结构直接写路径即可。注意：当端口号设置为 80 时，URL 可以省略端口号；另外，当我们把网站部署到 Web 服务器的 webRoot 中时，还可以省略虚拟目录，这样上面那个基准 URL 就变为：http://www.miaov.com 了。

8.2 使用 <base> 标签设置链接基准 URL

在 8.1.3 小节的最后一段内容讲到了使用 <base> 标签可以设置链接文件的链接基准 URL，其实网页中所有需要引用文件的地方都可以使用这个基准 URL，包括 <a>、<img>、<link>、<form> 等标签中的引用文件，甚至 CSS 中的背景图片。<base> 中设置的 URL 可以是引用文件路径前面部分的任意内容。通常的做法

是，当一个网页中 <a>、<img>、<link>、<form> 等所有包含文件路径的标签中的 URL 的前面部分都是一样时，我们可以将 URL 这个公共的部分提取出来放到 <base> 中进行设置。另外，<a>、<form> 等标签的链接目标窗口大部分相同时，我们也可以将这个公共的目标放到 <base> 标签中进行设置，而不必分别在每个标签中一一设置。

<base> 标签设置基准 URL 的基本语法如下：

```
<base href="..." target="..."/>
```

语法说明：<base> 标签是单标签。<base> 标签在一个文档中，最多只能出现一次，而且必须放到 <head> 标签对内。它有 href 和 target 两个属性，使用 <base> 标签时必须至少设置一个属性。<base> 标签的属性介绍如表 8-5 所示。

表 8-5　<base> 标签属性取值及含义

属　性	属性值	描　述
href	URL	规定作为基准的 URL
target	_blank	该属性的各个值和 <a> 标签的 target 属性的各个值的含义完全一样。该属性规定打开页面上的链接，它会被每个链接中的 target 属性覆盖
	_parent	
	_self	
	_top	
	framename	

下面使用示例 8-3 演示在网页中插入妙味官网中的一张图像以及链接到该网站中的某个页面。

【示例 8-3】使用 <base> 标签设置引用文件的基准 URL。

```
<!doctype html>
<html>
<head>
<base href="http://www.miaov.com"/>
<meta charset="UTF-8">
<title>使用<base>标签设置基准 URL</title>
</head>
<body>
   <a href="index.php/course/coursedetail/cid/22">JavaScript 资深全栈 Web 工程师进阶课程 </a></p>
   <img src="static/ie/images/index/qizhongbi.png"/>
</body>
</html>
```

上述代码中使用了 <base> 标签设置引用文件的基准 URL，因而链接文件路径应为“http://www.miaov.com/index.php/course/coursedetail/cid/22”，插入的图像路径应为“http://www.miaov.com/static/ie/images/index/qizhongbi.png”。运行结果如图 8-11 和图 8-12 所示。

图 8-11　运行后的最初状态

图 8-12　单击左图链接后跳转到的页面

注意：Chrome 浏览器默认会省略链接路径中的网络协议”http”，而 IE 则能显示。

8.3 链接的类型

根据链接目标端点以及源端点的内容，我们可以将链接分成不同的类型。

（1）根据目标端点的内容，可将链接分成以下 5 种类型。

- 内部链接。
- 外部链接。
- 书签（锚点）链接。
- 脚本链接。
- 文件下载链接。

（2）按照源端点的内容，可将链接分成以下 3 种类型。

- 文本链接。
- 图像链接。
- 图像映射。

1. 内部链接

内部链接是指在同一个网站内部，不同网页之间的链接关系。基本设置语法如下：

```
<a href="file_url"> 文本 / 图片 </a>
```

语法说明：“file_url” 表示链接文件的路径，使用相对路径。

示例代码如下：

```
<a href="index.html"> 首页 </a>
```

2. 外部链接

外部链接是指跳转到当前网站外部，和其他网站中的页面或其他元素之间的链接关系。基本设置语法如下：

```
<a href="URL">文本/图片</a>
```

语法说明："URL"表示链接文件的路径，该路径需要使用以网址形式表示的绝对路径。

常用的 URL 格式如表 8-6 所示。

表 8-6　常用 URL 格式

URL 格式	描　述
http://	进入万维网
mailto:	启动邮件发送系统
ftp://	进入文件传输服务器
telnet://	启动远程登录方式
news://	启动新闻讨论组

表 8-6 中，除了发送邮件的 URL 设置较复杂外，其他的 URL 的使用都比较简单，下面主要介绍一下发送邮件的 URL。

邮件链接设置基本语法如下：

```
<a href="mailto:邮址1?subject=content&cc=邮址2&bcc=邮址3">文本/图片</a>
```

语法说明：邮址 1 代表收件人邮箱地址，subject 属性用于设置邮件主题，cc 属性用于设置抄送邮箱地址，bcc 属性用于设置暗抄送邮箱地址。注意："?"和"&"两个符号后面都不能包含空格。

示例代码如下：

```
<a href="http://www.163.com">网易首页</a>
<a href="mailto:nch@163.com?subject=咨询&cc=tom.126.com">联系我们</a>
```

3. 书签（锚点）链接

<a></a> 标签除了可以实现在页面之间跳转外，用户还可以实现在页面中进行位置之间的跳转。这样的链接称为书签链接或锚点链接。书签链接指的是目标端点为网页中的某个书签（锚点）的链接。最常见的书签链接就是电商页面的"返回顶部"效果，当页面滑到最底层时，单击"返回顶部"，页面会滑到最顶层。

创建书签链接包括以下两个步骤。

第一步 创建书签

在 HTML5 中直接使用 id 属性创建书签，即 id 属性值就是书签名。

我们知道，每个人的身份证可以唯一标识一个人。其实网页中的元素也可以有身份证，这个身份证就是元素的 id 属性。为了唯一标识每一个元素，每个 id 属性值在页面中必须唯一，这样找到 id 就找到了元素以及元素的位置。因为 id 可以唯一标识一个元素，所以在实际应用中经常使用 id 来定位元素，这个功能主要体现在 3 个方面的应用：一是用 id 来表示选择器，二是用 id 来表示锚点，三是在 JS 的 DOM 中使用 id 查找元素。

第二步 创建书签链接

- 内部书签链接：链接到同一页面中的书签。创建语法如下：

```
<a href="# 书签名 "> 源端点 </a>
```

- 外部书签链接：链接到其他页面中的书签。创建语法如下：

```
<a href="file_url# 书签名 "> 源端点 </a>
```

语法说明：如果书签与书签链接在同一页面，则链接路径为 # 号加上书签名；如果书签和书签链接分处在不同的页面，则必须在 # 号前加上书签所在的页面路径。

例如在 01.html 中有一个 <a> 标签，单击 <a> 标签中的源端点，页面跳转到同目录下的 02.html 中的 top 书签所在的位置，该功能需要实现一个外部书签链接，代码如下：

```
<a href="02.html#top"> 返顶点 </a>
```

【示例 8-4】创建书签链接。

```
<!doctype html>
<html>
<head>
<meta charset="utf-8" />
<title> 创建书签链接 </title>
</head>
<body>
  <p id="HTML">HTML 教程 </a>
  <p><a href="#fst"> 第 1 章  HTML 基础 </a></p>
  <p><a href="#snd"> 第 2 章  页面的头部标签 </a></p>
  <p><a href="#thd"> 第 3 章  页面的主体标签 </a></p>
  ...
  <p>
    <h3 id="fst"> 第 1 章   HTML 基础 </h3>
    这一章中主要介绍了一些 HTML 的相关概念、Web 标准、HTML 文件、XHTML 基础以及
    网站的建设流程等内容。
  </p>
  <pre>
   ...

  </pre>
  <p>
    <h3  id="snd"> 第 2 章  页面的头部标签 </h3>
    这一章主要介绍了 &lt;title&gt; 标题标签、&lt;meta&gt; 元信息标签以及 &lt;base&gt; 标签。
  </p>
```

```
    <pre>
     ...

    </pre>
    <p>
      <h3 id="thd">第 3 章  页面的主体标签 </h3>
      这一章主要介绍了如何使用 &lt;body&gt; 来设置网页的属性，其中包括网页文字颜色的设置、网页背景颜色的设置
      和网页边距的设置等内容。
    </p>
    <pre>
     ...

    </pre>
    <a href="#HTML">返 回 </a>
  </body>
  </html>
```

上述代码黄色字体处分别创建了一个书签，而蓝色字体处则分别创建了一个书签链接。这样当单击对应书签链接时，当前窗口中将会立即显示书签所对应的内容，这就好比我们在书中夹了书签一样，可以直接翻到书签所在页码，从这一点来说，创建的书签和现实生活中书签的作用完全是一样的，即都是定位作用。当单击某个书签链接时，除了窗口会马上滑到书签所在内容外，网址的最后也会加上“# 书签名”。运行结果如图 8-13 和图 8-14 所示。

图 8-13　运行最初状态

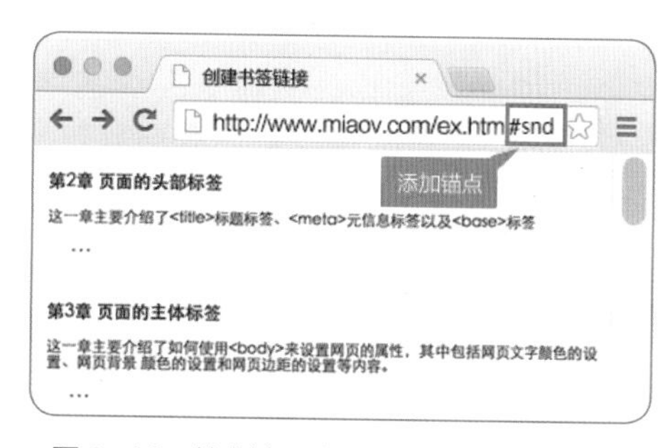

图 8-14　单击第 2 章标题书签链接后的状态

说明：示例 8-4 中使用了 <pre> 标签，该标签称为预格式化，作用是可将某些格式如空格、换行等可以在源代码中预先设置，在浏览器解析源代码时这些预先设置好的格式会被保留下来。

4. 脚本链接

脚本链接，指的是使用脚本作链接目标端点的链接。通过脚本可以实现 HTML 语言完成不了的功能。基本设置语法如下：

```
<a href="javascript:…">文本 / 图片 </a>
```

语法说明：在 javascript: 后面编写的就是具体的脚本。

【示例 8-5】创建脚本链接。

```
<!doctype html>
<html>
<head>
<meta charset="utf-8" />
<title> 脚本链接 </title>
</head>
<body>
  <a href="javascript:alert('您好，欢迎访问我的站点！')"> 欢迎访问 </a>
</body>
</html>
```

上述代码使用了 JS 脚本代码作为 href 属性值，运行结果如图 8-15 所示。单击图中的超链接文本后将弹出如图 8-15 所示的警告对话框。

图 8-15　脚本链接

5. 文件下载链接

当链接的目标文档类型属于 .doc、.mp3、.rar、.zip、.exe 等时，可以获得文件下载链接。要创建文件下载，只要在链接地址处输入前述类型的文件路径即可。当用户单击链接后，浏览器会自动判断文件类型，做出不同情况的处理。 基本设置语法如下：

```
<a href="file_url"> 文本 / 图片 </a>
```

语法说明：file_url 指定的文件的类型必须为 .doc、.mp3、.rar、.zip、.exe 等类型，否则无法下载文档。

【示例 8-6】创建文件下载链接。

```
<!doctype html>
<html>
<head>
<meta charset="utf-8" />
<title> 文件下载链接 </title>
<body>
  <p><a href=" 班会 .doc">word 文档文件下载 </a></p>
  <p><a href="setup.exe"> 可执行文件下载 </a></p>
  <p><a href=" 班会 .rar"> 压缩文件下载 </a></p>
  <p><a href=" 三百六十五个祝福 - 蔡国庆 .mp3">mp3 歌曲下载 </a></p>
</body>
</html>
```

为了更能看到文件下载的效果，我们在 IE11 浏览器中运行，结果分别如图 8-16、图 8-17、图 8-18 和

图 8-19 所示。

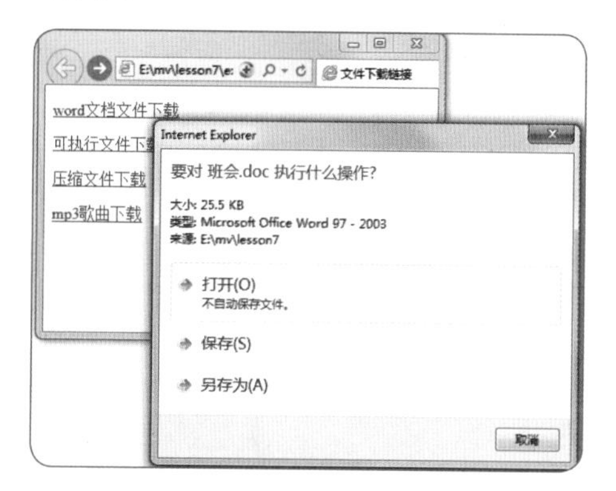

图 8-16　下载 Word 文档

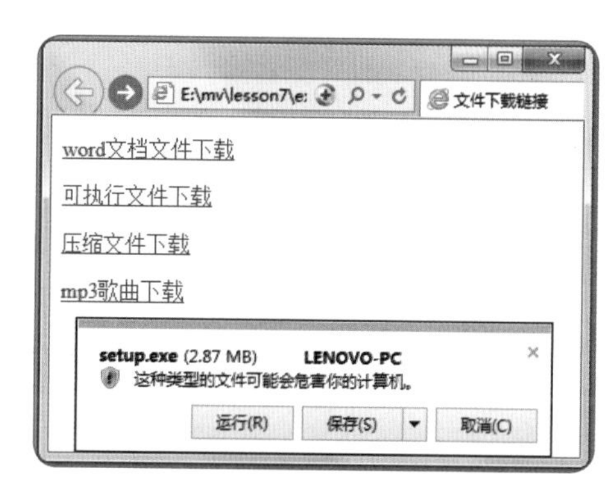

图 8-17　下载可执行文件

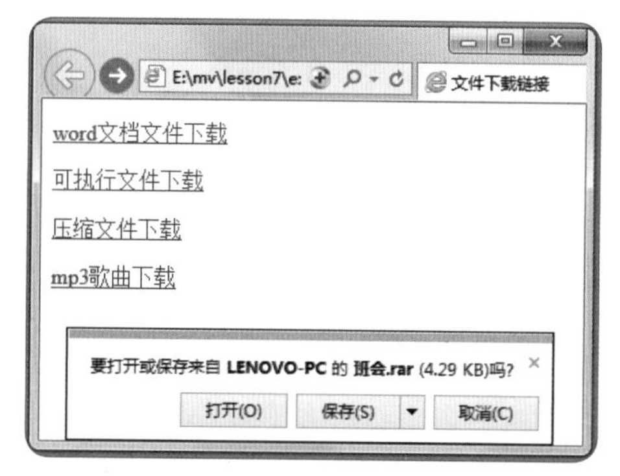

图 8-18　下载压缩文件

图 8-19　下载 mp3 文件

从上面各个图可见，浏览器会自动根据下载文件的类型给出不同的处理方式。

6. 文本链接

文本链接是指源端点为文本的链接。基本设置语法如下：

```
<a href="file_url"> 文本 </a>
```

语法说明：file_url 可以是任意的目标端点。

前面各个示例使用的链接全部是文本链接，在此不再赘述。

7. 图像链接

图像链接是指源端点为图片文件的链接。 基本设置语法如下：

```
<a href="file_url"><img src="img_url"/></a>
```

语法说明：file_url 指明链接目标端点，img_url 指明作为源端点的图像文件路径。在较低版本的浏览器，如 IE10 及以下版本的浏览器中，默认情况下，图片链接中的图片会显示大约 2px 宽的边框。但现在各大浏览器的最新版本中，如 IE11，默认情况下图片链接中的图片不再显示边框。此时如果要显示边框，需要通过样式设置来达到。如果需要图片链接显示边框，为了兼容各个浏览器，应对图片设置边框样式。

【示例 8-7】创建图像链接。

```
<!doctype html>
<html>
<head>
<meta charset="utf-8" />
<title> 图像链接 </title>
</head>
<body> 九寨沟风景区简介，请点击下面的图片链接查看
   <a href="http://www.51yala.com/Html/20061013152546-1.html" target="_blank">
     <img src="images/jiuzaigou.jpg" alt=" 九寨沟风景图片 ">
   </a>
</body>
</html>
```

上述代码的运行结果如图 8–20 所示。鼠标移到图像上变为手指形状后，单击图像，将新打开一个窗口显示九寨沟风景区介绍，如图 8–21 所示。

图 8–20　图像链接

图 8–21　单击图像后打开景区介绍页面

8. 图像映射

图像映射是指源端点为图片热区的链接。一幅图像可以被切分成不同的区域，每一个区域可以链接到不同的地址，这些区域称为图像的热区。基本设置语法如下：

```
<img src="img_url" usemap="#map_name">
<map name="map_name">
    <area shape="rect" coords="x1,y1,x2,y2" href=" 链接地址 1">
    <area shape="circle" coords="x,y,r" href=" 链接地址 2">
    <area shape="poly" coords="x1,y1,x2,y2,x3,y3 ,…" href=" 链接地址 3">
    …
 </map>
```

语法说明：

① <img> 标签中的 usemap 属性用于激活映射。

② <map> 标签用于定义图像映射中包含热点的映射。

③ <area> 标签用于在图像映射中定义一个热区，其包含了 3 个必须设置的属性：href、shape 和 coords。

④ href 属性用于设置每个热区的链接路径。

⑤ shape 属性设置热区形状。图像映射包括 3 种形状的热区：矩形、圆形和多边形。

⑥ coords 属性设置热区坐标，热区形状决定了 coords 的取值，shape 属性和 coords 属性的取值关系如表 8-7 所示。

表 8-7　图像映射热区形状与坐标设置

shape	coords	描　述
矩形（rect）	x1,y1,x2,y2	（x1,y1）为矩形左上顶点坐标，（x2,y2）为矩形右下顶点的坐标
圆形（circle）	x,y,r	（x,y）为圆心坐标，r 为半径长度
多边形（poly）	x1,y1,x2,y2,…	（x1,y1）、（x2,y2）……分别为多边形的各个顶点坐标，各顶点按照单击生成的先后排序

【示例 8-8】创建图像映射。

```
<!doctype html>
<html>
<head>
<meta charset="utf-8" />
<title> 图像映射 </title>
</head>
<body>
    <img src="images/miaov.png" alt="" usemap="#map" />
    <map name="map">
       <area shape="poly" coords="340, 111, 425, 52, 438, 57, 431, 72, 358, 131"
    href="#lighthouse" title=" 灯塔 " />
       <area shape="rect" coords="146, 168, 323, 223" href="http://www.miaov.com" title=" 妙味课堂 " />
       <area shape="circle" coords="108, 62, 37" href="#sunlight" title=" 太阳 " />
    </map>
</body>
</html>
```

上述代码中创建了矩形、圆形和多边形 3 种形状的图像映射。<area> 标签中的“title”属性用于设置鼠标移到热区时弹出的提示信息。运行结果如图 8-22 所示。

图 8-22　图像映射

8.4 使用伪类设置链接样式

伪类，指的是在逻辑上存在元素中，但在文档树中却无须标识的“幽灵”类。通过这些“幽灵”类，我们可以获得一个元素不同状态下的样式。

伪类使用最多的地方是用来设置链接的状态样式。跟其他元素最多具有 3 种状态不同的是，a 元素具有 4 种状态，它们分别是未访问、访问过后、鼠标悬停和活动状态。这些状态分别对应 :link、:visited、:hover 和 :active 4 种伪类类型。因而不同状态下的链接的样式可以使用伪类来分别设置。

在默认情况下，链接在未访问状态的样式是显示蓝色有下画线的默认大小字体；活动状态样式是显示红色有下画线的默认大小字体；鼠标悬停状态样式和悬停前的样式相同；访问过后的状态样式是显示紫色有下画线的默认大小字体。下面使用伪类来修改链接不同状态下的默认样式。

【示例 8-9】使用伪类设置链接不同状态下的样式。

```
<!doctype html>
<html>
<head>
<meta charset="utf-8" />
<title> 使用伪类设置链接不同状态下的样式 </title>
<style>
a:link { /* 未访问状态样式 */
    color: orange;
    font-size: 26px;
    text-decoration: none;
}
a:visited { /* 访问过后状态 */
    color: green;
    text-decoration: none;
}
a:hover { /* 鼠标悬停状态样式 */
    color: pink;
    font-size: 26px;
    text-decoration: underline;
}
a:active { /* 活动状态样式 */
    color: blue;
    text-decoration: none;
}
</style>
</head>
<body>
   <a href="#"> 妙味课堂 </a>
</body>
</html>
```

示例 8-9 代码中分别使用了 :link、:visited、:hover 和 :active4 个伪类设置链接的未访问状态、访问过后状态、鼠标悬停状态和活动状态的样式。需要注意的是：如果希望各个状态的样式都有效，则需要按 :link、:visited、:hover 和 :active 排列顺序依次设置每个状态的样式，如果顺序调换了，比如 :hover 在 :visited 的前面设置样式，此时 hover 状态样式将没有效果。上述代码的运行结果如图 8-23~ 图 8-26 所示。

图 8-23　未访问状态样式

图 8-24　鼠标悬停状态样式

图 8-25　活动状态样式

图 8-26　访问过后状态样式

8.5 链接与内联框架

8.5.1 内联框架标签 <iframe>

使用 <iframe> 标签可以在当前页面中创建包含其他页面的内联框架（也称浮动框架）。基本设置语法如下：

```
<iframe src=" 源文件地址 ">...</iframe>
```

语法说明：src 属性指定需要嵌入的页面地址。可以在标签对之间插入一些文本，这样在不支持 <iframe> 的浏览器中可以显示这些文本。src 属性是 <iframe> 的必设属性，除了 src 属性外，<iframe> 还有一些可选的常用的属性，如表 8-8 所示。

表 8-8　<iframe> 常用属性

属　性	属性值	描　述
src	file_url	规定嵌入的文档的地址
height	pixels、%	定义 <iframe> 的高度
width	pixels、%	定义 <iframe> 的宽度
name	frame_name	规定 <iframe> 的名字
frameborder	1（有边框）、0（无边框）	定义是否显示框架周围的边框，默认显示边框
marginheight	pixels	定义 <iframe> 的顶部和底部的边距
marginwidth	pixels	定义 <iframe> 嵌入的左侧和右侧边距

【示例 8-10】使用 <iframe> 在当前页面中嵌入内联框架。

```
<!doctype html>
<html>
<head>
<meta charset="utf-8" />
```

```
<title>使用 iframe 在当前页面中嵌入其他页面 </title>
</head>
<body>
  使用 iframe 在当前页面中嵌入 ex8-8.html:
  <iframe src="ex8-8.html"></iframe>
</body>
</html>
```

上述代码在当前页面中嵌入了 ex8-8.html 页面，运行结果如图 8-27 所示。

在图 8-27 中，嵌入的内联框架默认是有边框，居左对齐且宽为 300px，高为 150px。

图 8-27　在当前页面中嵌入其他页面

8.5.2 修改内联框架默认样式

从图 8-27 中可以看到，内联框架的默认样式不一定符合我们的需要，所以需要修改默认样式。在本节将介绍使用表 8-8 中所提供的一些标签属性来修改默认样式。示例如下。

【示例 8-11】使用 <iframe> 标签属性修改内联框架样式。

```
<!doctype html>
<html>
<head>
<meta charset="utf-8" />
<title>使用 iframe 标签属性设置内联框架样式 </title>
</head>
<body>
  使用 iframe 在当前页面中嵌入 ex8-8.html 页面:
  <div align="center"><iframe src="ex8-8.html" frameborder="0"
    width="500" height="380" marginheight="30" marginwidth="20"></iframe></div>
</body>
</html>
```

示例 8-11 代码使用 <iframe> 的框架边框、上下边距、左右边距以及大小等属性修改内联框架的样式，在 Chrome 浏览器中运行的结果如图 8-28 所示。

图 8-28　使用 <iframe> 标签属性修改内联框架样式

8.5.3 使用内联框架作为链接的目标窗口

内联框架的一个重要应用就是作为链接的目标。应用方法是首先给内联框架命名，然后将框架名作为链接的 target 的属性值。应用示例如下所示。

【示例 8-12】浮动框架作为链接的目标窗口。

```
<!doctype html>
<html>
<head>
<meta charset="utf-8" />
<title> 设置内联框架为超链接目标窗口 </title>
</head>
<body>
    <h2> 使用内联框架作超链接的目标窗口：</h2>
    <div align="center">
    <iframe src="ex8-8.html" name="iframe" width="600"   height="400"></iframe>
    </div>
    <p align="center">
      <a href="http://www.miaov.com" target="iframe"> 妙味官网 </a>
      <a href="ex8-8.html" target="iframe"> 妙味壁纸 </a>
    </p>
</body>
</html>
```

上述代码设置内联框架中默认显示的是 ex8-8.html 页面内容，当单击“妙味官网”链接时内联框架将显示妙味官网首页，单击“妙味壁纸”链接时，内联框架中的妙味官网首页又被切换为 ex8-8.html 页面内容。运行的结果如图 8-29 和图 8-30 所示。

图 8-29　页面浏览后的最初效果

图 8-30　单击超链接后的效果

8.5.4 使用内联框架的优缺点

1. 优点

（1）使用内联框架后，重载页面时不需要重载整个页面，只需要重载页面中的一个框架页（减少了数据的传输，加快了网页下载速度）。

（2）技术易于掌握，使用方便，使用者众多，主要应用于不需搜索引擎来搜索的页面。

（3）可利用 <iframe> 解决 ajax 跨域问题。

2. 缺点

（1）会产生很多页面，不容易管理。

（2）代码复杂，无法被一些搜索引擎索引到，这一点很关键，现在的搜索引擎爬虫还不能很好的处理 <iframe> 中的内容，所以使用 <iframe> 会不利于搜索引擎优化。<iframe> 框架结构有时会让人感到迷惑，如果框架个数多的话，可能会出现上下、左右滚动条，会分散访问者的注意力，用户体验度差。

（3）很多的移动设备（pad、手机）无法完全显示框架，设备兼容性差。

3. 应用场景

内联框架主要在以下 4 个场景中使用。

（1）沙箱隔离。

（2）引用第三方内容，比如加载广告。

（3）独立的带有交互的内容，比如幻灯片。

（4）需要保持独立焦点和历史管理的子窗口，如复杂的 Web 应用。

练习题　运用所学知识点，完成如图 8-31 所示的效果图。

图 8-31

Chapter 9

第9章 呈现数据的利器：网页表格

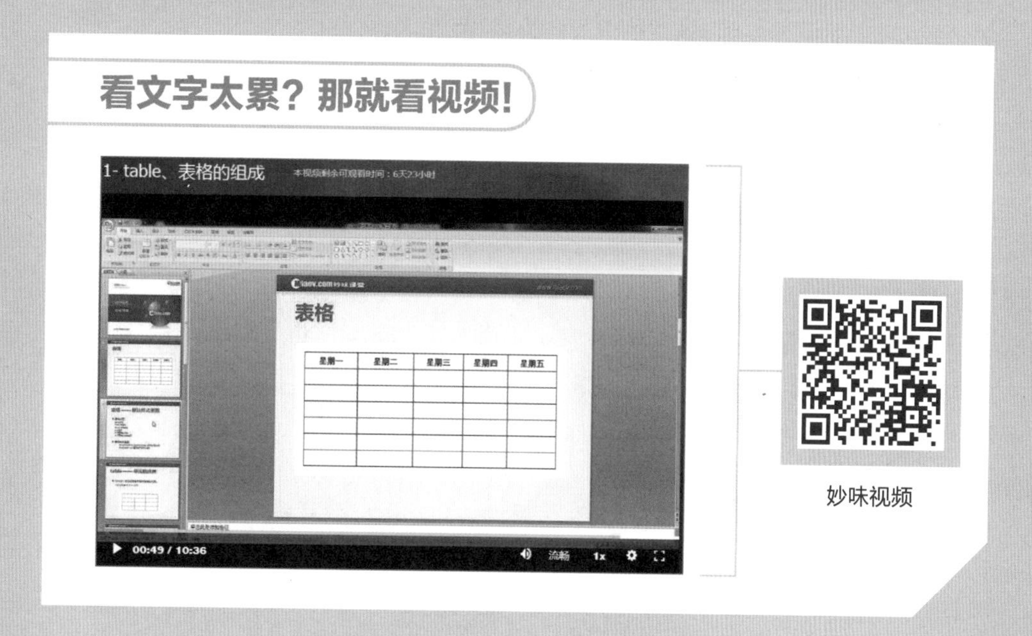

遇到困难？去社区问高手！
妙味搜索
技术交流社区

将海量数据收纳在一个二维平面内，最优雅的表现方案，莫过于网页表格。

表格在网页中有两个作用，一是布局网页内容；二是组织相关数据。表格以行列的形式将数据罗列出来，结构紧凑，数据直观，因而在我们日常生活中被大量使用，如工资表、工作报表、财务报表、数据调查表、电视节目表等都是使用了表格进行数据的组织。在 2008 年以前，表格的最主要的用途就是布局网页内容。随着前端技术的不断发展，使用表格布局的弊端越来越明显，在 CSS 出现后，使用表格布局网页的方式已逐渐被抛弃。目前表格在网页中的主要用途就是组织数据。当需要组织的相关数据较多时，表格将是不二之选。比如，图 9-1 所示的日历，使用表格来组织各个数据将是一件很容易的事，但如果不使用表格，只用 CSS+DIV 布局的话，代码的复杂程度将明显高于表格。

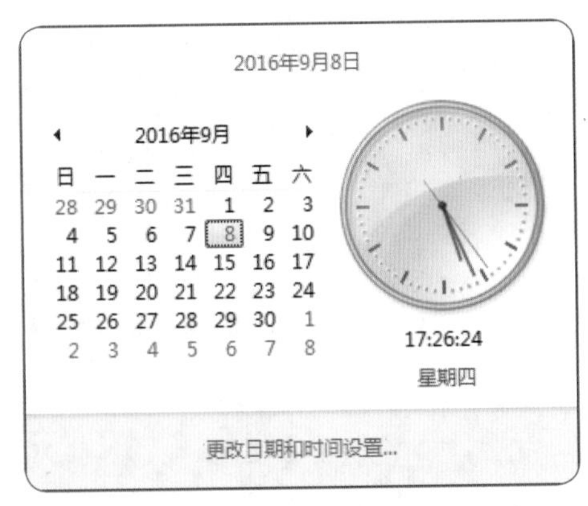

图 9-1　日历

9.1 表格概述

表格属于结构性对象，一个表格包括行、列和单元格 3 个组成部分。其中行是表格中的水平分隔，列是表格中的垂直分隔，单元格是行和列相交所产生的区域，用于存放表格数据。为了更好的描述表格中的内容，有时我们也会将表格内容划分为 3 个区域：表格页眉、表格主体和表格页脚。其中表格页眉主要存放表头内容，表格主体则存放数据，表格页脚则存放一些脚注内容，比如汇总数据等内容。此外，整个表格也可以包含标题，以概括整个表格的数据。表格的这些组成对象在网页中需要分别使用对应的标签来描述。表 9-1 给出了这些表格对象对应的标签。

表 9-1　表格标签

标　签	描　述
<table>	定义表格
<caption>	定义表格标题
<tr>	定义表格的行
<th>	定义表格的表头
<td>	定义表格单元格
<thead>	定义表格页眉
<tbody>	定义表格主体
<tfoot>	定义表格页脚

<table> 标签用于声明一个表格对象，表格的标题、表头、行、单元格、页眉、主体和页脚都必须放在 <table></table> 之间，其中标题放在 <table> 标签后面，每一行使用一对 <tr></tr> 表示；每一个单元格使用一对 <td></td> 表示；每个表头使用一对 <th></th> 表示；需要对表格分区时，一般把表头放在 <thead></thead> 中，而单元格则放在一个或多个 <tbody></tbody> 中，对于汇总之类的脚注内容则放在 <tfoot></tfoot> 中。

注意：一个表格只能有一个 <thead> 和 <tfoot>，但可以有多个 <tbody>。

一个标准的表格同时包含了标题、表头、行、单元格、页眉、主体和页脚。在网页中，标准的表格结构如下所示：

```
<table>
    <caption> 表格标题 </caption>
    <thead>
        <tr>
            <th> 表头 1</th> <th> 表头 2</th> <th> 表头 3</th> ...
        </tr>
    </thead>
    <tbody>
        <tr>
            <td> 数据 1</td> <td> 数据 1</td> <td> 数据 1</td> ...
        </tr>
        ...
    </tbody>

        ...<!-- 如果需要的话，此处可以添加多个 <tbody></tbody>-->

    <tfoot>
        <tr>
            <td> 数据 1</td> <td> 数据 2</td>... <!-- 此处也可以使用 th 标签 -->
        </tr>
    </tfoot>
</table>
```

在实际应用中，一般并不会总是把表格的所有组成部分都包括。实际上，在表格的标题、表头、行、列、页眉、主体和页脚这些组成部分中，除了行、单元格外，其他部分都是根据需要进行选用的。只包含行和单元格的表格结构最简单，同时也是最常用的，如下所示：

```
<table>
    <tr>
        <th> 表头 1</th> <th> 表头 2</th> <th> 表头 3</th> ...
    </tr>
    <tr>
        <td> 数据 1</td> <td> 数据 1</td> <td> 数据 1</td> ...
    </tr>
      ...<!-- 如果需要的话，此处可以添加多个 <tr>...</tr>-->
</table>
```

【示例 9-1】表格基本结构示例。

```
<!doctype html>
<html>
<head>
<meta charset="utf-8" />
```

```
<title> 表格基本结构示例 </title>
</head>
<body>
  <table>
    <tr>
      <th> 表头第一单元格数据 </th>
      <th> 表头第二单元格数据 </th>
      <th> 表头第三单元格数据 </th>
    </tr>
    <tr>
      <td> 第二行第一单元格数据 </td>
      <td> 第二行第二单元格数据 </td>
      <td> 第二行第三单元格数据 </td>
    </tr>
     <tr>
      <td> 第三行第一单元格数据 </td>
      <td> 第三行第二单元格数据 </td>
      <td> 第三行第三单元格数据 </td>
    </tr>
  </table>
</body>
</html>
```

上述代码创建了一个最简单的表格，运行结果如图 9–2 所示。从图中可看出，表格在默认情况下，没有边框，在浏览器窗口居左对齐，各行中的数据显得很拥挤，整体样式很难看。

图 9–2　表格基本结构

9.2 表格标签

9.2.1 <table> 标签

使用 <table> 标签可定义表格对象，同时可以使用其标签属性设置表格宽度、高度、边框宽度、对齐方式、背景颜色、单元格间距和边距等表格样式。<table> 标签常用的属性如表 9–2 所示。

表 9–2　<table> 标签常用属性

属　性	属性值	描　述
align	left,center,right	定义表格相对于容器窗口的水平对齐方式，默认为居左对齐
border	pixels	定义表格的边框宽度，默认没有边框
bgcolor	#xxxxxx,rgb(x,x,x), colorname,	定义表格的背景颜色
cellpadding	pixels	定义单元格间距，即数据与边框之间的间距
cellspcing	pixels	定义单元格边距，即单元格与单元格之间的间距
height	pixels,%	定义表格的高度，百分数时相对于容器窗口
width	pixels,%	定义表格的宽度，百分数时相对于容器窗口

注意：在 HTML5 中，以上属性都已不在支持，建议大家使用 css 格式化表格。

9.2.2 <tr> 标签

<tr> 标签用来生成表格中行的标签，一个 <tr></tr> 标签对表示表格的一行，其中可以包含一个或多个 td 或 th 元素。<tr> 标签常用的属性如表 9-3 所示。

表 9-3　<tr> 标签常用属性

属　性	属性值	描　述
align	left,center,right	定义表格行中内容的水平对齐方式，对 <td> 中的数据默认为居左对齐，对 <th> 中的数据默认为居中对齐
bgcolor	#xxxxxx,rgb(x,x,x), colorname,	定义行的背景颜色
height	pixels	定义表格行高度
valign	baseline,top, middle,bottom	定义表格行中内容的垂直对齐方式，默认为垂直居中（middle）

注意：在 HTML5 中，以上属性都已不再支持，建议大家使用 css 格式化表格行。

9.2.3 <td> 和 <th> 标签

表格中的内容必须放到单元格中。根据显示内容的格式，单元格可分为标准单元格和表头单元格，表头单元格相对于标准单元格来说，属于特殊单元格，一般出现在第一行或第一列中，主要用于突出某些内容，这些内容称为表头。在 HTML 文档中，标准单元格使用 <td></td> 标签对标识，表头单元格则使用 <th></th> 标签对标识。标准单元格的内容默认是居左并以普通格式显示的，而表头单元格的内容则是默认居中并且加粗显示。需要注意的是，标准单元格中可以存放任何数据，包括文本、图片、列表、段落、表单、表格等内容。单元格提供了一些属性以实现格式化单元格和单元格的跨行和跨列功能。单元格的常用属性如表 9-4 所示。

表 9-4　单元格的常用属性

属　性	属性值	描　述
align	left,center,right	定义单元格中内容的水平对齐方式，对 <td> 中的数据默认为居左对齐，对 <th> 中的数据默认为居中对齐
bgcolor	#xxxxxx,rgb(x,x,x), colorname,	定义单元格的背景颜色
colspan	number	定义单元格可横跨的列数
rowspan	number	定义单元格可横跨的行数
height	pixels,%	定义单元格高度，取百分数时相对于表格的高度
width	pixelss,%	定义单元格宽度，取百分数时相对于表格的宽度
valign	baseline,top, middle,bottom	定义单元格中内容的垂直对齐方式，默认为垂直居中（middle）

注意：在 HTML5 中，以上属性除了 colspan 和 rowspan 外，其他属性都已不再支持，建议大家使用 css 格式化单元格。

9.2.4 <caption> 标签

<caption> 标签用于设置表格的标题。设置的表格标题默认在表格上面居中显示。可通过表 9-5 所示的两个属性来修改表格标题的对齐方式。

表 9-5　<caption> 标签属性

属　性	属性值	描　述
align	left,center,right	设置水平对齐方式，默认取 center
valign	top，bottom	设置垂直对齐方式，默认取 top

注意：在 HTML5 中，以上属性已不再支持，建议大家使用 css 格式化单元格。

9.2.5 <thead>、<tbody> 和 <tfoot> 标签

<thead>、<tbody> 和 <tfoot> 标签用于对表格进行分区。其中，<thead> 标签用于表格的表头分组，该标签用于组合 HTML 表格的表头内容。<tbody> 标签用于表格中的主体内容分组，用于组合表格中的数据；而 <tfoot> 标签用于表格中的表注（页脚）分组，用于组合表格的表注（页脚）。

上述 3 个标签按照内容，将表格划分为 3 个区域。这种划分使浏览器有能力支持独立于表格表头和页脚的表格正文滚动。当长的表格被打印时，表格的表头和页脚可被打印在包含表格数据的每张页面上。而且可以使用 css 对这些区域分别进行样式设置。这 3 个标签在实际应用中并不常用，但当我们需要按照内容对表格中的行进行分组，或者需要对不同内容分别进行样式设置时将使用这些元素。需要注意的是：这 3 个标签不能单独使用，需要配合使用。

【示例 9-2】使用 <thead>、<tbody> 和 <tfoot> 标签对表格分区。

```
<!doctype html>
<html>
<head>
<meta charset="utf-8" />
<title>thead、tbody 和 tfoot 元素的应用 </title>
<style>
thead {   /* 对表格页眉设置样式 */
    background: #CFF;
}
tbody { /* 对表格主体设置样式 */
    background: #FCF;
}
tfoot { /* 对表格页脚设置样式 */
    color: red;
    font-weight: bold;
}
</style>
</head>
<body>
<table border="1">
  <thead>
    <tr>
      <th> 基本工资 </th>
      <th> 岗位补贴 </th>
```

```
        <th> 绩效奖金 </th>
      </tr>
    </thead>
    <tbody>
      <tr>
        <td>3000</td>
        <td>2000</td>
        <td>3000</td>
      </tr>
    </tbody>
    <tfoot>
      <tr>
        <td> 合 计 </td>
        <td colspan="2">8000</td>
      </tr>
    </tfoot>
  </table>
  </body>
  </html>
```

示例 9-2 代码使用了 <thead>、<tbody> 和 <tfoot>3 个标签对表格进行分区，在 CSS 代码中则使用这 3 个标签选择器分别设置这 3 个分区的样式，运行结果如图 9-3 所示。

图 9-3　thead、tbody 和 tfoot 元素的应用

9.2.6 使用 colspan 属性实现单元格跨列合并

在默认情况下，表格每行的单元格数量都是一样的。很多时候，由于制表的需要或布局页面的需要，表格每行的单元格数目会不一致，这时就要对表格执行单元格的合并，包括合并列和合并行两种操作。

用过 Excel 的读者对单元格应该都很清楚，合并单元格可以使当前单元格横跨行或横跨列，并且不会影响到其他数据单元格的大小，图 9-4 中第一行和最后一行就是一个横跨列的合并例子。

一月份						
周日	周一	周二	周三	周四	周五	周六
		1	2	3	4	5
6	7	8	9	10	11	12
13	14	15	16	17	18	19
20	21	22	23	24	25	26
27	28	29	30	31		
一月份						

图 9-4　合并列示例

合并列需要在 <td> 或 <th> 标签中使用 colspan 属性，设置语法如下：

```
<td colspan=" 横跨列数 ">
<th colspan=" 横跨列数 ">
```

语法说明：colspan 属性可以出现在 <td> 或 <th> 标签中，指定所横跨的列数，实现合并同一行的若干个单元格。

【示例 9-3】使用 colspan 属性实现单元格跨列合并。

```
<!doctype html>
<html>
<head>
<meta charset="utf-8" />
<title> 使用 colspan 属性实现单元格跨列合并 </title>
</head>
<body>
  <table width="80%" border="1" cellpadding="8" cellspacing="0"
    align="center">
      <caption> 文具订单表 </caption>
      <tr>
          <th> 文 具 </th>
          <th> 单 价 </th>
          <th> 数 量 </th>
      </tr>
      <tr>
          <td> 钢 笔 </td>
          <td> ￥2.50</td>
          <td>3</td>
      </tr>
      <tr>
         <td> 铅 笔 </td>
         <td> ￥0.50</td>
         <td>10</td>
     </tr>
     <tr>
        <td> 合 计 </td>
        <td colspan="2" align="right"> ￥12.5</td>
     </tr>
    </table>
</body>
</html>
```

上述代码使用了 <table> 标签属性格式化表格，同时使用了 <caption> 标签设置表格的标题为“文具订单表”，在表格最后一行的第 2 个单元格中使用了 colspan="2"，表示从第 2 个单元格开始，横跨两列，从而实现第 2 个单元格和第 3 个单元格合并。运行结果如图 9-5 所示。

图 9-5　单元格横跨两列合并

从图 9-5 中可以看到，最后一行合并列后，只存在两个单元格，所以在 HTML 代码中，该行中只需要两个 <td></td>，而其他行的 <td></td> 保持 3 个不变。对于合并列的这个特点可以总结为：表格中的每一行都具有相同数量的单元格，如果某一

行的 <td> 或 <th> 出现了属性 colspan="n"，此时表明这个单元格跨越了 n 列，即占据了 n 个单元格，此时，HTML 里的该行结构就要相应的减少 n−1 个单元格，例如示列 9−3 中的 n=2，则最后一行就要减少 2−1=1 个单元格，即最后变为两个单元格。

9.2.7 使用 rowspan 属性实现跨行操作

合并行需要在 <td> 或 <th> 标签中使用 rowspan 属性，语法如下：

```
<td rowspan=" 横跨行数 ">
<th rowspan=" 横跨行数 ">
```

语法说明：rowspan 属性可以出现在 <td> 或 <th> 标签中，指定所横跨的行数，实现在同一列中合并若干个单元格。

【示例 9−4】使用 rowspan 属性实现单元格跨行合并。

```
<!doctype html>
<html>
<head>
<meta charset="utf-8" />
<title> 使用 rowspan 属性实现单元格跨行合并 </title>
</head>
<body>
    <table width="80%" border="1" cellpadding="8"
      cellspacing="0" align="center">
       <caption> 文具订单表 </caption>
       <tr>
          <th> 文 具 </th>
          <th> 单 价 </th>
          <th> 数 量 </th>
          <th> 合 计 </th>
       </tr>
       <tr>
          <td> 钢 笔 </td>
          <td> ￥2.50</td>
          <td>3</td>
          <td rowspan="2"> ￥12.5</td>
      </tr>
      <tr>
         <td> 铅 笔 </td>
         <td> ￥0.50</td>
         <td>10</td>
      </tr>
    </table>
</body>
</html>
```

示例 9-4 代码使用了 <table> 标签属性格式化表格，同时使用了 <caption> 标签设置表格的标题为“文具订单表”，在表格第 2 行的第 4 个单元格中使用了 rowpan="2"，表示从这个单元格开始，横跨两行，从而实现在第 4 个单元中第 2 行和第 3 行合并。运行结果如图 9-6 所示。

图 9-6　单元格横跨两行合并

从图 9-6 中可以看到，第 2 行的第 4 个单元格执行了跨行操作，该单元格从第 2 行跨到了第 3 行，从而占据了第 3 行的第 4 个单元格，即把第 3 行的第 4 个单元格合并到第 2 行的第 4 个单元格中，从而使第 3 行少了一个单元格。所以在 HTML 代码中，第 3 行中只需要 3 个 <td></td>，而其他行的 <td></td> 保持 4 个不变。对于跨行合并单元格的这个特点可以总结为：表格中的每一行都具有相同数量的单元格，如果某一行的 <td> 或 <th> 出现了属性 rowspan="n"，此时表明这个单元格跨越了 n 行，即占据了 n 个单元格，此时，HTML 里的该单元格后面的 n−1 行的结构就要相应的减少 1 个单元格。例如示列 9-4 中的 n=2，则实施合并单元格后面的第 3 行就要减少 4−1=3 个单元格，即最后变为 3 个单元格。

9.2.8 使用表格标签属性格式化表格

在示例 9-1 中，我们看到，默认情况下生成的表格外观是很难看的，其实在创建表格时，可以使用表格的各个标签对表格、行及单元格等对像进行一些美化以获得符合需要的较美观的表格。下面通过示例 9-5 来演示表格标签属性对表格的格式化。

【示例 9-5】使用表格标签属性格式化表格。

```
<!doctype html>
<html>
<head>
<meta charset="utf-8" />
<title> 使用表格标签属性格式化表格 </title>
</head>
<body>
  <table border="1">
    <tr><th>A 列 </th><th>B 列 </th><th>C 列 </th></tr>
    <tr><td>A1</td><td>B1</td><td>C1</td> </tr>
    <tr><td>A2</td><td>B2</td><td>C2</td> </tr>
  </table>
  <br/>
  <table border="1" cellspacing="0">
    <tr><th>A 列 </th><th>B 列 </th><th>C 列 </th></tr>
    <tr><td>A1</td><td>B1</td><td>C1</td> </tr>
    <tr><td>A2</td><td>B2</td><td>C2</td> </tr>
  </table>
  <br/>
  <table border="1" cellspacing="0" cellpadding="6">
    <tr><th>A 列 </th><th>B 列 </th><th>C 列 </th></tr>
```

```
    <tr><td>A1</td><td>B1</td><td>C1</td> </tr>
    <tr><td>A2</td><td>B2</td><td>C2</td> </tr>
  </table>
  <br/>
  <table border="1" cellspacing="0" cellpadding="6" height="200">
    <tr><th>A 列 </th><th>B 列 </th><th>C 列 </th></tr>
    <tr><td>A1</td><td>B1</td><td>C1</td> </tr>
    <tr><td>A2</td><td>B2</td><td>C2</td> </tr>
  </table>
  <br/>
  <table border="1" cellspacing="0" cellpadding="6" width="300">
    <tr><th>A 列 </th><th>B 列 </th><th>C 列 </th></tr>
    <tr><td>A1</td><td>B1</td><td>C1</td> </tr>
    <tr><td>A2</td><td>B2</td><td>C2</td> </tr>
  </table>
  <br/>
  <table border="1" cellspacing="0" cellpadding="6" width="300">
    <tr><th width="15%">A 列 </th><th>B 列 </th><th>C 列 </th></tr>
    <tr><td>A1</td><td>B1</td><td>C1</td> </tr>
    <tr><td height="60">A2</td><td>B2</td><td>C2</td> </tr>
  </table>
</body>
</html>
```

示例 9-5 代码创建了 6 个表格，运行结果如图 9-7 所示。

图 9-7　使用表格标签属性格式化表格

从图 9-7 中可以看到，第 1 个表格只使用了 border 属性设置表格边框宽度为 1px，其他样式则保持默认效果。此时单元格之间有一个空隙，表格和各个单元格都有一个 1px 宽度。第 2 个表格使用 cellspacing="0" 将两个单元格之间的空隙清除掉，使得表格和单元格的两个边框合并在一起，形成一个 2px 的粗边框，而不是我们所期望的 1px 的细边框。第 1 和第 2 个表格中单元格的内容和边框距离很近，显得很拥挤，为此，第 3 个表格使用 cellpadding="6" 给内容和边框之间增加 6px 的间距，因此相比于前两个表格，第 3 个表格的外观要好看多了；在前面 3 个表格中，我们可以看到整个表格的宽、高是由内容决定的。在第 4 个表格中我们设置表格的高度为 200px。从图中可以看到，各个单元格会自动调整自己的高度。第 5 个表格是在第 3 个表格的高度基础上，同时设置了表格的宽度。从图中可以看到，各个单元格会自动调用自己的宽度。第 6 个表格在第 5 个表格的宽高基础上，对第 1 行的第 1 个 <th> 标签设置了宽度，对第 3 行的第 1 个 <td> 标签设置了高度。从图中可以看到，表格的第 1 列单元格的宽度随着第 1 行的第 1 个单元格的宽度一起变化，第 3 行的高度随着第 3 行第 1 个单元格的高度一起变化。在图 9-7 的 6 个表格中，我们还发现，所有单元格中的内容在垂直方向上都是居中显示的；此外，表头默认是加粗并水平居中显示的，其他单元格中的内容默认则是水平居左显示的。

另外，按F12功能键打开Chrome浏览器的“开发者工具”，然后审查代码的样式，我们发现单元格的默认内边距为1px，如图9–8所示。

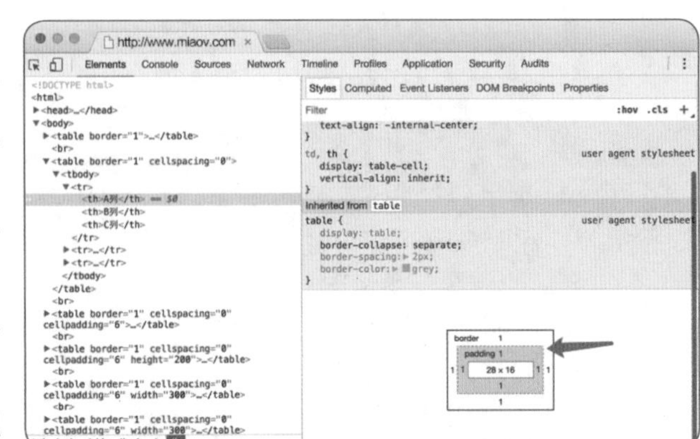

图 9–8　单元格的默认内边距为 1px

从图9–8中，我们可以总结表格具有如下一些特性。

（1）表格不设置宽高时，表格大小由单元格内容撑开，如图9–7的第1~4个表格所示。

（2）表格设置宽高以后，单元格会自动分配大小，如图9–7的第4、第5和第6个表格所示。

（3）给单元格设置高度，所属行高度都会改变；给单元格设置宽度，所属列宽度都会改变，如图9–7的第6个表格所示。

（4）单元格中的内容默认垂直居中显示，如图9–7中的第6个表格所示。

（5）表头单元格中的内容默认加粗并垂直居中显示，如图9–7中的6个表格所示。

（6）表格具有默认样式，使用时需要根据实际情况来修改（重置）默认样式，如图9–7中的后面5个表格，就分别使用了cellpadding和cellspacing来重置单元格的间距和边距的默认样式。

在示例9–5中，我们使用了表格标签的一些属性来格式化表格，这种格式化方式就现在来说，并不推荐。因为使用表格标签属性格式化表格存在的问题比较多，首先是格式化属性比较少，格式化功能也不是很强，有些样式甚至无法实现，比如图9–5中后面5个表格中粗边框就很难通过标签属性来修改为细边框，而且和标签混合在一起，不利于内容和样式的分离。在实际应用中，通常会使用我们前面所学过的一些CSS属性以及接下来将要介绍的CSS表格属性来格式化表格。

9.3 CSS 表格属性

CSS表格属性主要用于设置表格边框是否会显示单一边框、单元格之间的间距以及表格标题位置等样式，常用的表格属性如表9–6所示。

表 9–6　常用 CSS 表格属性

属　性	属性值	描　述
border–collase	separate	默认值，表格边框和单元格边框会分开
	collapse	表格边框和单元格边框会合并为一个单一的边框
border–spacing	length [length]	规定相邻单元格的边框之间的距离，单位可取px、cm等。定义一个length参数，则该值同时定义相邻单元格之间的水平和垂直间距。如果定义两个length参数，则第一个参数设置相邻单元格之间的水平间距，第二个参数设置相邻单元格的垂直间距
caption–side	top	默认值，表格标题显示在表格上面
	bottom	表格标题显示在表格下面
table–layout	automatic	默认值，单元格宽度由单元格内容决定
	fixed	单元格宽度由表格宽度和单元格宽度决定

【示例 9–6】使用CSS表格属性修饰表格。

```
<!doctype html>
<html>
<head>
<meta charset="utf-8">
<title> 使用 CSS 表格属性修饰表格 </title>
<style>
#tbl1 {
      border-collapse: collapse;/* 表格边框和单元格边框合并为一个边框 */
}
#tbl2 {
      border-spacing: 0;/* 设置单元格边框之间的水平和垂直间距都为 0*/
}
#tbl3 {
      border-spacing: 10px;/* 设置单元格边框之间的水平和垂直间距都为 10px*/
}
table,
th,
td {
    border: 1px solid black;/* 设置边框样式 */
}
</style>
</head>
<body>
  <table id="tbl1">
    <caption> 边框合并 </caption>
    <tr><th> 姓名 </th><th> 年龄 </th></tr>
    <tr><td>Bill</td><td>21</td></tr>
    <tr><td>lisa</td><td>19</td></tr>
  </table>
   <br/>
  <table id="tbl2">
    <caption> 边框分开 </caption>
    <tr><th> 姓名 </th><th> 年龄 </th></tr>
    <tr><td>Bill</td><td>21</td></tr>
    <tr><td>lisa</td><td>19</td></tr>
  </table>
  <br/>
  <table id="tbl3">
    <caption> 边框分开 </caption>
    <tr><th> 姓名 </th><th> 年龄 </th></tr>
    <tr><td>Bill</td><td>21</td></tr>
    <tr><td>lisa</td><td>19</td></tr>
  </table>
</body>
</html>
```

示例 9-6 的 CSS 代码中的 #tbl1 选择器将表格边框和单元格边框合并为单一边框，因而得到了 1px 的细边框。#tbl2 和 #tbl3 选择器没有设置边框合并，因而 #tbl2 和 #tbl3 两个表格的边框保持默认的分开效果。同时 #tabl2 设置边框间距为 0，因而表格边框和单元格边框合并在一起得到 2px 的边框宽度，即边框变成了粗边框了；而 #tabl3 则将相邻单元格水平间距和垂直间距都设置为 10px，而表格边框和单元格边框保持默认分开，所以两个边框之间的间距为 10px。运行结果如图 9-9 所示。

思考：如果希望将图 9-9 中的第 3 个表格的边距修改为：水平方向为 6px，垂直方向为 8px，应如何修改示例 9-6 中的样式代码？

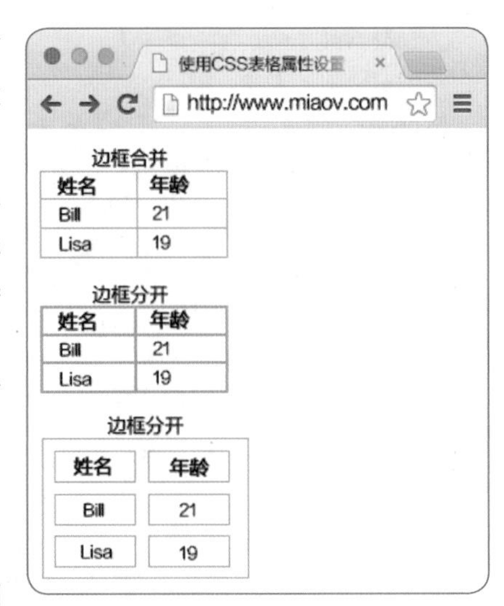

图 9-9 使用 CSS 表格属性设置表格的边框宽度及间距

9.4 使用 CSS 格式化表格

在示例 9-6 中，我们使用 CSS 的表格属性虽然得到了期望的细边框，但其他样式，比如宽度、高度、单元格间距、表格的背景等都保持默认的效果，很显然，这些默认效果是比较难看的，为此还应使用 CSS 的其他一些属性对表格进行格式化。下面通过示例 9-7 来演示使用 CSS 常用属性格式化表格。

【示例 9-7】使用 CSS 格式化表格。

```
<!doctype html>
<html>
<head>
<meta charset="utf-8" />
<title>使用 CSS 格式化表格 </title>
<style>
table { /* 使用元素选择器统一设置各个表格的宽高、下外边距以及边框的合并 */
    width: 200px;
    height: 120px;
    margin-bottom: 10px;
    border-collapse: collapse;
}
table,
th,
td {
   border: 1px solid black;/* 设置各个表的边框样式 */
}
#tbl1 td {
    color: blue;/* 设置单元格中的内容颜色为蓝色 */
    vertical-align: top;/* 设置单元格内容垂直顶部对齐 */
}
#tbl2 td {
    background: #CFF;/* 设置标准单元格的背景颜色 */
```

```
        text-align: center;/* 设置单元格内容水平居中 */
    }
    #tbl3 th,
    #tbl3 td {
        border-color: red;/* 设置边框颜色为红色，重置前面设置的黑色边框 */
        text-align: right;/* 设置所有单元格内容水平居右 */
        vertical-align: bottom;/* 设置所有单元格内容垂直底部对齐 */
    }
</style>
</head>
<body>
  <table id="tbl1">
    <tr><th> 姓名 </th><th> 年龄 </th></tr>
    <tr><td>Bill</td><td>21</td></tr>
    <tr><td>lisa</td><td>19</td></tr>
  </table>
  <table id="tbl2">
    <tr><th> 姓名 </th><th> 年龄 </th></tr>
    <tr><td>Bill</td><td>21</td></tr>
    <tr><td>lisa</td><td>19</td></tr>
  </table>
  <table id="tbl3">
    <tr><th> 姓名 </th><th> 年龄 </th></tr>
    <tr><td>Bill</td><td>21</td></tr>
    <tr><td>lisa</td><td>19</td></tr>
  </table>
</body>
</html>
```

示例 9-7 的 CSS 代码使用了 CSS 中的文本属性、字体属性、盒子模型属性以及表格属性对表格进行格式化，运行结果如图 9-10 所示。

从示例 9-7 中可以看到，表格可以使用任何 CSS 属性，但需要注意的是，有些属性只能出现在某些标签上。比如，text-align 因为可继承，所以它可以在 <table>、<tr> 或 <td> 这 3 个标签中任意一个中设置，对单元格中内容的作用都是一样的；但 vertical-align 属性则不能从 <table> 标签中继承，但可以从 <tr> 标签中继承，所以只能出现在 <tr> 标签和 <td> 标签中。

vertical-align 属性用于设置单元格中内容的垂直对齐方式，跟网页中插入的图像的垂直对齐设置很类似，但单元格的垂直对齐方式没有图像的那么多。单元格的垂直对齐主要有表 9-7 所示的 4 种方式。

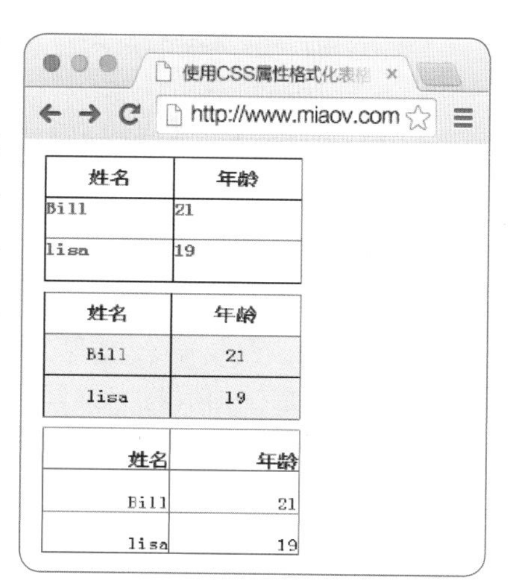

图 9-10　使用 CSS 属性格式化表格

表 9–7　单元格垂直对齐方式

属　性	属性值	描　述
vertical–align	top	单元格内容与单元格上边框靠近
	middle	默认值，单元格内容在单元格中垂直居中
	bottom	单元格内容与单元格下边框靠近
	inherit	继承父级元素 vertical–align 属性（td 可以继承 tr 的值）

说明：表 9–7 对垂直向上和垂直向下的对齐使用比较形象的描述，不是很标准的描述。

9.5 表格各元素的 display 属性值

display 属性可以设置标签作为一个盒子的类型。从盒子类型的角度来说，表格是一个特殊的对象，因为其中包含的每个标签对应不同类型的盒子。标签的 display 属性取不同的值，决定了盒子具有不同的类型。对于表格中各个标签的 display 属性可取的值如表 9–8 所示。

表 9–8　表格各个标签的 display 属性设置

标　签	display 属性设置	描　述
<table>	display:table	此标签会作为块级表格来显示，表格前后带有换行符
<caption>	display:table–caption	此标签会作为一个表格标题显示
<thead>	display:table–header–group	此标签会作为一个或多个行的分组来显示
<tbody>	display:table–row–group	此标签会作为一个或多个行的分组来显示
<tfoot>	display:table–footer–group	此标签会作为一个或多个行的分组来显示
<tr>	display:table–row	此标签会作为一个表格行显示
<th>,<td>	display:table–cell	此标签会作为一个表格单元格显示

在表 9–8 中，display:table–caption 和 display:table–cell 这两个属性比较特殊，在于它们都能触发标签的 BFC。有关它们的 BFC 的应用示例请参见第 13 章的浮动定位内容。

9.6 表格综合案例

在本节中，我们将综合应用前面所学过的知识在网页中创建一个如图 9–11 所示的表格。

天气预报						
日期		天气现象		气温	风向	风力
22日星期五	白天		晴间多云	高温7℃	无持续风向	微风
	夜间		晴	低温-4℃	无持续风向	微风

图 9–11　使用表格创建的天气预报

创建如图 9–11 所示的表格的步骤如下。

第一步 分析给定的实现效果图，以获得表格结构。

由分析可知，图 9–11 所示的表格是一个 4 行 7 列的表格，其中第 1 行的第 1 个单元格执行了横跨 7 列的单元格合并操作；第 2 行的第 1 个和第 2 个单元格都执行了横跨 2 列的单元格合并操作；第 3 行的第 1 个单元格从第 3 行横跨到第 4 行，实现了行的合并。

第二步 根据分析所得到的表格结构，使用表格标签搭建页面结构。

根据第一步的分析，需要使用表格标签创建一个 4×7 的表格，其中第一行的第 1 个单元格需要设置 colspan="7"；第 2 行的第 1 个和第 2 个单元格中分别设置 colspan="2"；第 3 行的第 1 个单元格中需要设置 rowspan="2"。

第三步 对搭建好的页面结构进行样式设置。

首先把图 9-11 中的表格截到 Photoshop 中，然后通过测量获得各块内容的宽高，背景颜色、边框颜色、文字颜色等信息则通过吸管工具来获取。得到这些数据后，接下来就可以使用 CSS 样式表对表格各块内容根据效果图来一一进行设置。

按上述步骤实现表格的代码如示例 9-8 所示。

【示例 9-8】使用表格创建天气预报。

（1）根据第一步的分析，可得到如下所示的结构代码：

```
<table>
    <tr>
        <td colspan="7"> 天气预报 </td>
    </tr>
    <tr>
      <th colspan="2"> 日期 </th>
      <th colspan="2"> 天气现象 </th>
      <th> 气温 </th>
      <th> 风向 </th>
      <th> 风力 </th>
    </tr>
    <tr>
      <td rowspan="2">22 日星期五 </td>
      <td> 白天 </td>
      <td> </td>
      <td> 晴间多云 </td>
      <td> 高温 7℃ </td>
      <td> 无持续风向 </td>
      <td> 微风 </td>
    </tr>
    <tr>
      <td> 夜间 </td>
      <td> </td>
      <td> 晴 </td>
      <td> 低温 -4℃ </td>
      <td> 无持续风向 </td>
      <td> 微风 </td>
    </tr>
</table>
```

执行上述代码可得到如图 9-12 所示表的基本结构。

注意：效果图中的太阳和月亮图片在此作为背景来设置，在 HTML 代码中对应的单元格使用空格的字符实体来占位，以免有些浏览器浏览时无法正确显示没有任何内容的单元格。

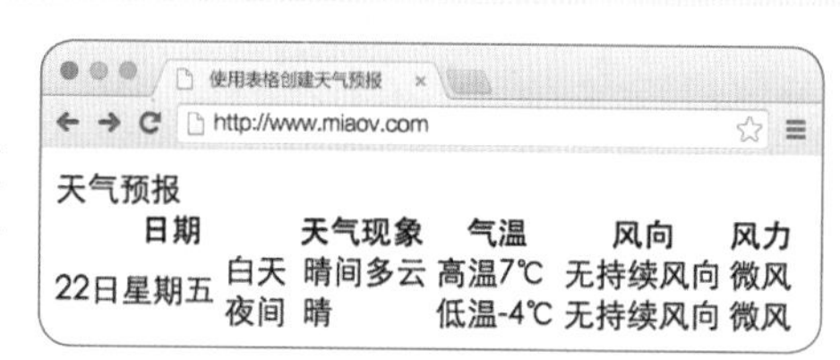

图 9-12　表格基本结构

（2）使用 CSS 设置表格样式。

由于图 9–11 所示的表格是细边框，因此应重置表格边框分离样式。另外，使用 Photoshop 测量的尺寸是盒子的尺寸，不包含内边距，因此实现时或者重置单元格的默认内边距，或者设置的单元格的宽高分别减小 2px。根据这些分析以及使用 Photoshop 所获得的各块内容的尺寸以及背景颜色、边框颜色等数据，编写了以下 CSS 代码。因为 CSS 代码量比较多，我们将这些样式表创建为一个外部样式文件：table.css。

```
table {/* 表格样式 */
    border-collapse: collapse;/* 合并边框 */
    border: 1px solid  #99b0da;
    text-align: center;
    font-size: 12px;
}
th,
td {/* 单元格公共样式 */
    padding: 0;/* 清除单元格的默认内边距 */
    border: 1px solid #99b0da;
}
/* 设置第 1 行文本样式 */
.title {
    height: 30px;
    font: 900 16px " 微软雅黑 ";
    background: #ebeff7;
}
/* 设置第 2 行文本样式 */
.header {
    height: 30px;
    font-size: 14px;
    font-family: " 微软雅黑 ";
    background: #dbe3fa;
}
/* 各个单元格的尺寸 */
.date {/* 星期样式 */
    width: 95px;
    height: 57px;
}
.day {/* 白天样式 */
    width: 76px;
    height: 28px;

}
.date,
.day,
```

```
.night {/* 星期、白天和夜间样式 */
    background: #F4F7FC;
}
.icon-d {/* 太阳图片样式 */
    width: 63px;
    background: url(images/sun.png) no-repeat 17px 4px;
}
.icon-n {/* 月亮图片样式 */
    background: url(images/moon.png) no-repeat 17px 4px;
}
.weather {/* 天气样式 */
    width: 115px;
}
.tem {/* 低温样式 */
    width: 95px;
    color: #000065;
}
.temOrange {/* 高温样式 */
    color: #e54600;
}
.wind {/* 风力和风向样式 */
    width: 94px;
}
```

为了使 table.css 中的样式表能格式化 HTML 页面中的表格，需要将两个文件进行关联。常用关联方式是链接方式。为此，需要在 HTML 页面中添加 <link> 标记，同时还需要根据 table.css 中所使用的类名，对上面创建的表格标签添加相应的类属性。完整的 HTML 代码如下：

```
<!doctype html>
<html>
<head>
<meta charset="utf-8"/>
<title> 使用 CSS 格式化表格 </title>
<link href="table.css" rel="stylesheet" type="text/css"/>
</head>
<body>
  <table>
    <tr>
        <td colspan="7" class="title"> 天气预报 </td>
    </tr>
    <tr>
      <th colspan="2" class="header"> 日期 </th>
      <th colspan="2" class="header"> 天气现象 </th>
```

```
        <th class="header"> 气温 </th>
        <th class="header"> 风向 </th>
        <th class="header"> 风力 </th>
      </tr>
      <tr>
        <td rowspan="2" class="date">22 日星期五 </td>
        <td class="day"> 白天 </td>
        <td class="icon-d">  </td>
        <td class="weather"> 晴间多云 </td>
        <td class="tem temOrange"> 高温 7℃ </td>
        <td class="wind"> 无持续风向 </td>
        <td class="wind"> 微风 </td>
      </tr>
      <tr>
        <td class="night"> 夜间 </td>
        <td class="icon-n">  </td>
        <td> 晴 </td>
        <td class="tem"> 低温 -4℃ </td>
        <td> 无持续风向 </td>
        <td> 微风 </td>
      </tr>
    </table>
</body>
</html>
```

练习题

使用本章以及前面各章节所学知识，完成如图 9-13 所示的练习。

图 9-13

Chapter 10

第10章 构建在控件之上的数据交互方案：网页表单

看文字太累？那就看视频！

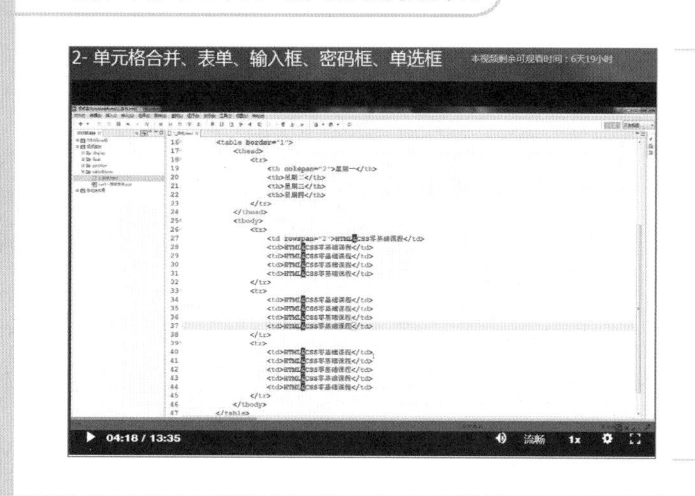

妙味视频

遇到困难？去社区问高手！

技术交流社区

填写信息、传递数据、产生交互……在表单的诸多控件方案中，我们精心挑选着使用，让信息交互秩序井然。

表单是实现动态网页的一种主要外在形式，利用表单可以实现和用户的交互，比如收集浏览者的信息或实现搜索等功能。

10.1 表单概述

申请网上的一些服务，如网上订购，通常需要注册，即在网站所提供的表单中填写用户的相关信息，如图 10-1 所示为当当网上商城的收货人信息注册表单。

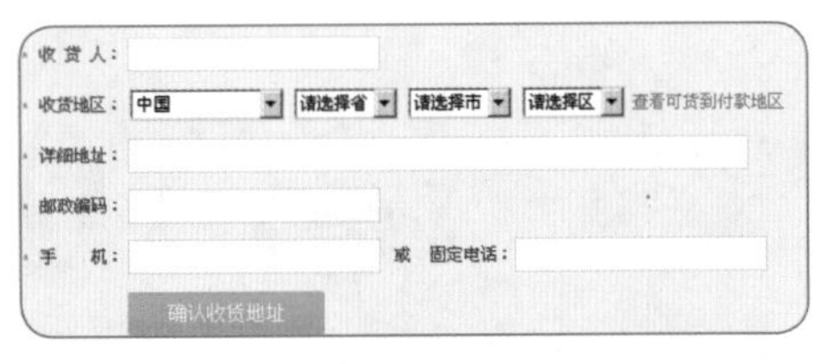

图 10-1　当当网上商城的收货人信息注册表单

表单信息的处理过程：单击表单中的提交按钮时，在表单中输入的信息就会被提交到服务器中，服务器的有关应用程序将处理提交信息，处理的结果或者是将用户提交的信息储存在服务器端的数据库中，或者是将有关信息返回到客户端的浏览器上。

完整地实现表单功能，需要涉及两部分：一是用于描述表单对象的 HTML 源代码；二是客户端的脚本或者服务器端用于处理用户所填写信息的程序。在这一章中，只介绍描述表单对象的 HTML 代码。

用于描述表单对象的标签可以分成表单 <form> 标签和表单域标签两大类。<form> 用于定义一个表单区域，表单域标签用于定义表单中的各个元素，通常表单元素需要放在 <form> 标签中，但在 HTML5 中，表单域通过添加 form 属性也可以放在 <form> 标签外面。表单组成标签如表 10-1 所示。

表 10-1　表单组成标签

标　签	描　述
<form>	定义一个表单区域以及携带表单的相关信息
<input>	定义输入表单元素
<select>	定义列表元素
<option>	定义列表元素中的项目
<textarea>	定义表单文本域元素
<label>	定义输入元素的标签
<button>	定义各种类型的按钮

10.2 <form> 标签

表单是网页上的一个特定区域，这个区域由一对 <form> 标签定义。<form> 标签有两方面的作用：一方面，限定表单的范围，即定义一个区域，表单各元素都要设置在这个区域内，单击提交按钮时，提交的也是这个区域内的数据；另一方面，携带表单的相关信息，如处理表单的程序、提交表单的方法等。表单标签的设置语法如下：

```
<form name="表单名称" method="提交方法" action="处理程序">
  …
</form>
```

语法说明：<form> 标签的常用属性除了 name、method 和 action 外，还包括 onsubmit、enctype 等属性，如表 10-2 所示。

表 10-2　<form> 标签的常用属性

属　性	描　述
name	设置表单名称，用于脚本引用

续表

属　性	描　述
method	定义表单数据从客户端传送到服务器的方法，包括两种方法：get 和 post，默认使用 get 方法
action	用于指定处理表单的服务端程序
onsubmit	用于指定处理表单的脚本函数
enctype	设置 MIME 类型，默认值为 application/x-www-form-urlencoded；需要上传文件到服务器时，应将该属性设置为 multipart/form-data
target	规定在何处打开 action URL，可取的值和超链接 <a> 的 target 属性完全一样，即包括 _blank、_self、_parent、_top 和 framename

在表 10-2 中，表单数据的提交方法既可以使用 get，也可以使用 post。在实际使用时这两种方法有什么区别呢？

get 方法是将表单内容附加到 URL 地址后面，所以对提交信息的长度进行了限制，在一些浏览器中，最多不能超过 8KB 个字符。如果信息太长，将被截去，从而导致意想不到的处理结果。同时 get 方法不具有保密性，不适于处理如密码、银行卡卡号等要求保密的内容，而且不能传送非 ASCII 码的字符。post 方法是将用户在表单中填写的数据包含在表单的主体中，一起传送给服务器上的处理程序，该方法没有字符个数和字符类型的限制，它包含了 ISO10646 中的所有字符，所传送的数据不会显示在浏览器的地址栏中。默认情况下，表单使用 get 方法传送数据，当数据涉及保密要求时必须使用 post 方法，而所传送的数据用于执行插入或更新数据库操作时，则最好使用 post 方法，而执行搜索操作时可以使用 get 方法。

10.3 input 表单控件

10.3.1 input 表单控件概述

输入标签 <input> 用于设置表单输入元素，其中包括文本框、密码框、单选框、复选框、按钮等元素。输入标签的设置基本语法如下：

```
<input type=" 元素类型 " name=" 表单元素名称 " >
```

语法说明：type 属性用于设置不同类型的输入元素，可设置的元素类型如表 10-3 所示。name 属性指定输入元素的名称，作为服务器程序访问表单元素的标识名称，名称必须唯一。对于表 10-3 所示的各种按钮元素，必须设置的一个属性是 type；而其余输入元素必须设置的是 type 和 name 两个属性。

表 10-3　type 属性值

属　性	描　述
text	设置单行文本框元素
password	设置密码元素
file	设置文件元素
hidden	设置隐藏元素
radio	设置单选框元素
checkbox	设置复选框元素
button	设置普通按钮元素
submit	设置提交按钮元素
reset	设置重置按钮元素

10.3.2 文本框

当 type 属性取值为“text”时，input 控件将创建一个单行输入文本框。该文本框用于提供给访问者输入文本信息，输入的信息将以明文显示。基本设置语法如下：

```
<input type="text" name=" 文本框名称 ">
```

语法说明：type 属性值必须为“text”，另外，name 属性为必设属性。除了 type 和 name 属性外，文本框还包括 maxlength、size、value 等可选属性。文本框各属性的说明如表 10-4 所示。

表 10-4　文本框常用属性

属　性	描　述
name	设置文本框的名称，在脚本或后台处理程序中作为文本框标识获取其数据
maxlength	设置在文本框中最多可输入的字符数
size	控制文本框的长度，单位是像素，默认值是 20 个像素
value	设置文本框的默认值

【示例 10-1】创建文本框。

```
<!doctype html>
<html>
<head>
<meta charset="utf-8" />
<title> 创建文本框 </title>
</head>
<body>
    <h4> 请输入用户信息: </h4>
    <form name="form1" action="register.jsp" method="post">
    姓名: <input type="text" name="username"><br />
    电话: <input type="text" name="tel" size="20"><br/>
    邮编: <input type="text" name="pc" maxlength="6"><br />
    个人主页: <input type="text" name="url" value="http://">
      </form>
</body>
</html>
```

上述代码创建 4 个文本框，其中，用于输入邮编的文本框设置了 maxlength="6"，因而在该文本框中最多只能输入 6 个字符，而其他文本框没有设置这个属性，因而可以输入任意多个字符，不同的浏览器对输入的可见字符个数有不同的规定，如 IE 浏览器规定是 20 个字符，Chrome 浏览器规定则是 24 个字符。上述代码在 Chrome 浏览器中的运行结果如图 10-2 所示。

图 10-2　创建文本框

从图 10-2 中我们看出第一个和第二个文本框的长度一样，因为两者的 size 属性都为 20。

10.3.3 密码框

当 type 属性取值为“password”时，input 控件将创建一个密码框。密码框会以“*”或“•”符号回显所输入的字符，从而起到保密的作用。基本设置语法如下：

```
<input type="password" name=" 密码框名称 ">
```

语法说明：type 属性值必须为“password”，密码框具有和文本框一样的属性，作用也是一样的，具体介绍如表 10-4 所示。

【示例 10-2】创建密码框。

```
<!doctype html>
<html>
<head>
<meta charset="utf-8" />
<title> 创建密码框 </title>
</head>
<body>
<h4> 请输入用户姓名和密码 :</h4>
<body>
    <form action="login.jsp" method="post">
    姓名: <input type="text" name="user_name"><br />
    密码: <input type="password" name="psw">
    </form>
</body>
</html>
```

上述代码的运行结果如图 10-3 所示。从图中可看到，密码框中输入的字符以“•”回显。

图 10-3　创建密码框

10.3.4 隐藏域

当 type 属性取值为“hidden”时，input 控件将创建一个隐藏域。隐藏域不会被浏览者看到，它是给开发人员用于在不同页面传递域中所设定的值。在实际应用中，经常用来传递实体的 id 值。比如登录用户的 id、论坛发贴者的 id。虽然浏览者看不到被隐藏的数据，但浏览者可以通过审查元素或者 html 源码看到它们。所以不要将密码、卡号等敏感信息放到隐藏字段中。基本设置语法如下：

```
<input type="hidden" name=" 域名称 " value=" 域值 ">
```

语法说明：隐藏域的 type、name 和 value 属性都必须设置。type 的属性值必须为“hidden”，value 属性用于设置隐藏域需传递的值，name 属性用于设置隐藏域的名称，处理程序使用该名称获取域的数据。

【示例 10-3】创建隐藏域。

```
<!doctype html>
<html>
<head>
<meta charset="utf-8" />
<title> 创建隐藏域 </title>
</head>
<body>
<body>
   <form action="admin.jsp" method="post">
        <input type="hidden" name="username" value="nch">
   </form>
</body>
</html>
```

文件执行后，将看不到任何表单元素。隐藏域在表单提交时，将传递其所设置的“nch”值给“admin.jsp”页面。

10.3.5 文件域

当 type 属性取值为“file”时，input 控件将创建一个文件域。文件域可以将本地文件上传到服务器端。基本设置语法如下：

```
<input  type="file" name=" 域名称 ">
```

语法说明：type 的属性值必须为“file”，name 属性用于设置文件域的名称，处理程序使用该名称在脚本中获取域的数据。另外需要注意的是，要将文件内容上传到服务器，还必须修改表单的编码，这需要使用 <form> 标签的 enctype 属性，并将该属性的值设置为 multipart/form-data，同时表单提交方法必须为 post。

【示例 10-4】创建文件域。

```
<!doctype html>
<html>
<head>
<meta charset="utf-8" />
<title> 创建文件域 </title>
</head>
<body>
<body>
   <p> </p>
   <form action="regisert.jsp" enctype="multipart/form-data" method="post">
```

```
    请上传相片：<input type="file" name="photo">
    </form>
</body>
</html>
```

在不同的浏览器中，文件域的外观不一样，比如图 10-4 和图 10-5 分别是在 Chrome 和 IE11 浏览器中显示的文件域。要上传文件，只需要单击图中的按钮，然后在自己的计算机中找到要上传的文件即可。

图 10-4　在 Chrome 浏览器中显示的文件域

图 10-5　在 IE11 浏览器中显示的文件域

10.3.6 单选框和复选框

1. 单选框

单选框，用于在一组选项中进行单项（即互斥）选择，每个单选框用一个圆框表示。当 type 属性取值为"radio"时，input 控件将创建一个单选框。基本设置语法如下：

```
<input  type="radio" name="域名称" value="域值" checked="checked">
```

语法说明：type 的属性值必须设置为"radio"；name 属性用于设置单选框的名称，处理程序使用该名称获取域的数据，属于同一组单选框的 name 属性必须设置为相同的值，否则无法在一组选项中实现互斥选择；value 属性用于设置单选框选中后传到服务器端的值；checked 属性用于表示此项被默认选中，如果不设置默认选中状态，则不需要使用 checked 属性。默认情况下，单选框没有被选中。对于单选框，type、name 和 value 三个属性一般都需要设置。

2. 复选框

复选框，用于在一组选项中进行多项选择，每个复选框用一个方框表示。当 type 属性取值为"checkbox"时，input 控件将创建一个复选框。基本设置语法如下：

基本语法：

```
<input type="checkbox" name="域名称" value="域值" checked="checked">
```

语法说明：type 的属性值必须为"checkbox"，name 属性用于设置复选框的名称，处理程序使用该名称获取域的数据，同一组复选框的 name 属性值可以设置为相同，也可以设置不同；value 和 checked 属性的使用和单选框完全一样。对于复选框，type、name 和 value 三个属性一般都需要设置。

【示例 10-5】创建单选框和复选框。

```
<!doctype html>
<html>
<head>
<meta charset="utf-8" />
<title>创建单选框和复选框</title>
</head>
<body>
    <form>
        性别:<input type="radio" value="female" name="gender"/>女
         <input type="radio" value="male" name="gender"/>男<br />
          爱好:
         <input type="checkbox" value="music" name="m1" checked="checked"/>音乐
         <input type="checkbox" value="trip" name="m2"/>旅游
         <input type="checkbox" value="reading" name="m3" checked="checked"/>阅读
    </form>
</body>
</html>
```

上述代码的运行结果如图 10-6 所示。从图中可以看到单选框默认情况下没有选项被选中，而复选框默认选中了“音乐”和“阅读”两个选项，因为这两项设置了 checked 属性。

图 10-6　创建单选框和复选框

思考：可否把示例 10-5 中的 3 个复选框的 name 属性值设置为相同？

10.3.7 提交按钮

当 type 属性取值为“submit”时，input 控件将创建一个提交按钮。提交按钮用于将表单内容提交到指定服务器处理程序或指定客户端脚本进行处理。基本设置语法如下：

```
<input type="submit" name="按钮名称" value="按钮显示文本">
```

语法说明：type 属性值必须为“submit”，为必设置属性；name 属性用于设置按钮的名称，如果处理程序不需要引用该按钮，可以省略该属性；value 属性用于设置按钮上面显示的文本，不设置该属性时在 IE 浏览器中默认显示“提交查询内容”，在 Chrome 浏览器中则默认显示“提交”。

【示例 10-6】创建提交按钮。

```
<!doctype html>
<html>
<head>
<meta charset="utf-8" />
<title>创建提交按钮</title>
</head>
<body>
```

```
    <form action="login.jsp" method="post">
      请输入用户名 :<input type="text" name="username"/>
      <input type="submit" value=" 登 录 "/>
    </form>
  </body>
  </html>
```

示例 10-6 代码的运行结果如图 10-7 所示。单击图中的“登录”按钮后页面请求转到表单 action 属性所指定的处理程序 login.jsp 处理。

图 10-7　创建提交按钮

10.3.8 普通按钮

当 type 属性取值为“button”时，input 控件将创建一个普通按钮。普通按钮用于激发提交表单动作，需要配合 javascript 脚本对表单执行处理操作。基本设置语法如下：

```
<input type="button" value=" 按钮显示文本 " onclick="javascript 函数名 " name=" 按钮名称 ">
```

语法说明：type 属性值必须为“button”，为必设属性；name 属性和 value 属性的作用与 submit 按钮的一样，唯一不同的是没有设置 value 属性时，按钮上面将不显示任何文字；onclick 属性用于指定处理表单内容的脚本，为必设属性。

【示例 10-7】创建普通按钮。

```
<!doctype html>
<html>
<head>
<meta charset="utf-8" />
<title> 创建普通按钮 </title>
<script type="text/javascript">
    function del(){
      if(confirm(" 确定要删除该信息吗？ 删除将不能恢复！ "))
        window.location="delete.jsp";
    }
</script>
</head>
<body>
  <form>
       <input type="button" onclick="del()" value=" 删除 "/>
  </form>
</body>
</html>
```

示例 10-7 代码运行后将在页面中显示文本为“删除”的按钮，单击“删除”按钮后页面请求转到表单 onclick 属性所指定的脚本函数 del()，运行 del() 后弹出删除确认对话框，如图 10-8 所示。单击对话框中的“确定”按钮后请求跳到 delete.jsp。

图 10-8　创建提交按钮

10.3.9 重置按钮

当 type 属性取值为“reset”时，input 控件将创建一个重置按钮。重置按钮用于清除表单中所输入的内容，将表单内容恢复成加载页面时的最初状态。基本设置语法如下：

```
<input type="reset" name=" 按钮名称 " value=" 按钮显示文本 ">
```

语法说明：type 属性值必须为“reset”，为必设属性；name 属性和 value 属性的作用与 submit 按钮的一样，value 属性如果不设置的话，按钮文字默认显示“重置”。

【示例 10-8】创建重置按钮。

```
<!doctype html>
<html>
<head>
<meta charset="utf-8" />
<title> 创建重置按钮 </title>
</head>
<body>
    <form>
            请输入用户名：<input type="text" name="username"/>
            <input type="reset" value=" 取 消 "/>
    </form>
</body>
</html>
```

上述代码的运行结果如图 10-9 所示。在图中的文本框中输入任意文本后单击“取消”按钮，文本框将清空，回到最初的空状态。

图 10-9　创建重置按钮

10.3.10 图像按钮

当 type 属性取值为“image”时，input 控件将创建一个图像按钮。图像按钮外形以图像表示，功能与提交按钮一样，具有提交表单数据的作用。基本设置语法如下：

```
<input type="image" name=" 名称 " src=" 图像路径 " alt=" 替换信息 " width= " 宽度值 " height=" 高度值 ">
```

语法说明：type 属性值必须为“image”，为必设属性；name 属性的作用与 submit 按钮的一样；src 属性用于设置图像的路径，为必设属性；alt 属性通常需要设置，当无法正常显示图像时能显示其指定的替换信息；width 和 height 属性分别用于设置图像的宽度和高度，为可选属性。

【示例 10-9】创建图像按钮。

```
<!doctype html>
<html>
<head>
<meta charset="utf-8" />
<title>创建图像按钮</title>
</head>
<body>
  <form action="ex10-8.html">
    姓名:<input type="text" name="username"/>
    <input type="image" src="images/imgBtn.png" name="image" alt="submitBtn" width="167" height="40"/>
  </form>
</body>
</html>
```

在 Chrome 浏览器中的运行结果如图 10-10 所示。图像按钮相比于提交按钮，作用完全一样，不同的是其外形是所指定的图像，而且可以根据需要修改图像按钮的大小。当鼠标经过图像按钮时，鼠标指针会变成“小手”形状，提示当前用户该图像可以单击。当在文本框中输入“张三”后单击图片按钮，请求就会跳转到 ex10-8.html 页面，此时在地址栏后面会显示“?username= 张三 &image.x=126&image.y=10”信息，如图 10-11 所示。

图 10-10　创建图像按钮

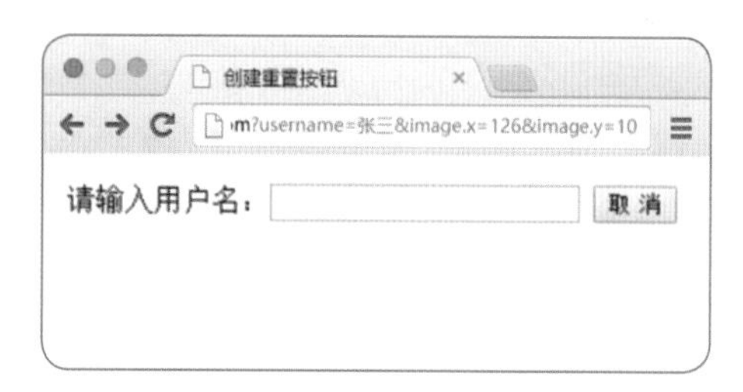

图 10-11　表单提交后的效果

图 10-11 地址栏中的“？”后面的内容为请求参数，其中“username= 张三”是由表单提交的用户输入的数据，而“image.x=126”和“image.y=10”则是图像按钮被单击位置的 x 和 y 坐标。单击位置不一样时，这个坐标也会不一样。这些数据之所以能显示在地址栏中，是因为表单使用了默认的 get 提交方法。在 10.2 节中介绍过，表单默认的提交方法是 get，用该方法提交数据的一个特点是会将数据显示在地址栏中，显示格式如图 10-11 所示，即显示的参数会放在“？”后面，然后是参数名 = 参数值，如果有多个参数，第二个参数开始时需要在每个参数名前加上“&”符号。

注意：图像按钮相对于前面介绍的几个外观单调的按钮来说，显得更加生动。其实使用 CSS，其他按钮也可以获得图像按钮这些的效果，使用 CSS 美化按钮的具体示例请参见 10.11.2 节的介绍。

10.3.11 button 元素按钮

前面介绍了提交按钮、普通按钮和重置按钮，这 3 种按钮都属于表单 input 元素。在实际应用中，还可以使用非输入表单元素来实现这 3 种按钮功能。这个元素就是 button 元素。相比于前面 3 个按钮，button 元素提供了更为强大的功能和更丰富的内容。基本设置语法如下：

```
<button type="submit|button|reset" name=" 名称 " value=" 初始值 "> 文本 | 图片 |...</button>
```

语法说明：button 是双标签，其中的所有内容都作为按钮的内容，可以是除了图像映射以外的任何可接受的正文内容，比如文本、图片、动画等内容。type 属性可取 submit、button 和 reset 三个值，在 W3C 浏览器中默认等于 submit，而在 IE 9 以前版本的浏览器中默认等于 button。type 属性取 submit 值时功能等效于提交按钮；取 button 值时功能等效于普通按钮；取 reset 值时功能等效于重置按钮。

需要注意的是，button 元素按钮提交的值，在版本较低的 IE 浏览器中，比如 IE 9 以前的版本，将提交 <button> 与 <button/> 之间的内容，而其他 W3C 浏览器和 IE 10 及以上版本的浏览器将提交按钮的 value 属性的内容。

【示例 10-10】创建 button 元素按钮。

```
<!doctype html>
<html>
<head>
<meta charset="utf-8" />
<title> 创建 button 按钮 </title>
</head>
<body>
   <form action="ex10-8.html">
     姓名 :<input type="text" name="username"/>
     <button><img src="images/imgBtn.png" alt="submitBtn"/></button>
   </form>
</body>
</html>
```

上述代码的运行结果如图 10-12 所示。从图中可以看到，button 按钮上显示的是一张图片。整体来看，这个 button 按钮外观并不美观，原因主要是 button 按钮存在默认样式。使用浏览器的开发者工具，可以查看到 button 默认存在边框、内边距等样式，而且浏览器不同，这些样式也有所差别，比如，IE 浏览器中默认的边框宽 1px，padding:3px 6px；而 Chrome 浏览器中默认的边框宽 2px，padding:1px 6px。button 按钮的这些默认样式可以使用 CSS 进行重置。

图 10-12　创建 button 按钮

10.4 label 标签

label 标签用于为表单 input 元素定义标签，这样用户单击这个标签（文本）后，就可以实现将光标聚焦到对应的 input 元素上。比如单选框，没有使用 label 标签时，只有鼠标单击单选框（即圆圈）时才会选择该选项，如果只是单击这些选项的文本，此时是没有效果的。但如果对单选框使用了 label 标签，则除了可以单击按钮选择选项外，还可以通过单击 label 标签的任何文本来选择选项。

label 元素不会向用户呈现任何特殊的样式。不过，它为鼠标用户改善了可用性，因为此时用户单击 label 元素内的文本，会切换到控件本身。

【示例 10-11】 label 标签使用示例。

```
<!doctype html>
<html>
<head>
<meta charset="utf-8" />
<title>Label 标签使用示例 </title>
</head>
<body>
  <form>
    <input type="radio" value=" 男 " name="sex"> 男
    <label>
        <input type="radio" value=" 女 " name="sex"> 女
    </label>
  </form>
</body>
</html>
```

上述 HTML 代码中创建了“男”“女”两个单选框，其中只为“女”设置了 label 标签，运行结果如图 10-13 所示。

图 10-13　Label 标签的使用

在图 10-13 中，单击进行选择，当选中“男”选项时，只能单击单选框才能选中。但是选中“女”选项时，除了单击单选框外还可以通过单击文本“女”来选中选项。比较两种单击方式，可以发现添加了 label 标签的单选框扩展了单击区域，因而可以很轻松地选中选项。可见，label 标签确实可以改善控件的可用性。

在示例 10-11 中，我们把控件放在 <label></label> 标签对之间，通过标签的包含来建立两者的联系。这是 <label> 标签的一种用法。此外，还有一种用法是：在控件中指定 id 属性，然后在 <label> 标签中添加 for 属性，并设置其属性值等于控件的 id 值，这样通过 id 值就建立了 <label> 和控件的联系。对于第一种用法，<label> 和所操作的控件的联系形式称为隐式形式；第二种用法的联系形式称为显式形式。

【示例 10-12】 将示例 10-11 中的 label 标签和控件的联系形式修改为显式形式。

```
<!doctype html>
<html>
```

```
<head>
<meta charset="utf-8" />
<title>设置 label 标签和控件的联系形式为显式 </title>
</head>
<body>
  <form>
    <input type="radio" value=" 男 " name="sex">男
    <input type="radio" value=" 女 " name="sex" id="female">
    <label for="female">女 </label>
  </form>
</body>
</html>
```

上述代码的运行结果和功能和示例 10-11 完全一样。

使用显式联系形式后，<label> 和控件不需要在一起，但是，从结构上来看，两个元素离得太远，很难想到两者是有关联的，代码的可读性变差，所以把控件和它们的标签分开是不太明智的，应该尽量避免这么做。

10.5 选择列表

选择列表允许访问者从选项列表中选择一项或几项。它的作用等效于单选框（单选时）或复选框（多选时）。在选项比较多的情况下，相对于单选框和复选框来说，选择列表可节省很大的空间。

创建选择列表需要使用 <select> 和 <option> 标签。其中，<select> 标签用于声明选择列表，需由它确定选择列表是否可多选，以及一次可显示的选项数；而选择列表中的各选项则需要由 <option> 来设置，其可设置各选项的值以及是否为默认选项。实现这些设置功能需要使用到标签的相应属性。它们的常用属性如表 10-5 所示。

表 10-5　选择列表标签常用属性

标　签	属　性	描　述
select	name	指定列表的名称
	size	定义能同时显示的列表选项个数（默认为 1），取值大于或等于 1
	multiple	定义列表中的选项可多选，没有该属性时只能选择一个选项
option	value	设置选项值
	selected	设置默认选项，可对一到多个列表选项进行此属性的设置

依列表选项一次可被选择和显示的个数，选择列表可分为以下两种形式：多项选择列表和下拉列表（下拉菜单）。

1. 多项选择列表

多项选择列表是指一次可以选择多个列表选项，且一次可以显示 1 个以上选项的选择列表。基本设置语法如下：

```
<select name=" 列表名称 " size=" 显示的选项数目 " multiple="multiple">
  <option value=" 选项值 1" [selected="selected"]> 选项一 </option>
  <option value=" 选项值 2" [selected="selected"]> 选项二 </option>
```

```
    <option value="选项值 3" [selected="selected"]>选项三</option>
    …
  </select>
```

语法说明：<select> 标签中的 size 属性取值大于或等于 1，通常会大于 1，否则用户体验很差。在 HTML5 中，multiple 属性可以不用设置值，即直接在标签中添加 multiple 属性即可。当标签中包含了 multiple 属性后，按住“Shift”或“Ctrl”键时，列表可实现多项选择；如果没有 multiple 属性则只能单项选择。selected 属性用于设置选项是否是默认选中项。在 HTML5 中，selected 属性和 multiple 属性一样，可以在标签中只写属性名。当列表可多项选择时，可以在一到多个 <option> 标签中设置 selected 属性，否则最多只能有一个 <option> 标签设置该属性。value 属性可选，如果没有设置，将提交选项的文本标签。

【示例 10-13】创建多项选择列表。

```
<!doctype html>
<html>
<head>
<meta charset="utf-8" />
<title>创建多项选择列表</title>
</head>
<body>
  <form>
  请选择您最喜欢吃的水果：<select name="fruit" size="5" multiple>
       <option value="banana" selected>香 蕉</option>
       <option value="apple">苹 果</option>
       <option value="pear" selected="selected">梨 子</option>
       <option value="grape" selected="selected">葡 萄</option>
       <option value="watermelon">西 瓜</option>
       <option value="peach">桃 子</option>
     </select>
   </form>
</body>
</html>
```

上述代码中允许多项选择，并且默认设置 3 项已被选中。列表可以一次显示 5 项，而列表中有 6 个选项，一次显示不完时会显示垂直滚动条。在 Chrome 浏览器中的运行结果如图 10-14 所示。在图中可以看到默认情况下已有 3 项被选中。

图 10-14　Label 标签的使用

2. 下拉列表

下拉列表是指一次只能选择一个列表选项，且一次只能显示一个选项的选择列表。基本设置语法如下：

```
<select name="列表名称" >
  <option value="选项值">选项一</option>
```

```
  <option value=" 选项值 "> 选项二 </option>
  <option value=" 选项值 "> 选项三 </option>
  …
</select>
```

语法说明：<select> 标签的 size 属性值默认为 1，所以对于下拉列表，可以不用设置 size 属性。另外，不能设置 multiple 属性。如果要设置默认选中项，则只能允许一个选项设置 selected 属性。不设置 selected 属性时，默认第一项被选中。

【示例 10-14】创建下拉列表。

```
<!doctype html>
<html>
<head>
<meta charset="utf-8" />
<title> 创建下拉列表 </title>
</head>
<body>
   <form>
     您的最高学历 / 学位:
      <select name="degree">
      <option value="1"> 博士后 </option>
      <option value="2" selected="selected"> 博士 </option>
      <option value="3"> 硕士 </option>
       <option value="4"> 学士 </option>
      <option value="0"> 其他 </option>
     </select>
   </form>
</body>
</html>
```

上述代码中“博士”选项默认被选中，运行时将首先显示“博士”选项，其他选项则被隐藏起来，如图 10-15 所示。要查看或选择其他选项需要单击下拉箭头，如图 10-16 所示。

图 10-15　下拉列表默认显示选中项

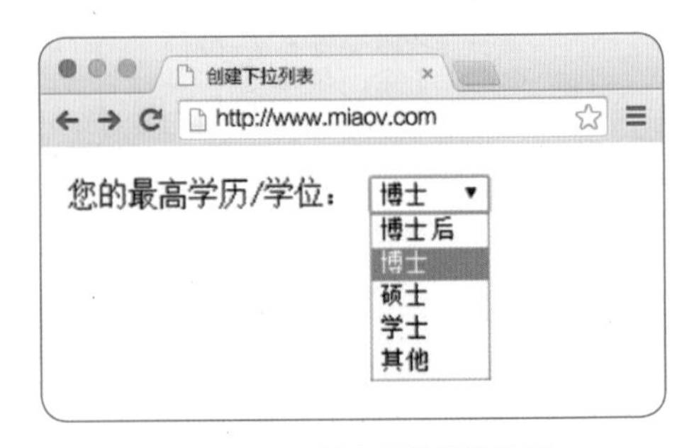

图 10-16　单击下拉箭头效果

注意：下拉列表在不同浏览器下的表现形式是不一样的，而且用户对其可以修改的样式也是有局限性的，所以在网页中比较漂亮的下拉列表都是通过其他方式实现的。我们会在 10.11 节中介绍它的美化方法。

10.6 多行文本域

在前面介绍的文本框，虽然可以在文本框中输入任意多个字符，但它只能以单行形式显示文本，用户写的内容比较多时，比如填写问题或者评论时，使用文本框显然不合适，这时可以使用具有多行的文本域。在网页表单中，多行文本域需要使用 <textarea> 标签来创建。基本设置语法如下：

```
<textarea name=" 文本域名称 " rows=" 行数 " cols=" 字符数 ">
   …（此处输入的为默认文本）
</textarea>
```

语法说明：rows 属性用于设置可见行数，当文本内容超出这个值时将显示垂直滚动条，cols 属性用于设置一行可输入多少个字符。标签对之间可以输入文本，也可以不输入，如果输入将作为默认文本显示在文本域中。另外，rows 和 cols 属性都可以不设置，而改用 CSS 的 width 和 height 属性设置。

【示例 10-15】创建文本域。

```
<!doctype html>
<html>
<head>
<meta charset="utf-8" />
<title> 创建文本域 </title>
</head>
<body>
   <form>
     备注信息 : <textarea name="remark" rows="8" cols="30"></textarea>
    </form>
</body>
</html>
```

上述代码创建了一个 8 行 30 列的文本域。在不同的浏览器中，文本域的表现形式有所不同，而且行为也会有所不同。图 10-17 所示为在 Chrome 浏览器中的运行结果，而图 10-18 所示为在 IE 11 浏览器中的运行结果。

图 10-17　在 Chrome 浏览器中的运行效果

图 10-18　在 IE 11 浏览器中的运行效果

比较图 10-17 和图 10-18，可以发现图 10-17 中文本域右下角有两条“斜线”，拖动“斜线”可以改变文本域的大小。而图 10-18 中没有“斜线”，也不能改变文本域的大小。Firefox 浏览器中的运行效果和 Chrome

浏览器的类似，也同样可以改变文本域大小，不过在文本域右下角是一个倒三角形。如果不想让文本域被随意扩大或缩小，可以使用 CSS 样式代码“resize:none”来清除这一特性，如下所示：

```
textarea{
    resize:none;
}
```

注意：默认情况下，文本域中的可输入字符由表单的提交方法以及数据库字段的长度来决定。当提交的数据不需要保存在数据库中时，则由表单的提交方法来决定。在 10.1 节中介绍了，get 方法提交的数据有长度限制，而且不同浏览器限制的长度不一样；而 post 方法则没有长度限制。如果需要进行字符长度的输入限制，可以使用 JavaScript 脚本等方法。

至此，我们已介绍 <a>、<img>、表格、表单、列表等常用标签，除了这些标签外，还有一些标签如 <b>、<basefont>、<font>、<s>、<strike>、<u> 等用于修饰文本的标签，这些标签现在已不再建议使用了，所以将不再赘述这些标签。如想了解这些标签的用法，大家可访问 http://www.w3school.com.cn/tags/index.asp 查阅。

10.7 表单元素的 disabled 和 readonly 属性

在某些情况下，input 表单控件并不用于用户输入数据，而是将已有数据显示给用户查看，而且显示的这些数据，用户不能删除，也不能修改，即这些数据是只读的，比如在某个表单中为用户预填了某个唯一识别代码，不允许用户改动，但是在提交时需要传递该值，此时应该将它设置为只读。此外，还有一种情况就是，在某些情况下，某些表单元素不可用，比如在用户提交表单到后台，在后台正在处理表单的过程中，不允许用户再次提交表单，这时应将提交按钮设置为不可用。在实际应用中最常使用的方法是：在用户单击提交按钮后，利用 JavaScript 将提交按钮设为 disabled，这样可以防止在网络条件比较差的环境下，用户反复单击提交按钮导致数据冗余地存入数据库。针对第一种情况，可以使用表单元素的 readonly 属性来实现。readonly 属性的使用方法是：在元素的开始标签中添加 readonly="true" 属性来设置。在 HTML5 中，也可以不用设置属性值，直接在元素的开始标签中写上 readonly 属性即可。针对第二种情况，则需要使用表单元素的 disabled 属性实现。disabled 属性的使用方法是：在元素的开始标签中添加 disabled="true" 属性来设置。在 HTML5 中，也可以不用设置属性值，直接在元素的开始标签中写上 disabled 属性即可。从作用来看，readonly 和 disabled 两个属性都可以做到使用户不能够更改表单域中的内容，但总体来看，两者之间还存在一定区别。在具体介绍它们的差别之间，先看一个有关它们的示例。

【示例 10-16】设置表单元素为只读和不可用。

```
<!doctype html>
<html>
<head>
<meta charset="utf-8" />
<title> 设置表单元素为只读和不可用 </title>
</head>
<body>
    <form action="ex10-15.html">
```

```
        <h4>readonly 属性的应用: </h4>
        <input type="text" name="input1" value=" 中国 " readonly="true"/><br/><br/>
        <input type="text" name="input2" value=" 中国 " readonly/>
        <h4>disabled 属性的应用: </h4>
        <input type="text" name="input3" value="china" disabled="true"/><br/><br/>
        <input type="text" name="input4" value="china" disabled/><br/><br/>
        <input type="submit" value=" 提交铵钮 1"/>
        <input type="submit" value=" 提交铵钮 2" disabled/>
    </form>
</body>
</html>
```

上述代码设置前两个文本框为只读，后两个文本框以及第二个提交按钮不可用。运行的最初结果如图 10-19 所示。单击图 10-19 中的“提交按钮 1”后的结果如图 10-20 所示。

图 10-19　运行的最初效果

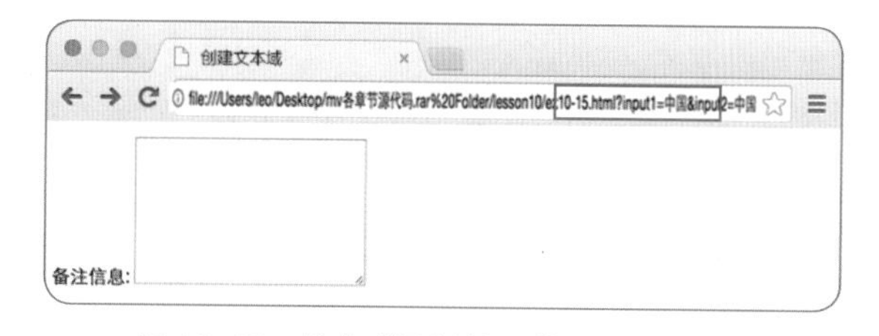

图 10-20　单击“提交按钮 1”后的运行效果

在图 10-19 和图 10-20 中，我们有三个发现。发现一：所有设置为不可用的元素全部变为灰色，而只读元素默认情况下样式没有变化。发现二：4 个文本框中的文本都不能删掉，而且也不能在这些文本框中输入文字。注意：使用 Chrome 浏览器时，光标不能移到只读和不可用元素中；而在 IE 和 Firefox 两个浏览器中，光标可以移到只读元素上，但不可移到不可用元素上。由此可见，只读可以获取焦点，而不可用元素不能获取焦点。发现三：提交表单时，只读元素的数据可以被提交，但不可用元素的数据没有被提交，图 10-20 中的红框所框的就是前两个文本框提交的数据。

由图 10-19 和图 10-20 中的三个发现，我们可以总结 readonly 和 disabled 两个属性之间的区别如下所述。

disabled 属性可针对任何表单域元素。如果一个表单元素的 disabled 属性设为 true，则该表单输入项不能获取焦点，用户的所有操作（鼠标单击和键盘输入等）对该元素都无效，而且当提交表单时，这个表单元素的值将不会被提交。另外在默认情况下，不可用元素呈灰色。

而 readonly 属性只是针对可以输入文本的表单元素，如文本框（text）、密码框（password）和多行文本域（textarea）元素。如果该属性设为 true，用户只是不能编辑这些元素中的文本，但是仍然可以聚焦焦点，并且在提交表单的时候，该输入项会作为 form 的一项数据提交。默认情况下，只读元素的背景没有变化，可以使用 CSS 样式将只读元素的背景设置为灰色，以提高用户的体验。

disabled 和 readonly 两个属性的共同点就是当它们都设置为 true 或直接添加到元素上时，对应的元素都是不可编辑的。

disabled 和 readonly 两个属性都可以使表单元素不可编辑，使用时如何选择呢？——当表单元素的数据需要提交时，使用 readonly 属性，否则使用 disabled 属性。

10.8 表单新增属性

在 HTML5 表单中新增了大量的属性，如 required、autofocus、placeholder 等属性，提供非空校验、自动聚焦和显示提示信息等功能。这些属性实现了 HTML4 表单中需要使用 JavaScript 才能实现的效果，极大地增强了 HTML5 表单的功能。

10.8.1 form 属性

在 HTML5 以前，为表明表单元素和表单的隶属关系，一个表单的元素必须放在 <form></form> 标签对之间。HTML5 为所有表单元素新增了 form 属性，使用 form 属性可以定义表单元素和某个表单之间的隶属关系，这时就不需要再遵循前面的规定了。定义表单元素和表单的隶属关系只要给表单元素的 form 属性赋予某个表单的 id 值即可。基本设置语法如下：

```
<form id="form1">
   …
</form>
<input type="text" form="form1"/>
```

语法说明：Input 元素在表单 <form></form> 标签对的外面，在 HTML4 中，该元素是不属于表单 form1 的，但在 HTML5 中，通过设置 input 元素的 form 属性值等于表单的 id 值“form1”，建立了 input 元素和表单的隶属关系。在实际使用中，可以把 input 元素换成任何的表单元素。

【示例 10-17】 form 属性的应用。

```
<!doctype html>
<html>
<head>
<meta charset="utf-8">
<title>form 属性的应用 </title>
</head>
<body>
  <form id="RegForm">
     用户名：<input type="text" name="username"/><br>
         <input type="submit" value=" 注册 "/>
  </form>
  密 码：<input type="password" name="password" form="RegForm"/>
</body>
</html>
```

上述代码中密码元素在 <form> 标签对的外面，由于它的 form 属性值等于 RegForm，所以它属于

RegForm 表单，提交该表单时，密码也将一并被提交。

从示例 10-17 中，我们可以看到，通过 form 属性，在页面上定义表单元素时，可以随意地放置表单元素，由此可以更加灵活地布局页面。

10.8.2 formaction 属性

在实际应用中，经常需要在一个表单中包含两个或两个以上的提交按钮，例如，系统中的用户管理，通常会在一个表单中包含增加、修改和删除 3 个按钮，单击不同按钮需要提交给不同的程序处理。这个要求在 HTML5 之前，只能通过 JavaScript 来动态地修改 form 元素的 action 属性来实现。

在 HTML5 中，这一要求不再需要脚本的控制，只需要在每个提交按钮中使用新增的 formaction 属性来指定处理逻辑即可。基本设置语法如下：

```
<input type="submit" formaction=" 处理逻辑 "/>
```

语法说明：所有提交按钮都可以使用 formaction 属性。属于提交按钮的元素包括：<input type="submit">、<input type="image"> 和 <button type="submit">。

【示例 10-18】formaction 属性的应用。

```
<!doctype html>
<html>
<head>
<meta charset="utf-8">
<title>formaction 属性的应用 </title>
</head>
<body>
   <form method="post">
      用户名：<input type="text" name="username"><br>
      密 码：<input type="password" name="password"><br>
      <input type="submit" value=" 添加 "  formaction="add.jsp">
      <input type="submit" value=" 修改 "  formaction="update.jsp">
      <input type="submit" value=" 删除 "  formaction="delete.jsp">
   </form>
</body>
</html>
```

上述代码对 3 个提交按钮分别使用 formaction 属性来指定不同的表单处理程序，这样用户单击不同的按钮时表单数据将提交给不同的服务端程序处理。

10.8.3 autofocus 属性

HTML5 表单的 <textarea> 和所有 <input> 元素都具有“autofocus”属性，其值是一个布尔值，默认值是 false。一旦为某个元素设置了该属性，页面加载完成后该元素将自动获得焦点。在 HTML5 之前，要实现该功能需要借助 JavaScript 来实现。

需要注意的是，一个页面中最多只能有一个表单元素设置该属性，否则该功能将失效，建议对第一个

input 元素设置 autofocus 属性。目前几大浏览器的最新版本都已很好地支持该属性。autofocus 属性基本设置语法如下：

```
<input type="text" autofocus/>
或 <input type="text" autofocus = "true"/>
<textarea rows="" cols="" autofocus>...</textarea>
或 <textarea rows="" cols="" autofocus = "true">...</textarea>
```

语法说明：指定某个表单元素具有自动获得焦点有两种方式，一种是只指定 autofocus 属性；另一种是指定 autofocus 属性并设置其值为“true”。

【示例 10-19】使用 autofocus 属性使文本框自动获得焦点。

```
<!doctype html>
<html>
<head>
<meta charset="utf-8">
<title>autofocus 属性应用示例 </title>
</head>
<body>
    <form method="post" action=" ">
        用户名：<input type="text" name="username" autofocus> <br/><br/>
        密  码：<input type="password" name="password"> <br/><br/>
        <input type="submit" value=" 提交 ">
        <input type="reset" value=" 取消 ">
    </form>
</body>
</html>
```

上述代码在 Chrome 浏览器中的运行效果如图 10-21 所示。从图中可看到，页面加载完后，用户名文本框自动获得焦点，光标自动显示在用户名文本框。

图 10-21　文本框自动获得焦点

10.8.4 pattern 属性

pattern 属性是 input 元素的验证属性，该属性的值是一个正则表达式，通过这个表达式可以验证输入内容的有效性。基本设置语法如下：

```
<input type="text" pattern=" 正则表达式 " title=" 错误提示信息 "/>
```

语法说明：根据具体校验要求，设置对应的正则表达式。title 属性不是必须设置的，但为了提高用户体验，建议设置这个属性。

【示例 10-20】使用 pattern 属性校验用户名的有效性，要求在用户注册时，输入的用户名必须符合以字母开头，包含字符或数字，长度为 3 ~ 8，密码为 6 个数字。

```
<!doctype html>
<html>
<head>
<meta charset="utf-8">
<title>pattern 属性应用示例 </title>
</head>
<body>
    <form method="post" action="register.action">
        用户名: <input type="text" name="username" pattern="^[a-zA-Z]\w{2,7}"
         title=" 必须以字母开头，包含字符或数字，长度是 3~8"><br><br>
        密 码: <input type="password" name="password" pattern="\d{6}" title=" 必须
          输入 6 个数字 "><br><br>
        <input type="submit" value=" 注册 ">
        <input type="reset" value=" 取消 ">
    </form>
</body>
</html>
```

上述代码在 Chrome 浏览器中，当输入不符合要求的用户名或密码后提交，浏览器将会弹出错误提示，如图 10-22 和图 10-23 所示。用户名和密码全部输入有效时将提交到指定的处理逻辑。

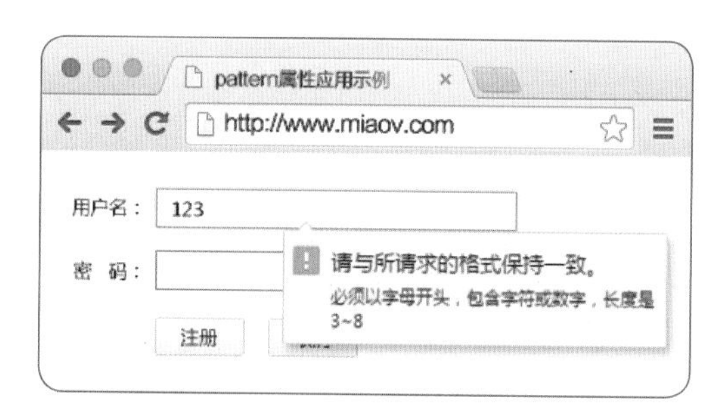

图 10-22　用户名输入不符合要求

图 10-23　密码输入不符合要求

10.8.5 placeholder 属性

placeholder 属性主要用于在文本框或文本域中提供输入提示信息，以增加用户界面的友好性。当表单元素获得焦点时，显示在文本框或文本域中的提示信息将自动消失，当元素内没有输入内容且失去焦点时，提示信息又将自动显示。在 HTML5 以前要实现这些效果必须借助 JavaScript，HTML5 通过 placeholder 属性简化了代码的编写。基本设置语法如下：

```
<input type="text" placeholder=" 提示信息 ">
<textarea rows="…" cols="…" placeholder=" 提示信息 ">
```

说明： placeholder 的属性值即提示信息将自动显示在对应的元素中。

【示例 10-21】使用 placeholder 属性设置输入提示信息。

```
<!doctype html>
<html>
<head>
<meta charset="utf-8">
<title>placeholder 属性应用示例 </title>
</head>
<body>
  <form method="post" action=" ">
    姓名: <input type="text" placeholder=" 请输入您的真实姓名 " name="username"><br>
    电话: <input type="text" placeholder=" 请输入您的手机号码 " name="tel"><br>
    备注: <textarea placeholder=" 输入内容不能超过 150 个字符 " rows="5" cols="30"></textarea><br>
     <input type="submit" value=" 提交 ">
  </form>
</body>
</html>
```

上述代码在 Chrome 浏览器中的运行结果如图 10-24 所示。

图 10-24　设置输入提示信息

10.8.6 required 属性

在 HTML5 以前，要验证某个表单元素的内容是否为空，需要通过 JavaScript 代码来判断元素的值是否为空或字符长度是否等于零的方式来实现。在 HTML5 中，可以通过 required 属性来取代该功能的实现脚本，简化了页面的开发。目前，四大浏览器 IE、Firefox、Opera 和 Chrome 都支持该属性。required 属性基本设置语法如下：

```
<input type="" name="…" required>
或:
<input type="" name="…" required = "true">
```

语法说明：除了 input 元素可设置 required 属性外，其他需要提交内容的表单元素如 textarea、select 等元素也可以设置该属性。required 属性的设置方式跟 autofocus 属性一样具有两种方式，即只添加属性，或添加该属性并设置其值等于“true”两种方式。

【示例 10-22】使用 required 属性对文本进行非空校验。

```
<!doctype html>
<html>
<head>
<meta charset="utf-8">
```

```
<title>required 属性应用示例 </title>
</head>
<body>
<form method="post" action=" ">
    用户名：<input type="text" name="username" required>
    <input type="submit" value=" 提交 ">
</form>
</body>
</html>
```

上述示例对文本框添加了 required 属性，提交表单时浏览器将对文本框进行非空校验。在 Chrome 浏览器中执行后，不输入用户名提交时会弹出错误提示信息，如图 10-25 所示。

图 10-25 使用 required 属性进行非空校验

10.9 元素轮廓（outline）

轮廓（outline）用于描绘元素周围的一条线，位于元素的边缘，可起到突出元素的作用。例如，在浏览器里，当用鼠标单击或使用 Tab 键让一个链接或者一个 radio 获得焦点的时候，该元素将会被一个轮廓虚线框围绕。这个轮廓虚线框就是 outline。outline 能告诉用户哪一个 html 元素获取了焦点，对钟爱键盘操作的用户尤其有意义。一个清晰悦目的 outline 设计能提高用户体验。另一方面，outline 也有些不便的地方，比如使用 CSS 设计的 Tab（标签页）时，选择一个 Tab 之后，Tab 上的轮廓虚线会一直显示，有些影响美观。此外，outline 的默认外观在不同浏览器下的显示也是不一样的，例如按键盘上的 Tab 键选择文本框时，Chrome 浏览器下的轮廓线默认如图 10-26 所示，而 Firefox 浏览器下的轮廓线默认如图 10-27 所示。

图 10-26 Chrome 浏览器下的默认轮廓线

图 10-27 Firefox 浏览器下的默认轮廓线

为了统一元素在各个浏览器下的轮廓以及提高用户体验，常常需要修改轮廓的默认效果。修改轮廓的默认样式需要使用 CSS 的 outline 属性。outline 属性的相关描述如表 10-6 所示。

表 10-6 outline 属性

属 性	属性值	描 述
outline	在一个声明中同时设置各个属性，各属性之间空一格：outline-color outline-style outline-width	简写属性，可在一个声明中同时设置所有的轮廓属性，或设置为 none，取消所有属性的设置； 如果不设置其中的某个值，也不会出问题，比如 outline:solid #ff0000; 也是可以的
	none	
	inherit	
outline-color	取值和 border-color 类似	设置轮廓的颜色，只有当 outline-style 不为 none 时才有效，默认为 transparent
outline-style	取值和 border-style 类似	设置轮廓的风格，默认为 none，无轮廓

续表

属　性	属性值	描　述
outline-width	取值和 border-width 类似	设置轮廓的宽度，默认值为 medium，只有当 outline-style 不为 none 时才有效

表 10-6 中对 outline 和 border 的描述似乎差不多，其实不然，这两者还是有比较大差别的。首先，轮廓线是在边框的外围，它不会占据元素空间，也不会影响布局；其次，border 可应用于几乎所有有形的 html 元素，而 outline 是针对链接、表单控件和图像映射等元素设计，在实际应用中主要是用来设置表单控件获得焦点时的轮廓，这也正是把该内容放在表单这一章的原因所在；最后，outline 的效果随元素的 focus 自动出现，blur 时自动消失。这些都是浏览器的默认行为，无需 JavaScript 配合 CSS 来控制。

【示例 10-23】设置表单元素获得焦点时的轮廓。

```
<!doctype html>
<html>
<head>
<meta charset="utf-8" />
<title>设置表单元素获得焦点时的轮廓</title>
<style>
input:focus {
    outline: red dotted thin;/* 设置表单输入控件获得焦点时的轮廓 */
}
</style>
</head>
<body>
    <form>
      姓名:<input type="text" name="username"/><br/><br/>
      性别:<input type="radio" name="gender"/>女
      <input type="radio" name="gender"/>男
    </form>
</body>
</html>
```

上述 CSS 代码使用了伪类选择器设置表单输入控件获得焦点时显示红色的细点状线轮廓。运行的最初结果如图 10-28 所示。单击图 10-28 中的文本框后，文本框会显示轮廓线，如图 10-29 所示；单击“女”单选框时，该单选框显示轮廓线，如图 10-30 所示。

图 10-28　运行的最初效果

图 10-29　焦点在文本框中

图 10-30　焦点在单选框中

10.10 表单元素的默认样式及重置

在前面学习了很多表单标签，这些标签很多都具有默认的一些样式，而且在不同的浏览器中，这些默认样式还有可能会不一样。为了避免这些默认样式对页网布局造成影响以及确保各个浏览器下的样式保持一致，使用这些标签时常常需要重置它们的默认样式。查看各个表单标签的默认样式的方法很简单，就是在 Chrome、Firefox 和 IE 浏览器中打开“开发者工具”，找到对应的标签，就可以查看其对应的盒子模型了。具体操作步骤请参见第 4 章。

本节对各个表单元素的默认样式不做过多讨论，在此主要是通过表 10-7 总结一下它们的默认样式以及样式的重置。

表 10-7　表单元素的默认样式及重置

元　素	默认样式描述	样式重置

form	在 IE 6 浏览器下 form 上有一个 margin 值	form {
		　margin: 0;
		}

input 表单控件	文本框：默认有内填充、边框；这些默认样式在各个浏览器下表现不一致。
	单选框：默认有外边距，在 IE、Chrome 和 Firefox 浏览器下表现有所不同。
	复选框：默认有外边距，在 IE、Chrome 和 Firefox 浏览器下表现一样。
	各个 Input 控件默认都有轮廓，且在不同浏览器下表现不一致
		input[type=text] {
		　border: none 或其他值 ;
		　padding: 0 或某个 px;
		　outline: none;
		}
		input[type=radio] {
		　outline: none;
		　margin: 0 或某个 px;
		}
		input[type=checkbox] {
		　outline: none;
		　margin: 0 或某个 px 或不重置;
		}
		注意：以上各个默认样式根据实际要求确定具体的像素值或不用重置

textarea	在 Firefox 浏览器下默认有上下外边距；
	IE、Chrome 和 Firefox 浏览器下默认 4 个方向都有内边距和边框，表现都一样；
	Chrome 和 Firefox 浏览器中文本域下的斜线和倒三角形拖曳可以改变文本域的大小；
	在 IE 6 浏览器下元素内容没超出时也会有滚动条，所以需要设置 overflow 属性
		textarea {
		　margin: 0;
		　padding: 某个 px 或不用重置 ;
		　outline: none;
		　resize: none;
		　overflow: auto;
		}
		注意：内边距根据实际要求确定具体的像素值或不用重置

select	默认有 border 边框；
	在 Firefox 浏览器下默认还有内边距
		通常只需要重置内边距样式：
		select {
		　padding: 0;
		}

续表

元　素	默认样式描述	样式重置

option	在 Chrome 和 Firefox 浏览器下默认左右方向有内边距	option {
		left-padding: 某个 px;
		right-padding: 某个 px;
		}
		注意：根据实际要求确定具体的像素值

注意：上面的 input 控件和 textarea 控件都是使用了 outline:none 来取消轮廓，这样做会同时把单击鼠标以及按 Tab 键产生的 outline 取消。这样用户就无法使用键盘来操作控件了，从软件的可用性来说，这算是一个比较大的问题。所以有必要保留按 Tab 键产生的 outline。这个问题较好的一个解决方案是：将 outline:none 结合 JavaScript 来单独取消单击控件时产生的 outline。

10.11 表单美化

从 10.10 节中知道，许多表单元素的默认样式在不同浏览器下会有差别。另外有些默认样式也是比较呆板难看的。为了确保表单元素在各个浏览器下的表现形式一样，以及更加美观，在应用中，通常会使用 CSS 来美化表单。下面通过示例介绍几个表单控件的美化设置。

10.11.1 单行文本框控件的美化

默认情况下，单行文本框是一个白色背景的矩形框，该矩形框在不同浏览器中具有不同的边框宽度和内边距，可以使用 CSS 来修改它的默认样式，包括形状、边框大小、内边距、背景等样式，示例如下。

【示例 10-24】使用 CSS 美化单行文本框。

```
<!doctype html>
<html>
<head>
<meta charset="utf-8" />
<title> 文本框控件美化 </title>
<style>
input {
    width: 150px;
    height: 30px;
    outline: none;/* 取消轮廓 */
}
.txtipt1 {
    border: 1px solid #ccc;/* 重置边框样式 */
    border-radius: 10px;  /*CSS 样式设置圆角 */
    padding-left: 8px;
}
.txtipt2 {
    border: none;/* 取消边框 */
    padding: 0 15px;
    background: url(images/txtBg.png) no-repeat;/* 设置文本框使用背景图片 */
}
```

```
</style>
</head>
<body>
  <form>
      原生态的文本框：<input type="text" name="txt1"><br/><br/>
      使用 CSS 设置圆角的文本框：<input type="text" name="txt2" class="txtipt1">
      <br/><br/>
      使用 CSS 背景图片的文本框：<input type="text" name="txt3" class="txtipt2">
  </form>
</body>
</html>
```

示例 10-24 代码创建了 3 个文本框，其中第一个文本框的样式全部是默认样式；第二个文本框使用了 CSS3 的 border-radius 属性来设置边框圆角，这个属性值大到一定的值时圆角会变成圆弧；第三个文本框使用了一个大小为 150px×30px 的背景图片，在样式代码中，该文本框的边框被取消了，所以显示的将是背景图片。运行结果如图 10-31 所示。

图 10-31　文本框控件的美化

说明： border-radius 圆角设置，在第 13 章有详细讲解，border-radius 属于 CSS3 的特性，在 IE 低版本浏览器中解析不出来。当将 border-radius 的值设置为 20px 时，第二个文本框也可以得到第三个文本框所示的圆弧效果。

10.11.2 按钮控件的美化

与文本框一样，按钮控件也可以使用 CSS 来美化，示例如下。

【示例 10-25】 使用 CSS 美化按钮控件。

```
<!doctype html>
<html>
<head>
<meta charset="utf-8" />
<title> 按钮控件美化 </title>
<style>
.sub {
    width: 150px;
    height: 30px;
    color: #fff;
    font-family: " 微软雅黑 ";
    background: #0276cb;
    border-radius: 4px; /* 设置按钮为圆角 */
    border: 1px solid #0b6eb2; /* 重置按钮的边框样式 */
}
</style>
```

```
</head>
<body>
  <form>
      <input type="submit" value=" 我是美化后的按钮 " class="sub">
      <input type="submit" value=" 我是原生态的按钮 "/>
  </form>
</body>
</html>
```

示例 10-25 代码创建了两个提交按钮，其中第一个按钮使用了 CSS 进行美化，包括对按钮的大小、文本颜色、字体、背景颜色、边框及边框半径样式的设置；而第二个按钮则保持默认样式。运行结果如图 10-32 所示。从图中可以明显看到，美化后的按钮好看多了。

图 10-32　按钮控件的美化

10.11.3 单选框 / 复选框控件的美化

单选框和复选框相对比较简单，直接修改它们的默认样式来美化它们的空间并不大，为此需要使用一些技巧来达到美化单选框和复选框的效果。从前面的介绍，<label> 标签可以和单选框及复选框建立关联，当单击 label 文本时将关联到对应的单选框或复选框，即操作 label 文本就好比操作单选框或复选框一样。由此完全可以使用关联的 label 文本来代表单选框或复选框，这样对单选框和复选框的所有操作包括美化也可以完全针对关联的 label 文本。为了界面的美观，此时需要把对应的单选框和复选框隐藏起来。下面，将根据这个思路来达到对单选框和复选框的美化。

【示例 10-26】使用 CSS 美化单选框控件。

```
<!doctype html>
<html>
<head>
<meta charset="utf-8" />
<title> 单选框的美化 </title>
<style>
span {
    width: 50px;
    height: 30px;
    font: 16px/30px " 宋体 ";
    background: #ccc;
    text-align: center;
    border-radius: 4px;
   display: inline-block;/* 将内联元素的 span 修改为内联块级元素，这样可以设置元素的宽高 */
}
input {
    display: none;/* 将 input 控件隐藏 */
}
/* 找到选中的 input 表单后紧邻的 span 元素 */
```

```
input:checked+span {
    color: #fff;
    background: #000;
}
</style>
</head>
<body>
  <label>
    <input type="radio" name="gender" checked />
    <span>男</span>
  </label>
  <label>
    <input type="radio" name="gender" />
    <span>女</span>
  </label>
</body>
</html>
```

示例 10-26 代码使用 label 标签将 input 与 span 元素关联起来，当单击 span 时会关联到 input 身上。CSS 代码中使用 display:none 将 input 隐藏起来，这样页面上呈现的只是 span 元素。对选中单选框的选择使用 CSS3 的伪类选择器 :checked 来选择，对选中单选框关联的 span 元素的选择，则使用了相邻选择器 input:checked+span 来选择（input:checked+span 选择器的含义是选择紧贴被选中的 input 之后的 span 元素）。运行结果如图 10-33 所示。从图中可以看到，对单选框的美化变成了对 span 元素的美化。

图 10-33　单选框控件的美化

【示例 10-27】使用 CSS 美化复选框控件。

```
<!doctype html>
<html>
<head>
<meta charset="utf-8" />
<title>复选框的美化</title>
<style>
span {
    height: 30px;
    font: 16px/30px "宋体";
    text-align: center;
    display: inline-block;
    padding-left: 35px;
    background: url(images/checkbox-1.png) no-repeat;
    /*CSS3 属性，用于设置背景图片的大小，第一个值表示宽度，第二个值表示高度 */
    background-size: 30px 30px;
}
```

```
input {
    display: none;/* 隐藏复选框 */
}
/* 找到选中的 input 表单后紧邻的 span 元素 */
input:checked+span {
    background: url(images/checkbox.png) no-repeat;
    background-size: 30px 30px;
}
</style>
</head>
<body>
  <label>
    <input type="checkbox" name="like" />
    <span id="ip"> 苹果 </span>
  </label>
  <label>
    <input type="checkbox" name="like" />
    <span> 橙子 </span>
  </label>
  <label>
    <input type="checkbox" name="like" />
    <span> 香蕉 </span>
  </label>
</body>
</html>
```

示例 10-27 代码和示例 10-26 的很类似，其中 CSS 主要不同的地方是：单击 label 区域，span 元素在表示选中和未选中的背景图片间来回切换。上述 CSS 代码中使用了 background-size 属性来设置背景图片的大小，使用两个值来分别表示宽度和高度。使用这个属性特别要注意的一个地方就是：该属性必须放在 background 属性后面设置，否则将得到不正确的运行结果。上述代码的运行结果如图 10-34 所示。图中，第 1 和第 2 个选项表示选中状态。

图 10-34 复选框控件的美化

10.11.4 上传文件控件美化

上传文件控件的美化像单选框和复选框一样，可供设置的样式空间不大，所以也需要使用一定的技巧来美化上传文件控件。在这里采用的是使用超链接的美化来等效于上传文件控件的美化。为了让人感觉是上传文件控件的美化，需要把超链接和上传文件控件建立一定的关系，这个关系是位置上的关系，让两者在位置上重叠，并且只看到超链接，即在元素重叠的位置处需要隐藏上传文件控件。此时，有些细心的读者可能马上想到了前面多次使用 display:none 样式设置来隐藏元素。在这里是否也可以使用这种方式来隐藏上传文件控件呢？答案是否定的。虽然这样做确实可以隐藏元素，但这种方法是通过不显示元素来达到隐藏的，此时页面中只有一个链接，而上传文件控件和链接又没有关联关系，所以单击超链不会关联到上传文件控件，因而无法上传文件。这个问题的关键是虽然看不到上传文件控件，但它却需要实实在在地存在于页面中，而且需要叠放在链接元素的上面。这样看似是单击链接，其实是单击链接上面的上传文件控件。现在实现这种效果可以有两种方法，一种是使用 CSS 的滤镜，还有一种更简单的方法是使用 CSS3 的 opacity 属性设置透明度为 100%。对于上传文件控件和链接在位置上重叠则需要使用到后面将介绍的绝对定位和相对定位。对于定位的相关内容请参见第 12 章。

下面使用前面分析的思路实现对上传文件控件的美化。

【示例 10-28】使用 CSS 美化上传文件控件。

```
<!doctype html>
<html>
<head>
<meta charset="utf-8" />
<title> 上传文件控件的美化 </title>
<style>
.file {
    position: relative;/* 相对定位 */
    color: #1E88C7;
    overflow: hidden;/* 溢出时隐藏 */
    line-height: 20px;
    padding: 4px 12px;
    border-radius: 4px;
    background: #D0EEFF;
    text-decoration: none;
    display: inline-block;/* 将内联元素设置为内联块级元素 */
    border: 1px solid #99D3F5;
}
.file input {
    position: absolute;/* 绝对定位 */
    right: 0;
    top: 0;
    opacity: 0;/* 不透明度为 0，即透明度为 100%*/
}
.file:hover {/* 设置鼠标移到元素上的样式 */
    color: #004974;
    background: #AADFFD;
    border-color: #78C3F3;
    text-decoration: none;
}
h4 {
    display:inline;/* 将块级元素设置为内联元素 */
}
</style>
</head>
<body>
  <h4> 美化后的上传文件控件：</h4>
```

```
<a href="javascript:;" class="file">选择文件
  <input type="file" name="f1"/>
</a>
<br/><br/>
<h4>原生态的上传文件控件：</h4>
<input type="file" name="f2"/>
</body>
</html>
```

示例 10-28 代码运行结果如图 10-35 所示。从图中可以看到，美化后的上传文件控件明显好看多了。

图 10-35　上传文件控件的美化

注意： 上传文件控件美化之后，会把默认显示的文件名也给隐藏掉，可以通过 JavaScript 来获取文件名。

10.11.5 下拉列表控件美化

select 的样式不好修改，通常情况下会使用其他元素来模拟下拉列表，示例 10-29 中仅仅实现了简单的样式设置，下拉列表的功能需要使用 JavaScript 来处理鼠标移入元素事件和鼠标从元素移出事件来实现。有兴趣的读者可以参看系列丛书中的 JavaScript 教材。

【示例 10-29】 使用 CSS 美化下拉列表控件。

```
<!doctype html>
<html>
<head>
<meta charset="utf-8" />
<title>下拉列表控件的美化</title>
<style>
input {
    width: 150px;
    height: 30px;
    padding: 0 0 0 4px;
    border: 1px solid #ccc;
}
ul {
    list-style: none;/*取消列表项前面的标记符号*/
    padding: 0;
    margin: -1px 0 0;
    width: 154px;
    border: 1px solid #ccc;
}
ul li {
    height: 30px;
    line-height: 30px;
    padding-left: 4px;
}
```

```
ul li:hover {/* 设置鼠标移到列表项上的样式 */
    background: #e96e84;
    color: #fff;
}
</style>
  <div class="box">
    <input type="text">
    <ul>
      <li> 列表 1</li>
      <li> 列表 2</li>
      <li> 列表 3</li>
    </ul>
  </div>
</body>
</html>
```

示例 10-29 代码使用 ul 无序列表来模拟下拉列表的样式，运行结果如图 10-36 所示。

图 10-36　下拉列表控件的美化

10.12 表单的元素类型

在前面的示例中可以看到，表单控件可以在同一行显示，且可以设置宽高以及内外边距等样式，而 form 表单元素显示时则具有块级元素特征，这些元素之所以具有不同的显示特征，原因是它们属于不同的元素类型。下面对表单各个元素的类型进行总结。

（1）form 元素是块级元素，display 属性值为 block。

（2）input、select、textarea 和 button 元素是行内块元素，display 属性值为 inline-block。

练习题　请运用 CSS 相关属性、表格、表单等知识点，创建如图 10-37 所示的表单页面。

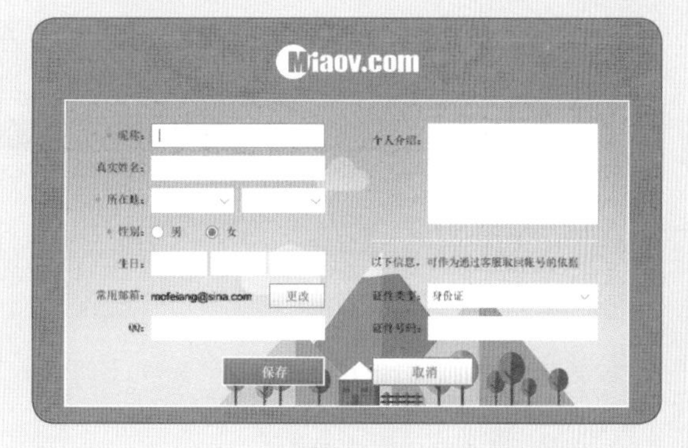

图 10-37

Chapter 11

第11章 玩转文档排版的犀利武器：浮动

看文字太累？那就看视频！

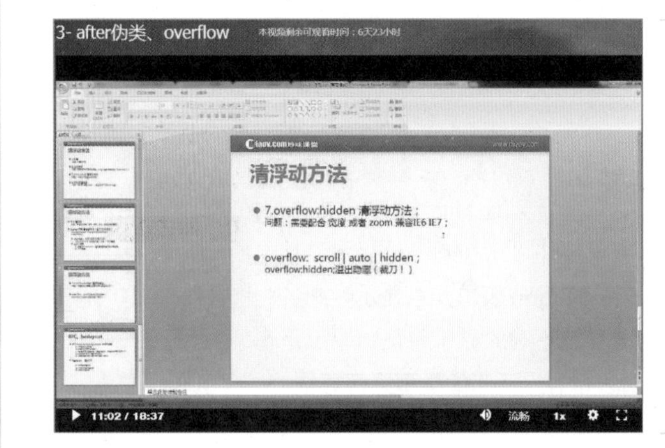

妙味视频

遇到困难？去社区问高手！

技术交流社区

二维网页的排列秩序分布着 x、y 两个维度，而文档流的特性便深藏其中。若能揭开浮动特性的神秘面纱，便不需再对网页布局产生惧怕。

一个网页上分布着大量的盒子，为了更好地布局这些盒子，CSS2 规范对盒子给出了 3 种排版模型，即标准流排版、浮动排版和定位排版。在 CSS3 中增加了一些新的排版模型，例如 flex 排版等。

标准流排版就是按各类元素的默认排列方式在页面中进行排列，浮动排版和定位排版则是通过相应的 CSS 属性改变元素默认的排版方式，以更加灵活地布局元素。

11.1 标准流排版

浮动排版和定位排版都是通过更改元素的默认排版来获得的，而元素的默认排版方式称为标准流排版。为了更好地介绍浮动排版和定位排版，有必要首先了解什么是元素的标准流排版。

所谓标准流排版（也称标准文档流排版或文档流排版），是指在不使用其他与排列和定位相关的 CSS 规则时，各种页面元素默认的排列规则，即一个个盒子形成一个序列，同级别的盒子依次在父级盒子中按照块级元素或行内元素或行内块元素的排列方式进行排列，同级父级盒子又依次在它们的父级盒子中排列，依此类推，整个页面如同河流和它的支流，所以称为“标准流”。标准流排版是页面元素默认的排版方式，在一个页面中如果没有显式指定某种排列方式，则所有的页面元素将以标准流的方式排列。

【示例 11-1】标准流排版示例。

```
<!doctype html>
<html>
<head>
<meta charset="utf-8">
<title>标准流排版示例</title>
<style>
div {
    padding: 6px;
    margin: 10px;
    border: 1px solid red;
}
span {
    margin: 30px;
    border: 1px solid blue;
}
img {
    width: 100px;
    margin: 20px;
}
h2 {
    margin: 10px;
}
</style>
</head>
<body>
  <h2>块级元素默认垂直排列</h2>
```

```
    <div>第一个DIV</div>
    <div>第二个DIV</div>
    <h2>行内元素默认横向排列</h2>
    <span>第一个span</span>
    <span>第二个span</span>
    <h2>行内块元素横向排列，且可设置宽高以及内、外边距</h2>
    <img src="images/01.jpg" alt="图片1"/>
    <img src="images/01.jpg" alt="图片2"/>
</body>
</html>
```

示例 11-1 代码包含了 h2 和 div 块级元素、span 行内元素以及 img 行内块元素，在 Chrome 浏览器中的运行结果如图 11-1 所示。从图 11-1 中可以看到，块级元素独占一行，自上而下依次排列，在水平方向会自动伸展，直到包含它的父级元素的边界；行内元素在同一行从左住右依次排列，并且大小由内容撑开，只有左、右外边距有效，上、下外边距设置没有效；行内块元素在同一行从左住右依次排列，并且其宽度和 4 个方向的外边距设置都有效。

标准流排版是最简单也是最稳定的一种排版方式，在网页中许多元素都是直接使用标准流排版的。虽然标准流排版是一种常用的方式，但却不适合于不同排版要求下的元素的布局。比如图 11-2 所示的多栏布局效果，纯粹使用标准流排版给开发和维护都会带来很多的不便。

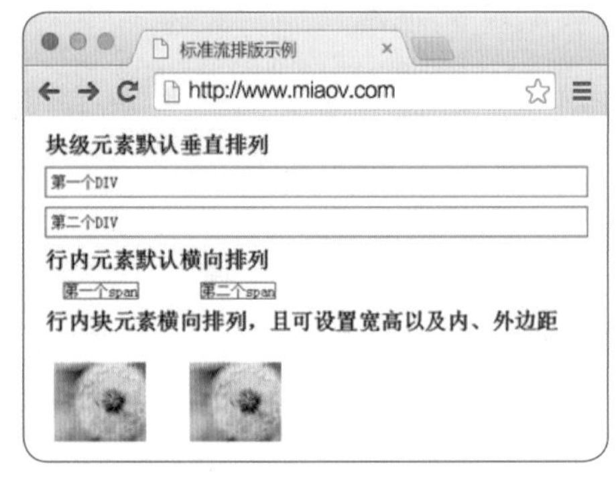

图 11-1　标准流排版示例

图 11-2　多栏布局示例

对图 11-2 所示的排版效果，如果只使用标准流排版，则很多元素都需要转化为 inline-block 行内块。这样一方面需要对很多元素添加 display:inline-block 样式代码外，更为重要的是行内块元素带来了很多问题，比如：IE 低版本浏览器不兼容、换行和空格都会被解析、元素底部默认有空隙等问题，这些问题导致不能大量地使用行内块元素。

因此，要较好地布局一个网页，通常不会只使用标准流排版这一种方式，一般都会同时使用多种排版方式来共同完成网页元素的布局。在 CSS2 中，除了标准流排版外，元素的排版常用的方式还有浮动排版和定位排版这两种。下面将介绍浮动排版，定位排版将在下一章介绍。

11.2 浮动排版

在标准流排版中，一个块级元素在水平方向会自动伸展，直到包含它的父级元素的边界；在垂直方向上和兄弟元素依次排列。如果在排版时需要改变块级元素的这种默认排版，最常用的方法就是使用浮动排版或定位排版。本节介绍浮动排版涉及的相关内容。

使用浮动排版涉及浮动设置和浮动清除两方面的内容。

11.2.1 浮动设置

元素的浮动需要使用“float”CSS 属性来设置。float 属性可取的值如表 11-1 所示。

表 11-1　float 属性取值及其描述

属性值	描　述
none	默认值，元素不浮动，按照标准流排列元素
left	元素浮动在父元素的左边
right	元素浮动在父元素的右边
inherit	继承父元素的 float 属性

注意： float 属性的值指出了盒子是否浮动以及如何浮动，当该属性等于 left 或 right 引起元素浮动时，元素将被视作块级元素（block-level）。盒子一旦设置为浮动，将脱离文档流，此时文档流中的块级元素表现得就像浮动元素不存在一样，所以如果不正确设置外边距，将会发生文档流中的元素和浮动元素重叠的现象。

11.2.2 浮动元素的表现及特征

相比于标准流元素，浮动元素具有许多不一样的表现和特征，下面将详细介绍浮动元素的表现和特征。

1. 浮动可以让块级元素在一行显示

【示例 11-2】浮动使块级元素在一行显示。

```
<!doctype html>
<html>
<head>
<meta charset="utf-8">
<title> 浮动使块级元素在一行显示 </title>
<style>
div {
    float: left;/* 设置两个 div 元素向左浮动 */
    width: 100px;
    height: 100px;
}
.div1 {
    background: #00FA9A;/* 碧绿色 */
}
.div2 {
    background: yellow;
}
</style>
</head>
```

```
<body>
  <div class="div1">我是块级元素 DIV1</div>
  <div class="div2">我是块级元素 DIV2</div>
</body>
</html>
```

示例 11-2 代码创建了两个 div 块级元素，在标准流排版中，这两个 div 各自独占一行显示，但现在对它们都设置了 float:left 样式，使它们变成了浮动元素。上述代码在 Chrome 浏览器中的运行结果如图 11-3 所示。从图中可以看到，两个浮动元素此时显示在同一行。可见，浮动可以使块级元素显示在同一行。

图 11-3 浮动使块级元素显示在一行

2. 浮动使行内元素具有块级元素特征

【示例 11-3】浮动使行内元素具有块级元素特征。

```
<!doctype html>
<html>
<head>
<meta charset="utf-8">
<title>浮动使行内元素具有块级元素特征</title>
<style>
body {
    margin: 0px;/*重置 body 元素的外边距为 0*/
}
span {
    float: left; /*设置两个 span 元素向左浮动 */
    width: 80px;
    margin: 15px;
    padding: 10px;
    height: 100px;
    font-size: 20px;
    background: #20f1af;
    border: 4px solid #000;
}
</style>
</head>
<body>
  <span>span1</span>
  <span>span2</span>
</body>
</html>
```

上述代码创建了两个 span 行内元素，在标准流排版中，行内元素不能设置宽、高以及上、下外边距。代码中对它们设置了 float:left 样式，使它们变成了浮动元素。上述代码在 Chrome 浏览器中的运行结果如图 11-4 所示。从图中可以看到，两个浮动元素设置的宽、高以及 4 个方向的边距都有效，即此时浮动元素具有了块级元素的一些特征。可见，浮动可以使行内元素具有块级元素特征。

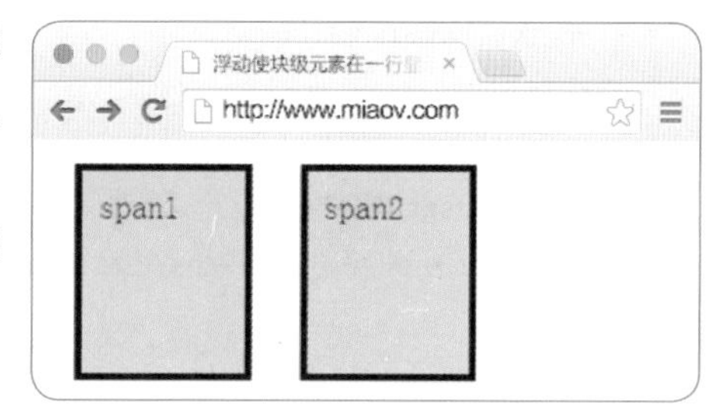

图 11-4　浮动使行内元素具有块级元素特征

3. 浮动元素不设置宽、高时，宽、高由内容撑开

【示例 11-4】浮动元素不设置宽、高时，宽、高由内容撑开。

```
<!doctype html>
<html>
<head>
<meta charset="utf-8">
<title>浮动元素不设置宽高时，宽高由内容撑开</title>
<style>
div {
    float: left;/*设置两个div元素向左浮动*/
}
.div1 {
    background: #00FA9A;/*碧绿色*/
}
.div2 {
    background: yellow;
}
</style>
</head>
<body>
  <div class="div1">我是块级元素DIV1</div>
  <div class="div2">我是块级元素DIV2</div>
</body>
</html>
```

上述代码是将示例 11-2 中的 div 的宽、高样式删掉后的结果，在 Chrome 浏览器中的运行结果如图 11-4 所示。比较图 11-3 和图 11-5 可看出，浮动元素没有设置宽、高属性时，元素的大小由内容撑开。

图 11-5　浮动元素不设置宽、高时，大小由内容撑开

4. 浮动元素向指定的方向移动，直到它的外边缘碰到包含框或另一个浮动框的边框为止

【示例 11-5】浮动元素移动过程中碰到包含框或另一个浮动框的边框时停止移动。

```
<!doctype html>
<html>
<head>
<meta charset="utf-8">
<title> 浮动元素移动过程中碰到包含框或另一个浮动框的边框时停止移动 </title>
<style>
.father {
    width: 400px;
    height: 200px;
    border: 5px solid #000;
}
.son1 {
    float: left;/* 设置元素向左浮动 */
    width: 150px;
    height: 200px;
    background: #09F1A4;
}
.son2 {
    float: left;/* 设置元素向左浮动 */
    width: 200px;
    height: 200px;
    background: yellow;
}
</style>
</head>
<body>
  <div class="father">
    <div class="son1">DIV1</div>
    <div class="son2">DIV2</div>
  </div>
</body>
</html>
```

上述代码分别设置了 DIV1 和 DIV2 向左浮动，运行后，DIV1 向左移动，直到碰到父元素 div 边框才停止移动；DIV2 在 DIV1 后面也开始向左移动，直到碰到 DIV1 的边框才停止移动。上述代码在 Chrome 浏览器中的运行结果如图 11–6 所示。

将示例 11–6 中的 DIV2 的浮动代码修改为 float:right，即让 DIV2 向右浮动，则运行结果如图 11–7 所示。

图 11–7 中的 DIV1 和 DIV2 分别向左和向右移动，要移动过程中它们碰到父元素 div 边框后都停止移动。

由图 11–6 和图 11–7 可见，浮动元素会向指定方向移动，在移动过程中，碰到包含框（父元素）或另一个浮动元素的边框时会停止移动。

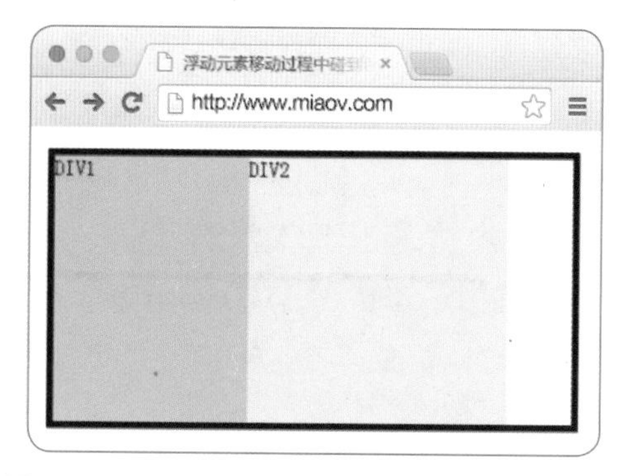

图 11-6　浮动元素移动过程中碰到包含框或另一个浮动框的边框时停止移动

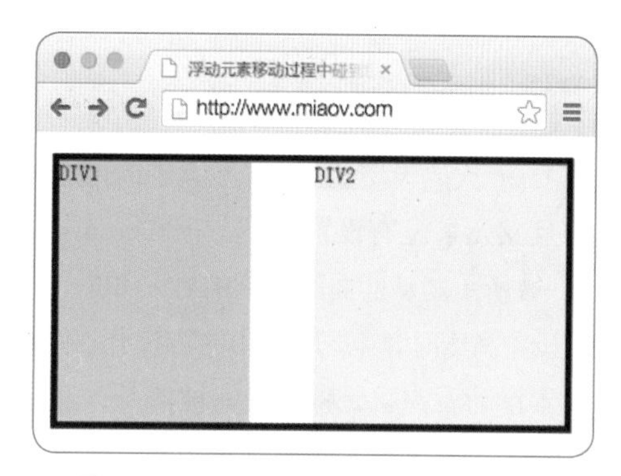

图 11-7　浮动元素移动过程中碰到包含框时停止移动

5. 浮动元素脱离文档流，浮动后的子元素无法撑开父元素（即高度塌陷）

【示例 11-6】浮动元素脱离文档流，浮动后的子元素无法撑开父元素。

```
<!doctype html>
<html>
<head>
<meta charset="utf-8">
<title>子元素浮动后父元素高度塌陷</title>
<style>
.father {/*父元素没有设置高度*/
     width: 330px;
     border: 5px solid #000;
}
.son1 {
     float: left;/*设置元素向左浮动*/
     width: 150px;
     height: 180px;
     background: #09F1A4;
}
.son2 {
     float: right;/*设置元素向右浮动*/
     width: 170px;
     height: 180px;
     background: yellow;
}
</style>
</head>
<body>
  <div class="father">
    <div class="son1">float:left</div>
    <div class="son2">float:right</div>
  </div>
```

```
</body>
</html>
```

示例 11-6 代码设置了父 div 元素中的两个子元素全部为浮动元素，并且父元素没有设置高度，在 Chrome 浏览器中的运行结果如图 11-8 所示。从前面的介绍中可以知道，在文档流中，父级盒子没有设置高度时，其高度将由内容撑开。但在图 11-8 中看到，所有子元素浮动后，父元素并没有被撑开，这是因为浮动会使元素脱离文档流，导致父元素撑不开，即父元素高度塌陷，亦即父元素高度不能自适应。

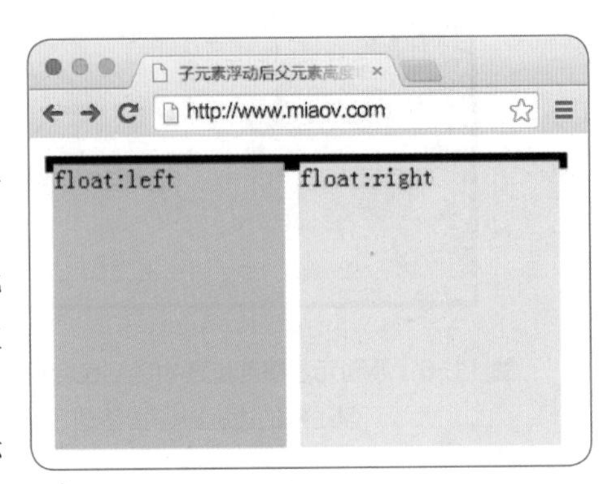

图 11-8　子元素浮动后父元素高度塌陷

解决父元素高度塌陷最简单的方法是给父元素设置高度，示例如下。

【示例 11-7】设置父元素的高度解决父元素高度塌陷问题。

```
<!doctype html>
<html>
<head>
<meta charset="utf-8">
<title> 设置父元素的高度解决父元素高度塌陷问题 </title>
<style>
.father {
    width: 330px;
    height: 180px;/* 设置父元素高度 */
    border: 5px solid #000;
}
.son1 {
    float: left;/* 设置元素向左浮动 */
    width: 150px;
    height: 180px;
    background: #09F1A4;
}
.son2 {
    float: right;/* 设置元素向右浮动 */
    width: 170px;
    height: 180px;
    background: yellow;
}
</style>
</head>
<body>
  <div class="father">
    <div class="son1">float:left</div>
    <div class="son2">float:right</div>
```

```
    </div>
</body>
</html>
```

示例 11-7 CSS 代码设置了父元素的高度，父元素按 CSS 设置的高度扩展，当该高度大到足够容纳子元素时，网页布局正常。上述代码在 Chrome 浏览器中的运行结果如图 11-9 所示。

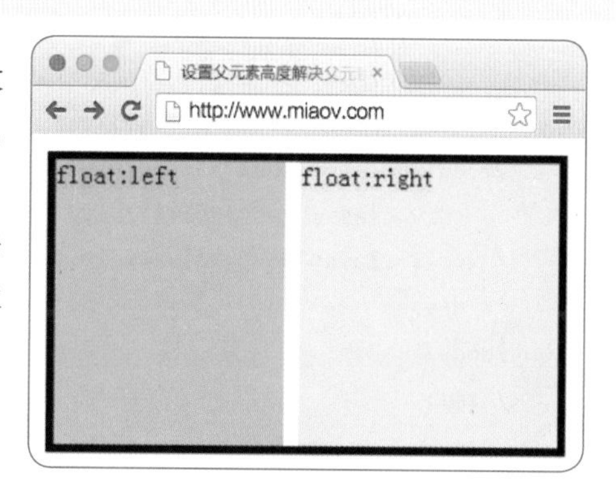

图 11-9　设置父元素高度解决父元素高度塌陷问题

给父元素设置高度可以解决父元素高度塌陷问题，这种方法简单但存在局限性，就是只能针对子元素高度固定的情况。在本章后面将介绍适用性更广的一些解决方法。

6. 向同一方向浮动的元素形成流式布局

向同一方向浮动的元素形成流式布局，排满一行或一行剩下的空间太窄无法容纳后续浮动元素排列时自动换行。在换行过程中，如果前面已排列好的浮动元素的高度大于后面的浮动元素，则会出现换行排列时被“卡住”的现象，对于浮动元素的流式布局特征，下面将分别使用示例 11-8 和示例 11-9 进行演示。

【示例 11-8】多个相同高度的同方向浮动的元素的排列示例。

```
<!doctype html>
<html>
<head>
<meta charset="utf-8">
<title>多个相同高度的同方向浮动的元素的排列示例</title>
<style>
div {
    margin-left: 10px;
    margin-top: 10px;
}
.father {
    width: 300px;
    height: 160px;
    border: 1px solid red;
}
.son1,
.son2,
.son3,
.son4,
.son5 {
  float: left;
  padding: 20px;
  background: #FFFFCC;
  border: 1px dashed black;
}
```

```
</style>
</head>
<body>
  <div class="father">
    <div class="son1">div1</div>
    <div class="son2">div2</div>
    <div class="son3">div3</div>
    <div class="son4">div4</div>
    <div class="son5">div5</div>
  </div>
</body>
</html>
```

示例 11–8 CSS 代码设置了 5 个子元素向左浮动，因而它们会按流式布局，在排列完 div3 后，同一行后续空间无法容纳 div4 和 div5，因而这两个元素自动换行排列。上述代码在 Chrome 浏览器中的运行结果如图 11–10 所示。

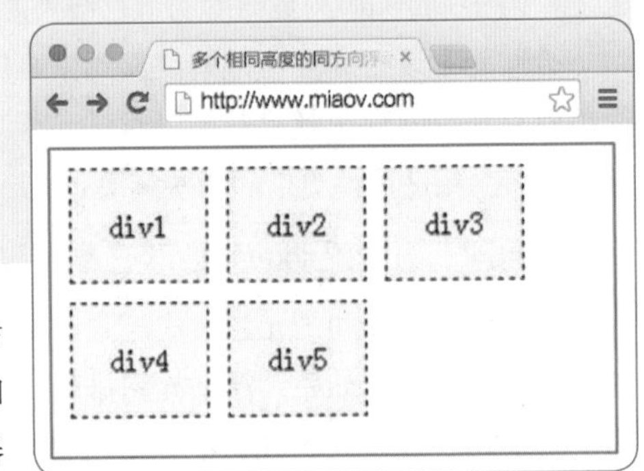

图 11–10　多个相同高度的同方向浮动的元素的排列效果

【示例 11–9】多个不同高度的同方向浮动的元素的排列示例。

```
<!doctype html>
<html>
<head>
<meta charset="utf-8">
<title> 多个不同高度的同方向浮动的元素的排列示例 </title>
<style>
div {
     margin-left: 10px;
     margin-top: 10px;
}
.father {
     width: 300px;
     height: 160px;
     border: 1px solid red;
}
.son1,
.son2,
.son3,
.son4,
.son5 {
   float: left;
   padding: 20px;
   background: #FFFFCC;
   border: 1px dashed black;
}
.son1 {
```

```
        height: 50px;
    }
    </style>
    </head>
    <body>
      <div class="father">
        <div class="son1">div1</div>
        <div class="son2">div2</div>
        <div class="son3">div3</div>
        <div class="son4">div4</div>
        <div class="son5">div5</div>
      </div>
    </body>
    </html>
```

示例 11-9 CSS 代码设置了 5 个子元素向左浮动，同时调大 div1 的高度，使得 div1 的高度大于其他 4 个 div，这样 div4、div5 在换行排列时被 div1 卡住而不能再往前移动了。上述代码在 Chrome 浏览器中的运行结果如图 11-11 所示。

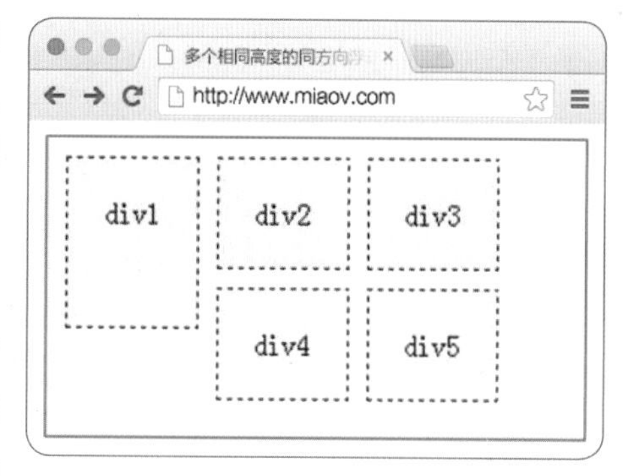

图 11-11　多个不同高度的同方向浮动的元素的排列效果

7. 浮动会影响后续元素的布局

当元素设置为浮动后，任何显示在浮动元素下方的元素都会在网页中上移，如果上移的元素中包含文字，则这些文字将环绕在浮动元素的周围，这时有可能会使用网页的布局面目全非。另一方面，如果此时进行合理的设计，也可以利用这一特征来实现元素环绕效果。

【示例 11-10】浮动元素对下方元素布局的影响。

```
<!doctype html>
<html>
<head>
<meta charset="utf-8">
<title> 浮动元素对下方元素布局的影响 </title>
<style>
div {
     padding: 20px;
     margin: 10px;
     background: #FFFFCC;
     border: 1px dashed black;
}
.div1,
.div2 {
     float: left;/* 设置元素向左浮动 */
}
```

```
.div3 {
    float: right;/* 设置元素向右浮动 */
}
p {
    width: 300px;
    background: #9CF;
    border: 1px solid red;
}
</style>
</head>
<body>
  <div class="div1">div1</div>
  <div class="div2">div2</div>
  <div class="div3">div3</div>
  <p> 在浮动排版中，任何显示在浮动元素下方的 HTML 元素都会在网页中上移 </p>
</body>
</html>
```

示例 11-10 CSS 代码设置了 div1、div2 和 div3 浮动排版，而 p 元素为标准流排版，因而 p 元素上移，段落文字环绕在浮动元素周围。上述代码在 Chrome 浏览器中的运行结果如图 11-12 所示。从图中可看到，段落元素因上移导致网页布局混乱，这是浮动带来的一个副作用。要解决这个问题，需要对段落元素清除浮动元素的影响。浮动的清除将在稍后介绍。

当将示例 11-11 中的 div1、div2 和 div3 的浮动设置全部注释掉后，各个元素按标准流排版，运行结果如图 11-13 所示。

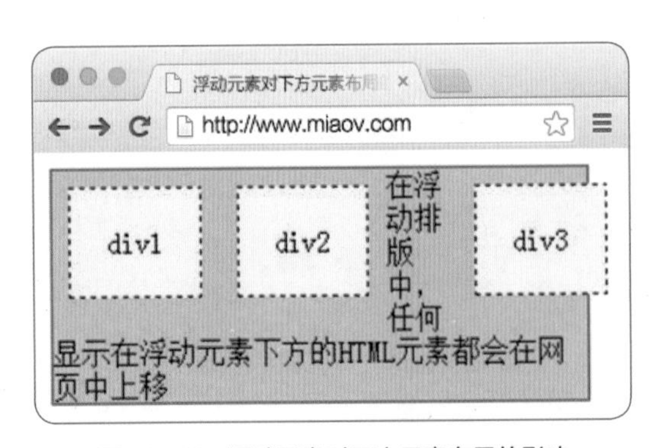

图 11-12　浮动元素对下方元素布局的影响

图 11-13　取消浮动后各个元素的显示结果

在实际应用中，常常需要设置文字环绕图片，这个需求通过浮动可以很容易实现，示例如下。

【示例 11-11】使用浮动排版实现文字环绕图片。

```
<!doctype html>
<html>
```

```
<head>
<meta charset="utf-8">
<title> 使用浮动排版实现文字环绕图片 </title>
<style>
p {
    width:330px;
}
#p1 {
    float:left;
}
#p2 {
    float:right;
}
</style>
</head>
<body>
  <p>
    <img id="p1" src="images/apple_smile.gif"/>
    This is some text. This is some text. This is some text.
    This is some text. This is some text. This is some text.
    This is some text. This is some text. This is some text.
    This is some text. This is some text. This is some text.
    This is some text. This is some text. This is some text.
    <img id="p2" src="images/apple_smile.gif"/>
    This is some text. This is some text. This is some text.
    This is some text. This is some text. This is some text.
    This is some text. This is some text. This is some text.
    This is some text. This is some text. This is some text.
  </p>
</body>
</html>
```

上述 CSS 代码设置了 p1 图片向左浮动，p2 图片向右浮动，因而，两张图片后面的段落文字分别向上移动到浮动的图片上形成环绕效果。上述代码在 Chrome 浏览器中的运行结果如图 11-14 所示。

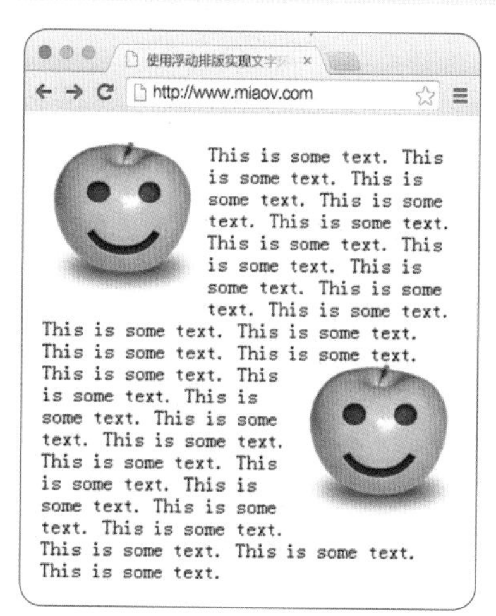

图 11-14 文字环绕图片效果

8. 浮动元素会脱离文档流，提升层级

比较图 11-12 和图 11-13，可以看到浮动元素脱离了文档流，使得下面的元素向上移动，从而使浮动元素重叠在下面移上来的标准元素上。可见，浮动元素会提升层级，使得浮动元素的层级比标准元素的层级高。

思考： 为什么浮动元素提升层级后，可以压住标准元素的背景，而文本却会环绕浮动元素，如图 11-15 所示。

思考分析：在页面上看到的元素只是平面上的展示，可以想象它们是立体的。在 html 中，元素其实是由两层组成的，一层是元素本身即“元素层”，另一层是元素上方的内容层。内容层包括了常说的文字、图片、视频等内容。给元素设置浮动后，元素层就会“浮”到内容层区域，看起来就像是占据了原来的内容层，而浮动层的后面元素会受到浮动元素脱离文档的影响，上移占据浮动元素原先的位置，此时，标准元素的内容层则会被挤出来形成环绕效果，如图 11–16 所示。

图 11–15　浮动元素重叠在标准元素上面，标准元素的文本环绕浮动元素

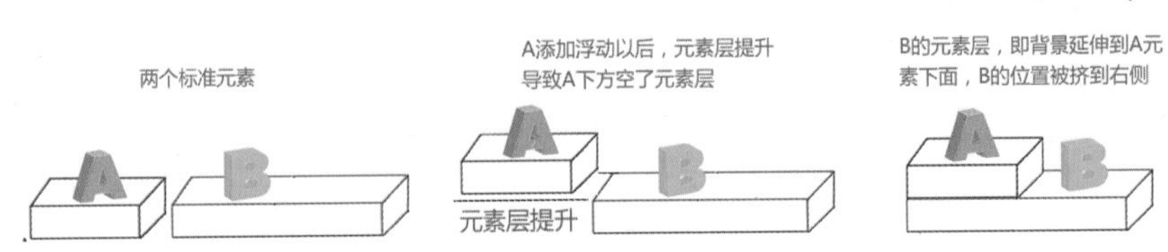

图 11–16　浮动元素脱离文档重叠在标准元素上，标准元素的文本环绕浮动元素

11.2.3 浮动清除

示例 11–7 通过设置父元素的高度来解决父元素高度塌陷问题，这种解决方法虽然简单，但存在的弊端就是子元素的高度必须是固定的，子元素高度变化时不能使用这种解决方法。针对子元素高度会变化的父元素高度塌陷问题的一种解决方法是清除子元素浮动。浮动清除需要使用“clear”CSS 属性。clear 属性可取的值如表 11–2 所示。

表 11–2　clear 属性取值及其描述

属性值	描　述
left	在元素左侧不允许有浮动元素
right	在元素右侧不允许有浮动元素
both	在元素左右两侧不允许有浮动元素
none	默认值，允许浮动元素出现在元素的左、右侧
inherit	继承父级 clear 属性的值

注意：clear 属性定义了元素的左、右两边是否允许出现浮动元素。如果声明为左边或右边清除，会使元素的上外边框边界刚好在该边上浮动元素的下外边距边界之下，所以如果元素的上方同时存在左、右浮动的元素，希望元素的两边都不允许出现浮动元素时，可以设置 clear:both，也可以只清除浮动元素最高的那边的浮动。

【示例 11–12】清除元素左侧的浮动元素。

```
<!doctype html>
<html>
<head>
<meta charset="utf-8">
<title> 清除元素左侧的浮动元素 </title>
<style>
.ft {
```

```
        float: left;/* 元素向左浮动 */
        width: 100px;
        height: 100px;
        margin:0 10px;
        background: #34D1F9;
    }
    .notFt {
        width: 150px;
        height: 150px;
        background: yellow;
        clear: left;/* 清除元素左侧的浮动元素 */
    }
    </style>
    </head>
    <body>
      <div class="ft"> 浮动元素 </div>
      <div class="notFt"> 文档流元素 </div>
    </body>
    </html>
```

示例 11-12 代码中第一个 div 设置为左浮动元素，第二个没有设置浮动，作为文档流元素。当将上述代码中的 notFt 类选择器中的 clear:left 注释掉后，在 Chrome 浏览器中的运行结果如图 11-17 所示。从图 11-7 中可见，浮动元素重叠在文档流元素上面，并且文档流的文本被挤到浮动元素的右边。当把 clear:left 注释去掉，此时文档流元素左侧不允许有浮动元素，结果如图 11-18 所示。从图 11-18 中可见，文档流元素清除左侧浮动元素后下沉到浮动元素的后面。

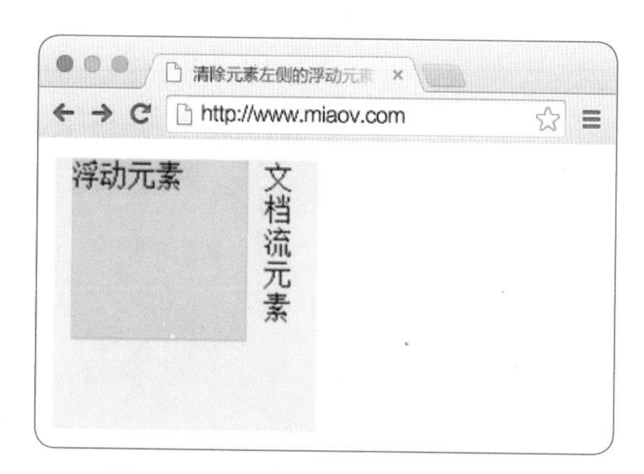

图 11-17　没有清除左浮动元素时的效果

图 11-18　清除左浮动元素时的效果

【示例 11-13】清除元素右侧的浮动元素。

```
<!doctype html>
<html>
<head>
```

```
<meta charset="utf-8">
<title> 清除元素右侧的浮动元素 </title>
<style>
.ft {
     float: right;/* 元素向右浮动 */
     width: 100px;
     height: 100px;
     background: #34D1F9;
     margin: 0 10px;
}
.notFt {
     width: 150px;
     height: 150px;
     background: yellow;
     clear: right;/* 清除元素右侧的浮动元素 */
}
</style>
</head>
<body>
  <div class="ft"> 浮动元素 </div>
  <div class="notFt"> 文档流元素 </div>
</body>
</html>
```

示例 11-13 代码中第一个 div 设置为右浮动元素，第二个没有设置浮动，作为文档流元素。当将上述代码中的 notFt 类选择器中的 clear:right 注释掉后，在 Chrome 浏览器的运行结果如图 11-19 所示。从图 11-19 中可见，浮动元素和文档流元素在同一行显示。当把 clear:right 注释去掉后，此时文档流元素右侧不允许有浮动元素，结果如图 11-20 所示。从图 11-20 中可见，文档流元素清除右侧浮动元素后下沉到浮动元素的后面。

图 11-19　没有清除右浮动元素时的效果

图 11-20　清除右浮动元素时的效果

思考：如果元素是左浮动时，使用 clear:right；能清除浮动吗？

【示例 11-14】使用浮动清除解决示例 11-10 浮动元素对下方元素布局的影响。

```
<!doctype html>
<html>
<head>
<meta charset="utf-8">
<title>使用浮动清除解决示例 11-10 浮动元素对下方元素布局的影响 </title>
<style>
div {
     padding: 20px;
     margin: 10px;
     background: #FFFFCC;
     border: 1px dashed black;
}
.div1,
.div2 {
     float: left;/* 向左浮动 */
}
.div3 {
     float: right;/* 向左浮动 */
}
p {
     clear: both;/* 清除左、右两侧的浮动元素 */
     width: 300px;
     background: #9CF;
     border: 1px solid red;
}
</style>
</head>
<body>
  <div class="div1">div1</div>
  <div class="div2">div2</div>
  <div class="div3">div3</div>
  <p> 在浮动排版中，任何显示在浮动元素下方的 HTML 元素都会在网页中上移 </p>
</body>
</html>
```

上述 CSS 代码设置了 div1、div2 和 div3 分别向左、右浮动，标准流排版的 p 元素上移到浮动元素所在的行，使得 p 元素两侧出现了浮动元素，从而产生浮动副作用，引起页面布局混乱。通过对 p 元素使用 clear:both 清除其左、右两侧的浮动元素后，p 元素下沉到浮动元素的下面，使页面布局保持正常。上述代码在 Chrome 浏览器中的运行结果如图 11-21 所示。

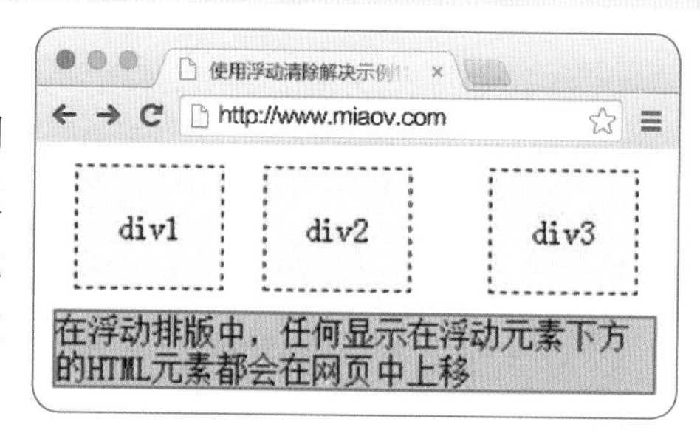

图 11-21　清除浮动元素对下方元素布局的影响

上面通过 3 个示例分别演示了左侧浮动元素、右侧浮动元素以及左、右侧两边浮动元素的清除。通过这些示例发现，当浮动元素左浮动时，后面元素就要设置 clear:left 来清除浮动元素；如果浮动元素右浮动，后面元素就要设置 clear:right 来清除浮动元素；如果浮动元素既有左浮动又有右浮动，后面元素就要设置 clear:both 来清除两边的浮动元素。此外，在开发中，使用 clear 属性清除浮动时还需要注意以下三点。

（1）具有 clear 属性的元素，必须是块级元素。

（2）具有 clear 属性的元素，必须与浮动元素是同级关系，即是兄弟关系。

（3）clear 是消除文档流元素上方的浮动元素对自身的影响。

11.2.4 使用空 div 清除浮动解决父元素高度塌陷问题

在示例 11–7 中，通过设置父元素的高度解决了父元素高度塌陷问题，这种方法虽然简单，但却存在着很大的局限性。通过前面清除浮动的示例可以想到，如果在浮动元素后面存在一个标准流元素，则可以通过对这个标准流元素清除浮动元素使之下沉到浮动元素后面，这样就可以达到撑开父元素高度的目的了。由此可以想到在浮动元素后面增加一个 div，但同时必须保证增加的这个 div 不影响原来页面内容和布局。什么情况下，一个 div 对页面没有任何影响呢？很显然，当这个 div 为空且其高度为 0 时，不会对页面有任何影响。按照这个思路，可以在示例 11–7 中的父元素后面增加一个空的 div，然后设置该 div 清除两侧的浮动元素，以此来解决父元素高度塌陷问题，具体代码如下所示。

【示例 11–15】添加空 div 来清除浮动解决父元素高度塌陷问题。

```
<!doctype html>
<html>
<head>
<meta charset="utf-8">
<title> 添加空 div 来清除浮动解决父元素高度塌陷问题 </title>
<style>
.father {/* 父元素没有设置高度 */
     width: 330px;
     border: 5px solid #000;
}
.son1 {
     float: left;/* 设置元素向左浮动 */
     width: 150px;
     height: 180px;
     background: #09F1A4;
}
.son2 {
     float: right;/* 设置元素向右浮动 */
     width: 170px;
     height: 180px;
     background: yellow;
}
```

```
.son3 {
    clear: both;/* 清除左、右两边的浮动元素 */
}
</style>
</head>
<body>
  <div class="father">
    <div class="son1">float:left</div>
    <div class="son2">float:right</div>
    <div class="son3"></div>
  </div>
</body>
</html>
```

示例 11-15 代码在所有子元素后面添加了一个空 div 元素，并使用 clear:both 对该元素清除左、右两边的浮动元素。上述代码在 Chrome 浏览器中的运行结果如图 11-22 所示。从图中可以看到，运行结果和通过设置父元素高度的方法解决父元素高度塌陷的结果完全一样。

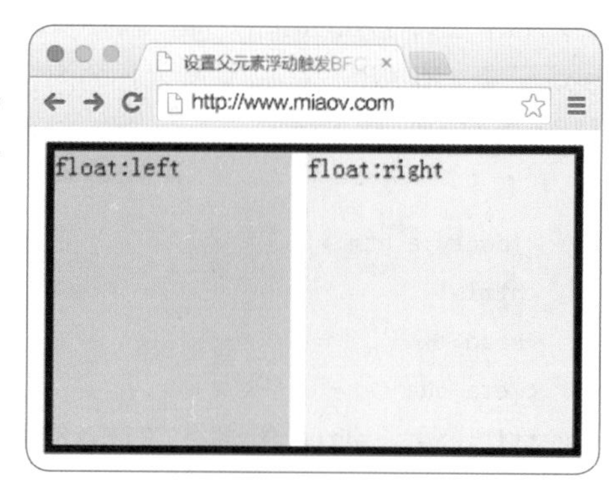

图 11-22　添加空 div 清除浮动元素来解决父元素高度塌陷问题

11.2.5 使用伪元素清除浮动解决父元素高度塌陷问题

在 11.2.4 节通过在父元素的所有子元素后面添加一个空 div 清除浮动来达到解决父元素高度塌陷问题，这种方法虽然解决了通过设置父元素高度的方法解决高度塌陷问题的局限性，但由于需要额外添加一个无意义的元素，而且在某些时候这个新加的元素有可能反而会造成网页布局的混乱，所以这种方法并不是最佳的方案。最佳的方案是既可以使用这个最后的子元素来清除浮动，同时又不需要显式地添加这个无意义的元素。按照这个思路，我们可以想到逻辑上存在，但实际上却并不存在于文档中的“幽灵”元素，即伪元素。伪元素中的 :after 可以在元素内容的最后添加内容。当将添加的这个内容设置为一个块级元素后，就可以使用它来清除浮动了。因此当对 after 伪元素设置浮动清除时，将可以达到和添加空 div 元素解决高度塌陷的方法同样的效果。在使用伪元素解决高度塌陷问题之前，首先重温一 after 伪元素的相关内容。

【示例 11-16】使用 after 伪元素添加元素内容。

```
<!doctype html>
<html>
<head>
<meta charset="utf-8">
<title>使用 after 伪元素添加元素内容 </title>
<style>
.miaov:after {/* 伪元素选择器 */
    content: " 妙味课堂 ";/* 添加的内容 */
}
```

```
</style>
</head>
<body>
  <div class="miaov">使用 after 伪元素为元素添加的内容是：</div>
</body>
</html>
```

示例 11-16 代码对 div 使用 after 伪元素在元素后面添加内容，添加的内容由“content”属性设置，在 Chrome 浏览器中的运行结果如图 11-23 所示。从图中可以看到，after 伪元素设置的内容确实是添加在元素内容的最后。

图 11-23　使用 after 伪元素在元素后面添加内容

由于清除浮动的元素必须是块级元素，所以如果要使用 after 伪元素来达到浮动的清除目的，就必须保证其添加的内容是一个块块元素。那使用 content 属性添加的内容是块级元素吗？在给出答案前，不妨通过示例来验证一下。

【示例 11-17】 验证 after 伪元素添加的内容是否为块级元素。

```
<!doctype html>
<html>
<head>
<meta charset="utf-8">
<title>验证 after 伪元素添加的内容是否为块级元素 </title>
<style>
.miaov:after {/* 伪元素选择器 */
     content: " 妙味课堂 ";
     width: 100px;/* 设置宽度 */
     height: 30px;/* 设置高度 */
     background: #34d1f9;
}
</style></head>
<body>
  <div class="miaov">使用 after 伪元素为元素添加的内容是：</div>
</body>
</html>
```

在上述 CSS 代码中，对 after 伪元素添加的内容设置了宽度和高度，在 Chrome 浏览器中的运行结果如图 11-24 所示。从图中可以看到，after 伪元素添加内容的宽、高设置没有效果。可见，after 伪元素添加的内容为行内元素，并不是块级元素。

图 11-24　使用 after 伪元素添加的内容为行内元素

由上可知，当需要使用 after 伪元素设置的内容来清除浮动时，首先必须将其转化为一个块级元素，这个要求可以使用 display:block 设置来达到。另外，为了使用 after 伪元素来解决高度塌陷问题，还需要满足添加的内容为空。这个要求可以通过设置 content:"" 来满足。

了解了 after 伪元素的相关内容后，下面使用它来解决高度塌陷的问题，示例如下。

【示例 11-18】使用 after 伪元素解决高度塌陷的问题。

```
<!doctype html>
<html>
<head>
<meta charset="utf-8">
<title> 使用 after 伪元素解决高度塌陷的问题 </title>
<style>
.father {/* 父元素没有设置高度 */
    width: 330px;
    border: 5px solid #000;
}
.father:after {
    content: ""; /* 添加空内容 */
    display: block;/* 将伪元素转化为块级元素 */
    clear: both;/* 清除浮动 */
}
.son1 {
    float: left;/* 设置元素向左浮动 */
    width: 150px;
    height: 180px;
    background: #09F1A4;
}
.son2 {
    float: right;/* 设置元素向右浮动 */
    width: 170px;
    height: 180px;
    background: yellow;
}
</style>
</head>
<body>
  <div class="father">
    <div class="son1">float:left</div>
    <div class="son2">float:right</div>
  </div>
</body>
</html>
```

在上述 CSS 代码中通过设置父 div 的 after 伪元素样式，在父 div 的所有子元素后面添加了一个空内容。通过使用 display:block 将添加的空内容转化为一个块级元素，最后使用 clear:both 清除添加的这个块级元素左、右两侧的浮动元素。上述代码在 Chrome 浏览器中的运行结果如图 11-25 所示。

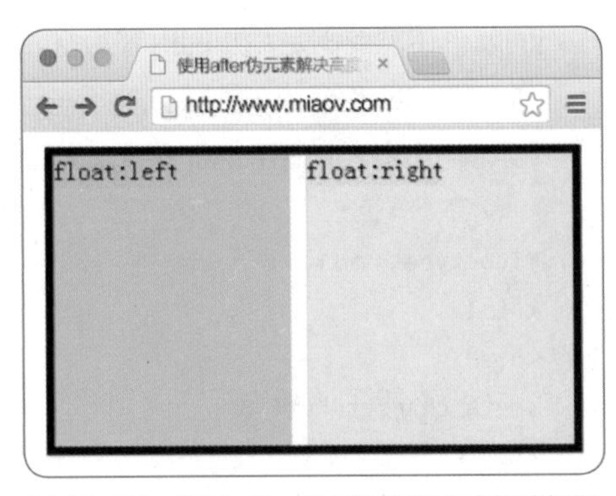

图 11-25　使用 after 伪元素解决高度塌陷问题

对比图 11-25 和图 11-22 可发现，这两个运行结果完全一样。可见，使用添加空 div 来清除浮动解决高度塌陷问题的方法和使用伪元素清除浮动解决高度塌陷问题的方法效果是完全一样的，但后者却解决了前者的一些弊端。因而是更常用的一种方法。事实上，后者是前者和伪元素的一个结合应用，本质上是使用了空 div 清除浮动的原理。

示例 11-18 到目前为此，可以说是最好的解决高度塌陷问题的一种方法了，但细心的读者可能还是会发现一个问题，就是直接对某个元素添加 after 伪元素会出现代码重复出现的问题。比如示例 11-18 中的 father 元素高度塌陷了，因而给其添加 after 伪元素来清除浮动，如果页面中还有其他元素也存在高度塌陷，则按示例 11-18 的方法就需要在不同的元素中分别添加 after 伪元素，然后进行同样的样式设置。这样做虽然可以解决问题，但对开发和维护都会带来问题。其实完全可以在多个地方重用一段样式代码的。如何重用呢？答案是使用公共类名！当给不同的元素设置同样的类名时，就可以对不同的元素重用这个类样式。在实际应用中，对清除浮动来解决高度塌陷样式的类名通常使用的是“clearFix”。下面使用这个公共的类名来修改一下示例 11-18。

【示例 11-19】使用公共类名和 after 伪元素解决高度塌陷的问题。

```
<!doctype html>
<html>
<head>
<meta charset="utf-8">
<title>使用公共类名和 after 伪元素解决高度塌陷的问题</title>
<style>
.father {/* 父元素没有设置高度 */
    width: 330px;
    border: 5px solid #000;
}
.clearFix:after {/* 使用公共类名设置伪元素样式 */
    content: ""; /* 添加空内容 */
    display: block;/* 将伪元素转化为块级元素 */
    clear: both;/* 清除浮动 */
}
.son1 {
    float: left;/* 设置元素向左浮动 */
    width: 150px;
    height: 180px;
    background: #09F1A4;
}
```

```
.son2 {
    float: right;/* 设置元素向右浮动 */
    width: 170px;
    height: 180px;
    background: yellow;
}
</style>
</head>
<body>
  <div class="father clearFix">
    <div class="son1">float:left</div>
    <div class="son2">float:right</div>
  </div>
</body>
</html>
```

示例 11-19 代码与示例 11-18 不同地方有两点：一是对父元素指定了两个类名，其中 clearFix 是作为公共类名来使用的；二是使用公共类名来添加 after 伪元素样式。上述代码的运行结果和示例 11-18 完全一样。

示例 11-19 中的清除浮动方法是最通用的一种方法，很多大型网站比如：腾讯、网易、新浪等都在使用这种方法，推荐大家使用此方法。

注意： 由前面的介绍知道，浮动元素会对后面的元素造成影响，所以在书写 html 结构时应按从上到下、从左到右、从外到里的顺序编写，另外，每一行每一列都需要单独地包起来。

11.2.6 使用 BFC 解决父元素高度塌陷问题

通俗来说，块级格式上下文（Block Formatting Context，BFC）为元素提供了一个独立的布局环境，环境中的内容不会影响到环境外的布局，环境外的布局也不会影响到环境中的内容。BFC 就像是一个围城的围墙，使得围墙里的东西出不去，围墙外的东西也进不来。这就好比图 11-26，不管左边“墙内”如何波涛汹涌也影响不到右边“墙外”的风平浪静。

图 11-26　BFC 效果图示

由前面的介绍可知，父元素没有指定高度时由子元素的内容撑开，但当给子元素设置了浮动属性后，子元素脱离文档流，而导致父级高度塌陷。父元素高度塌陷势必会对周边的元素造成影响。由 BFC 的思想可以想到，这时如果给父级元素加上一个围墙（BFC），围墙能包含住浮动元素，使之无法脱离父元素这个区域，从而在表现形式上会达到清除浮动的效果。通过设置“围墙”，高度塌陷所导致的问题就延伸不到围墙外面，因此，解决高度塌陷问题就可以通过触发元素的 BFC 来实现。那么哪些情况下可以触发 BFC 呢？下面列举几种触发 BFC 的常见情况。

1. inline-block 触发 BFC

当将一个元素设置为行内块元素时会触发 BFC，此时该元素内部发生的任何变化都只局限于元素内部。因为触发了 BFC，所以每一个行内块元素都具有“包裹性”，当其中存在浮动元素时，行内块元素的“包裹性”

就能包住浮动元素，从而起到了清除浮动的作用。当元素不是行内块元素时，可以通过 display:inline-block 的样式代码使之转化为行内块元素，以此来触发元素的 BFC。

【示例 11-20】设置 inline-block 触发 BFC 解决高度塌陷问题。

```
<!doctype html>
<html>
<head>
<meta charset="utf-8">
<title> 设置 inline-block 触发 BFC 解决高度塌陷问题 </title>
<style>
.father {
    width: 330px;
    display: inline-block;/* 设置 inline-block 触发 BFC*/
    border: 5px solid #000;
}
.son1 {
    float: left;/* 设置元素向左浮动 */
    width: 150px;
    height: 180px;
    background: #09F1A4;
}
.son2 {
    float: right;/* 设置元素向右浮动 */
    width: 170px;
    height: 180px;
    background: yellow;
}
</style>
</head>
<body>
  <div class="father">
    <div class="son1">float:left</div>
    <div class="son2">float:right</div>
  </div>
</body>
</html>
```

上述代码对父元素设置了 display:inline-block 样式，使之转化为一个行内块元素，从而触发了 BFC，使得行内块元素包住浮动元素，从而解决了父元素高度塌陷问题。上述代码在 Chrome 浏览器中的运行结果和图 11-25 完全一样。

注意：因为 BFC 可以使元素内部发生的任何变化都只局限于元素内部，所以也可以通过设置 display:inline-block 触发 BFC 防止包含元素外边距合并。通过 BFC 防止包含元素外边距合并的方法是因为不会改变元素的表现，因而明显优于第 4 章中所给的给父元素添加内边距和给父元素添加边框两种方法。

2. 给父元素设置浮动触发 BFC

如果浮动元素的父元素也有浮动属性，此时也能触发父元素的 BFC 机制，从而包含住浮动元素。

【示例 11-21】设置父元素浮动触发 BFC 解决高度塌陷问题。

```
<!doctype html>
<html>
<head>
<meta charset="utf-8">
<title> 设置父元素浮动触发 BFC 解决高度塌陷问题 </title>
<style>
.father {
    float: left;/* 设置父元素浮动触发 BFC*/
    width: 330px;
    border: 5px solid #000;
}
.son1 {
    float: left;/* 设置元素向左浮动 */
    width: 150px;
    height: 180px;
    background: #09F1A4;
}
.son2 {
    float: right;/* 设置元素向右浮动 */
    width: 170px;
    height: 180px;
    background: yellow;
}
</style>
</head>
<body>
  <div class="father">
    <div class="son1">float:left</div>
    <div class="son2">float:right</div>
  </div>
</body>
</html>
```

上述代码对父元素设置了 float:left 样式，触发父元素的 BFC 机制，使得父元素包住浮动元素，从而解决了父元素高度塌陷问题。上述代码在 Chrome 浏览器中的运行结果和图 11-26 完全一样。

需要注意的是，给父元素添加浮动后，父元素触发 BFC，可以包含浮动的子元素，但此时，父级本身同样也具有了浮动的特性，同样也会影响自身以及其他元素。所以通过设置父元素浮动触发 BFC 来解决高度塌陷问题时需要考虑父元素带来的影响，并采取适当的方式解决其带来的影响。图 11-27 所示的网易云音乐头部结构给出了对这种情况的一个解决方案。

图 11-27　网易云音乐头部结构

网易云音乐头部 header 里有：左侧 Logo、中间导航 nav 和右侧的搜索框 form 这 3 项内容。官方代码是分别将这三者设置为浮动：Logo 和 nav 为左浮动，form 为右浮动。Nav 使用了 ul 无序列表来创建，nav 中的 ul 元素和各个子元素 li 都设置为左浮动。对 nav 来说，ul 设置浮动触发了 BFC，因而包含住了各个菜单项。而对 Logo、nav 以及 form 这 3 个浮动元素又是如何包含呢？由于头部 header 各块内容的高度一般不会变，同时为了不让浮动进一步住上一层传递影响，在这里可以使用最简单的解决高度塌陷问题的方法，就是给 Logo、nav 以及 form 这 3 个元素的父元素设置高度。网易云音乐对头部各块内容的布局方案也是业界最常见的网站头部布局的解决方案之一。

从前面的介绍可以看到，解决高度塌陷的方法有很多种，每一种方法都有自身的优点和缺点，在使用时需要根据具体情况来选择最合适的一种处理方案。

11.2.7 使用 overflow 属性解决父元素高度塌陷问题

overflow 属性在某些情况下也可以触发 BFC，因而也可以使用它来解决父元素高度塌陷问题。在介绍使用 overflow 触发 BFC 之前，先介绍一下 overflow 的相关内容。

overflow 属性规定了当内容溢出元素框时应该如何处理，即对超出部分的内容是进行隐藏还是显示滚动条等处理。实现对溢出内容的不同处理是通过 overflow 属性取不同的值来实现的。overflow 属性可取的值如表 11-3 所示。

表 11-3　overflow 属性取值及其描述

属性值	描　述
visible	默认值，溢出内容不会被修剪，会呈现在元素框之外
hidden	溢出内容隐藏
scroll	溢出内容隐藏；而且不管内容是否溢出，浏览器都会显示滚动条
auto	如果内容溢出了，显示滚动条；如果没有溢出则不显示滚动条
inherit	继承父级的 overflow 属性的值

【示例 11-22】 overflow 属性应用示例。

```
<!doctype html>
<html>
<head>
<meta charset="utf-8">
<title>overflow 属性应用示例 </title>
<style>
div {
    width: 300px;
    height: 60px;
```

```
        border: 10px solid red;
    }
    </style>
    </head>
    <div>
      妙味课堂是北京妙味趣学信息技术有限公司旗下的 IT 前端培训品牌，妙味课堂是一支独具特色的 IT 培训团队，妙味
      反对传统 IT 教育枯燥乏味的教学模式，妙味提供一种全新的快乐学习方法！
    </div>
    </body>
    </html>
```

示例 11-22 代码设置了 div 盒子的宽度和高度，当其中的文本内容无法在指定的盒子大小中全部显示时，超出的内容将溢出盒子。默认情况下，超出的内容将显示在盒子的外面。上述代码在 Chrome 浏览器中的运行结果如图 11-28 所示。

修改示例 11-22 中的 div 的样式代码，在其中添加“overflow:visible”后再次运行，结果和图 11-28 一样。可见，盒子的 overflow 属性的默认值是 visible。

如果想把图 11-28 溢出的内容隐藏起来，则需要修改标例 11-22 中的 div 的样式代码，在其中添加“overflow:hidden”，运行结果如图 11-29 所示。

图 11-29 中被隐藏掉的文字是看不到的，这样用户将无法获取完整的信息。为了兼容界面的美观以及内容信息的完整性，当有内容溢出时，应将溢出内容隐藏，同时应显示滚动条，通过拖动滚动条查看隐藏的内容。给 div 盒子设置 overflow:scroll 样式，可使盒子显示滚动条，如图 11-30 所示。

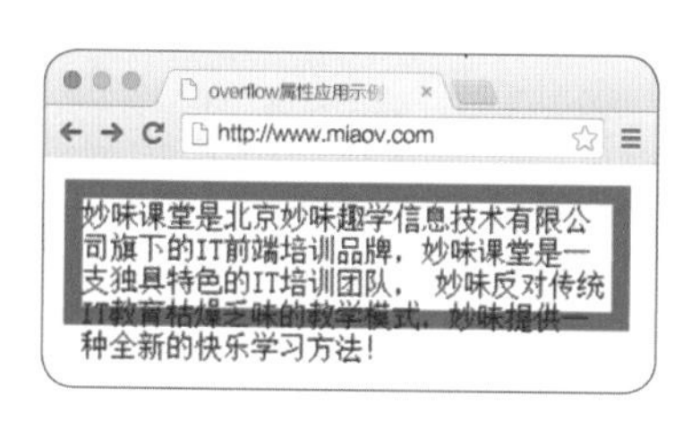

图 11-28　盒子的默认溢出处理

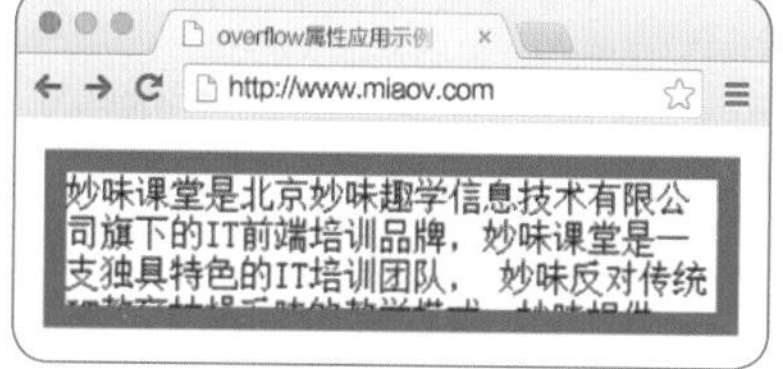

图 11-29　盒子的溢出内容被隐藏

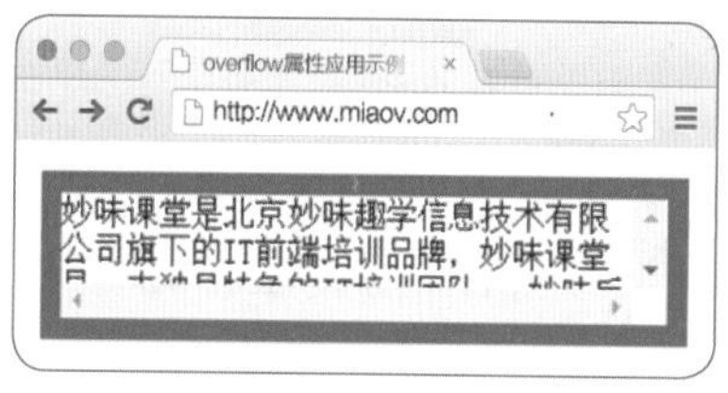

图 11-30　盒子显示滚动条

设置 overflow:scroll 可以显示滚动条，溢出内容隐藏时可拖动滚动条来查看，这给用户提供了很大的便利。但使用该设置有一个缺点，就是不管盒子的内容是否溢出，都会显示滚动条。如果只希望有溢出时才显示滚动条，没溢出时不显示，则需要将 overflow:scroll 样式改为 overflow:auto 样式。这样的外观会显得更加友好，建议大家使用 auto 属性值。

overflow 属性除了用来处理盒子的溢出内容的显示方式外，还有一个用途就是通过触发 BFC 来解决子元素浮动后带来的父元素高度塌陷问题。

当对父元素的 overflow 属性设置除了默认值以外的值时，会触发该元素的 BFC。所以当某个元素的所有子元素都浮动时，可以通过设置该元素的 overflow:hidden|auto|scroll 来触发 BFC，以解决元素的高度塌陷问题。

下面使用 overflow 触发 BFC 的方式来解决示例 11-6 出现的高度塌陷问题。

【示例 11-23】 通过 overflow 触发 BFC 解决高度塌陷问题。

```
<!doctype html>
<html>
<head>
<meta charset="utf-8">
<title> 通过 overflow 触发 BFC 解决高度塌陷问题 </title>
<style>
.father {
    width: 330px;
    overflow: hidden;/* 触发 BFC*/
    border: 5px solid #000;
}
.son1 {
    float: left;/* 设置元素向左浮动 */
    width: 150px;
    height: 180px;
    background: #09F1A4;
}
.son2 {
    float: right;/* 设置元素向右浮动 */
    width: 170px;
    height: 180px;
    background: yellow;
}
</style>
</head>
<body>
  <div class="father">
    <div class="son1">float:left</div>
    <div class="son2">float:right</div>
  </div>
</body>
</html>
```

上述代码对父元素添加 overflow:hidden 样式设置，使该元素触发 BFC，以此来解决高度塌陷问题，在 Chrome 浏览器中的运行结果如图 11-31 所示。从图 11-31 可见，通过 overflow 触发 BFC 解决高度塌陷的效果跟前面所介绍的各种方法得到的效果完全一样。

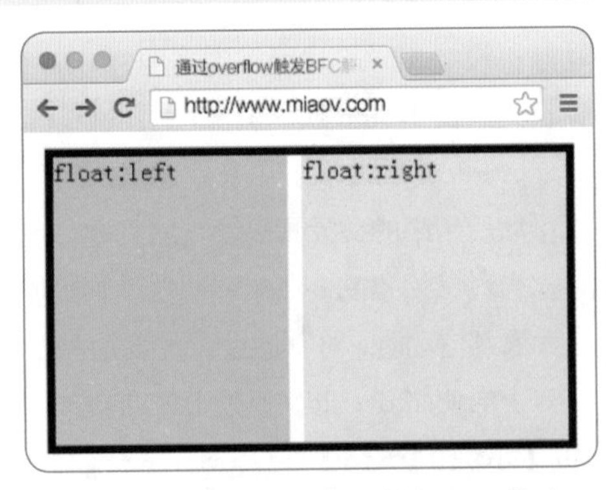

图 11-31　使用 overflow 触发 BFC 解决高度塌陷问题

11.2.8 使用 BFC 防止浮动元素覆盖文档流元素

在前面介绍的浮动元素的特征中，元素设置为浮动后会提高层级，从而会覆盖后面的文档流元素。如果要防止这种覆盖，可以通过 display:inline-block 转化文档流元素为行内块元素，或将文档流元素也设置为浮动元素，触发 BFC。

【示例 11-24】使用 BFC 防止浮动元素覆盖文档流元素。

```
<!doctype html>
<html>
<head>
<meta charset="utf-8">
<title>使用 BFC 防止浮动元素覆盖文档流元素 </title>
<style>
.box1 {
    float: left;/* 元素左浮动 */
    width: 100px;
    height: 100px;
    background: yellow;
}
.box2 {
    width: 200px;
    height: 200px;
    background: red;
    display: inline-block;/* 转化为行内块元素，触发 BFC*/
}
</style>
</head>
<body>
  <div class="box1"></div>
  <div class="box2"></div>
</body>
</html>
```

上述 CSS 代码设置 box1 左浮动，因而会脱离标准流，而 box2 没浮动，是标准元素，其会上移到 box1 原先所在的位置，使 box1 在 box2 的上面，覆盖住 box2。给 box2 添加 display:inline-block 或者浮动，会触发 box2 的 BFC，而使 box2 元素不被 box1 浮动元素所覆盖。上述代码在 Chrome 浏览器中的运行结果如图 11-32 所示。

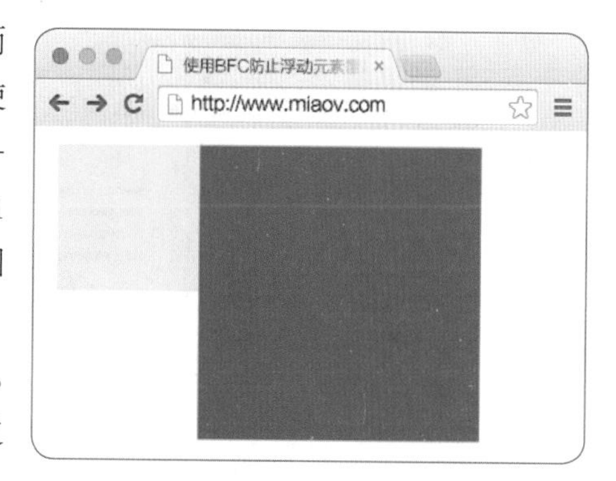

图 11-32　使用 BFC 防止浮动元素覆盖文档流元素

从前面的介绍中可以看到，BFC 可以解决很多的开发问题。所以很多时候，需要有意识地让元素触发 BFC。到目前为止学过的能够触发 BFC 的条件有：

（1）float 的值为 left 或 right；

（2）display 的值为 inline-block；

（3）overflow 的值不为 visible。

练习题

请使用浮动相关知识实现图 11-33~ 图 11-36 所示的布局效果。

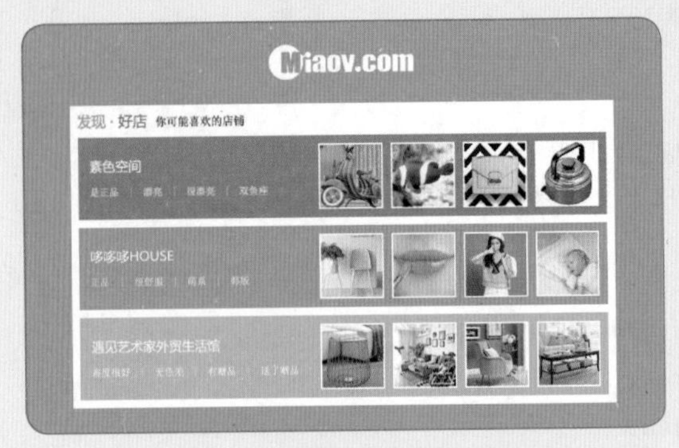

图 11-33

图 11-34

图 11-35

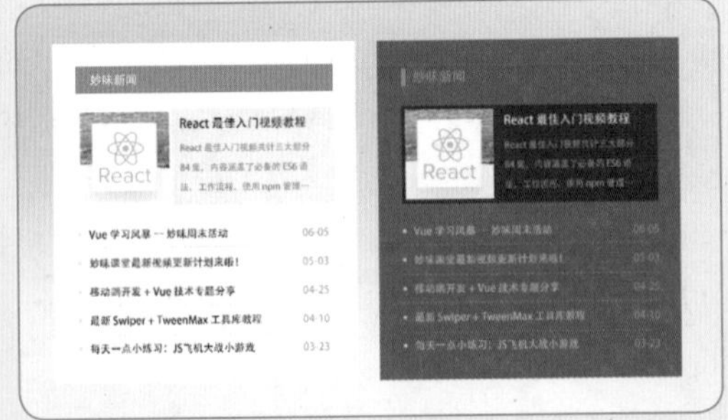

图 11-36

Chapter 12

第12章

平面之上的叠加艺术：定位

看文字太累？那就看视频！

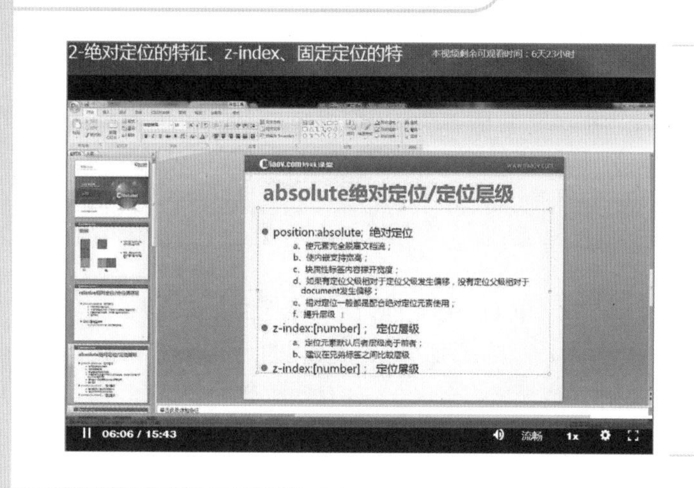

妙味视频

遇到困难？去社区问高手！

技术交流社区

超脱于 xy 的二维平面之外，世界开始有了纵深空间的色彩。定位的出现，使网页的精彩交互瞬间就此拉开序幕。

如果说浮动解决的是平面空间排版问题，那么定位展示的就是层级之间的叠加现象，它能够使信息呈现朝着纵深的方向发展，如若配上 JavaScript 交互的力量，那么一个丰富而精彩的个性化页面将扑面而来，伴随着用户对页面的各种操作，呈现出各种精彩。

12.1 定位排版属性 position

定位与浮动一样，在 CSS 排版中占有非常重要的地位。元素定位时需要使用 position 属性，通过该属性的不同取值来规定不同的定位类型。position 属性可取的值如表 12-1 所示。

表 12-1　position 属性取值及其描述

属性值	描　述
static	静态定位 / 无定位，默认值，元素按照标准流进行布局，一般不需要设置
relative	相对定位，相对于自身位置进行位置偏移
absolute	绝对定位，将对象从文档流中脱离出来，相对其最近的一个已定位（相对 / 绝对）的祖先元素进行绝对定位；如果不存在这样的祖先元素，则相对于最外层的包含框进行定位
fixed	固定定位，依据浏览器窗口来进行位置偏移

注意：相对定位、绝对定位和固定定位的偏移需要使用 top、left、right 和 bottom 属性来指定相对于参照物的偏移量以及偏移方向。偏移方向通过正负值来决定。取正值时，top 表示向下偏移，bottom 表示向上偏移，left 表示向右偏移，right 表示向左偏移；取负值时，各个属性的偏移刚好和取正值时的偏移相反。

12.1.1 静态定位

当 position 属性取 static 值或不设置 position 属性时，元素进行静态定位。静态定位时，元素将按照标准流进行布局，即块级元素、行内元素、行内块元素等不同类型的元素将按照出现的先后顺序以及各自的默认特征在网页中进行排列显示：对于块级元素将会从上往下依次排列，而对于行内元素以及行内块元素，则会从左往右依次排列各个元素。各个元素没有任何的移动效果。第 10 章以前的所有案例都是使用了静态定位来布局各个元素，在此就不再举例说明了。

12.1.2 相对定位

所谓相对定位，指的是元素相对于自身原始位置进行偏移。相对定位的元素的偏移需要相对于参照物的“左上角”“左下角”“右上角”“右下角”4 个顶角中的某个顶角来偏移，偏移量分别使用“top”“right”“bottom”“left”这 4 个方向属性中的至少一个来指定相对某个顶角的水平或垂直两个方向的偏移量。没有指定方向的偏移时，水平方向的偏移默认为 left:0，垂直方向的偏移默认为 top:0。方向属性的选择由相对顶角决定，比如相对“右上角”则需要选择“right”和“top”两个属性来分别指定水平方向和垂直方向的偏移量。

相对定位的基本设置语法如下：

```
position: relative;
```

相对定位的表现形式有很多，通过它的表现形式可以得知相对定位的特征。下面将详细介绍相对定位的各个表现形式。

（1）相对定位的表现之一：只设置相对定位，不设置偏移量（即 left、top、right、bottom 属性都不设），元素的位置和之前没有任何变化。如果需要改变定位后的元素位置，需要设置偏移量。

【示例 12-1】不设置偏移量的相对定位。

```
<!doctype html>
<html>
<head>
<meta charset="utf-8">
<title> 不设置偏移量的相对定位 </title>
<style>
.son1,
.son2,
.son3 {
    width: 100px;
    height: 100px;
    margin: 5px;
    display: inline-block;/* 将块级元素转化为行内块元素 */
    border: 1px dashed black;
}
.son1 {
    background: #0FF;
}
.son2 {
    background: #9CF;
    position: relative;/* 不设置偏移的相对定位 */
}
.son3 {
    background: #F9F;
}
</style>
</head>
<body>
  <div class="son1"> 框 1</div>
  <div class="son2"> 框 2</div>
  <div class="son3"> 框 3</div>
</body>
</html>
```

上述代码对框 2 设置了 position:relative，进行相对定位，但没有偏移。在 Chrome 浏览器中的运行结果如图 12-1 所示。当将框 2 中的 position:relative 样式代码注释或删掉后，得到静态定位，运行结果如图 12-2 所示。比较图 12-1 和图 12-2 可以看到，框 2 进行不偏移的相对定位时，框 2 的位置保持不变。

图 12-1　不设置偏移的相对定位

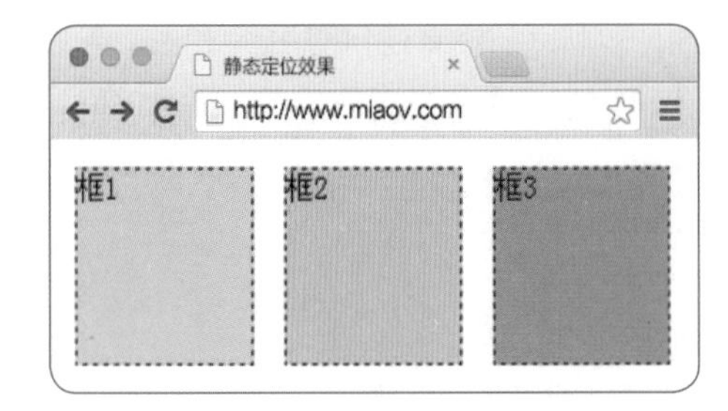

图 12-2　静态定位效果

【示例 12-2】设置偏移量的相对定位。

```
<!doctype html>
<html>
<head>
<meta charset="utf-8">
<title> 设置偏移量的相对定位 </title>
<style>
.son1,
.son2,
.son3 {
    width: 100px;
    height: 100px;
    margin: 5px;
    display: inline-block;/* 将块级元素转化为行内块元素 */
    border: 1px dashed black;
}
.son1 {
    background: #0FF;
}
.son2 {
    background: #9CF;
    position: relative;/* 设置相对定位 */
    left: 50px;/* 向右偏移 50px*/
    top: 30px;/* 向下偏移 30px*/
}
.son3 {
    background: #F9F;
}
</style>
</head>
<body>
  <div class="son1"> 框 1</div>
  <div class="son2"> 框 2</div>
  <div class="son3"> 框 3</div>
</body>
</html>
```

示例 12-2 在示例 12-1 中框 2 的样式基础上分别使用 left 和 top 属性添加了向右和向下的偏移，在 Chrome 浏览器中的运行结果如图 12-3 所示。从图中可知，当需要元素在定位时进行偏移，需要指定水平方向和（或）垂直方向的偏移量。

（2）相对定位的表现之二：元素移动之后，元素的原始位置会被保留下来（不脱离文档流）。

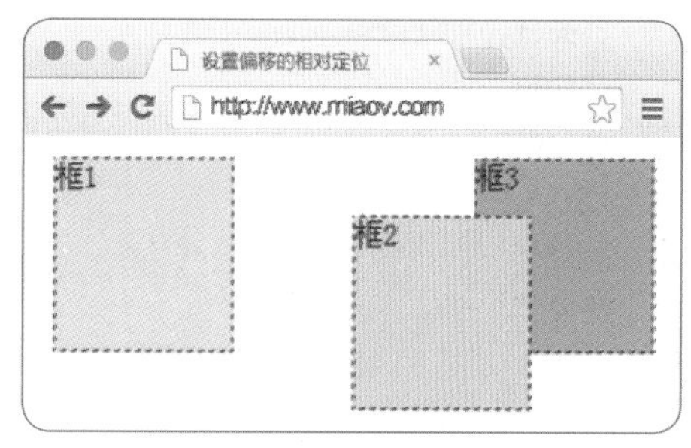

图 12-3　设置偏移的相对定位

从图 12-3 中可以看到框 2 偏移之前的位置被保留下来，即框 2 不会脱离文档流，所以框 3 无法前移占据框 2 原来的位置。由此可见，使用相对定位时，无论是否移动，元素仍然占据原来的空间（不脱离文档流）。

（3）相对定位的表现形式之三：提升元素的层级。

由图 12-3 可以看出来，框 2 元素设置相对定位，并且使用 left 和 top 进行移动后，框 2 压住了框 3，可见相对定位可以提升元素的层级。

（4）相对定位的表现形式之四：根据自己的原始位置计算 left、top 或其他方向值。

由图 12-3 可以发现，相对定位使用 left 和 top 进行位置移动的时候，是以自身原位置为参照点进行移动的，即根据自己的原始位置计算 left、top 或其他方向值。

通过前面对相对定位表现形式的分析，可以总结出相对定位的特点如下。

（1）只设置相对定位，不设置位移时，定位后的元素位置和定位之前的元素位置不会有任何变化。

（2）元素相对定位后不会脱离文档流。

（3）元素相对定位后会提升层级。

（4）相对定位的元素根据自身的原始位置计算位移值。

注意： 因为相对定位不会脱离文档流，所以其他元素不会受到相对定位的影响，仍会按照原来的位置进行排列。设置了相对定位的元素可能会与其他元素重叠，具体跟谁重叠，取决于元素偏移时指定了 left、right、bottom、top 中的哪两个值。另外需要注意的是，元素的定位是不能继承的。

12.1.3 绝对定位

所谓绝对定位，是指相对于距离自己最近的有定位的祖先元素来进行定位或相对于最外层的包含框的定位（注意：根据用户代理的不同，最外层的包含框可能是画布或 html 元素）。绝对定位的元素的偏移设置和相对定位元素的偏移设置完全一样，具体描述请参见 12.1.2 节相对定位中的描述。

绝对定位的基本设置语法如下：

```
position: absolute;
```

绝对定位和相对定位一样，也具有多种表现形式，同样可以通过它的表现形式得知绝对定位的特征。下面将详细介绍绝对定位的各个表现形式。

（1）绝对定位的表现之一：只给元素设置绝对定位，不设置 left 等方向值，元素还在原来的位置上，但是会脱离文档流。

【示例 12-3】 静态定位效果。

```
<!doctype html>
<html>
<head>
<meta charset="utf-8">
<title>静态定位效果</title>
<style>
.son1,
.son2,
.son3 {
    width: 100px;
    height: 100px;
    margin: 5px;
    display: inline-block;/*将块级元素转化为行内块元素*/
    border: 1px dashed black;
}
.son1 {
    background: #0FF;
}
.son2 {
    width: 70px;
    height: 70px;
    background: #9CF;
}
.son3 {
    background: #F9F;
}
</style>
</head>
<body>
  <div class="son1">框1</div>
  <div class="son2">框2</div>
  <div class="son3">框3</div>
</body>
</html>
```

上述代码对 3 个框都使用了静态定位，在 Chrome 浏览器中的运行结果如图 12-4 所示。

【示例 12-4】不设置偏移量的绝对定位。

```
<!doctype html>
<html>
<head>
<meta charset="utf-8">
<title>不设置偏移量的绝对定位</title>
<style>
.son1,
```

```
.son2,
.son3 {
    width: 100px;
    height: 100px;
    margin: 5px;
    display: inline-block;/* 将块级元素转化为行内块元素 */
    border: 1px dashed black;
}
.son1 {
    background: #0FF;
}
.son2 {
    width: 70px;
    height: 70px;
    background: #9CF;
    position: absolute;/* 不设置偏移的绝对定位 */
}
.son3 {
    background: #F9F;
}
</style>
</head>
<body>
  <div class="son1">框 1</div>
  <div class="son2">框 2</div>
  <div class="son3">框 3</div>
</body>
</html>
```

示例 12-4 在示例 12-3 的基础上对框 2 设置了 position:absolute，进行绝对定位，但没有偏移，在 Chrome 浏览器中的运行结果如图 12-5 所示。比较图 12-4 和图 12-5，可以看到，框 2 进行不偏移的绝对定位时，框 2 的位置保持不变，但是会脱离文档流，即绝对定位的元素不占文档位置。因而后面的框 3 前移占据框 2 的位置。可见，绝对定位会使后面元素的位置发生变化。

图 12-4　静态定位效果

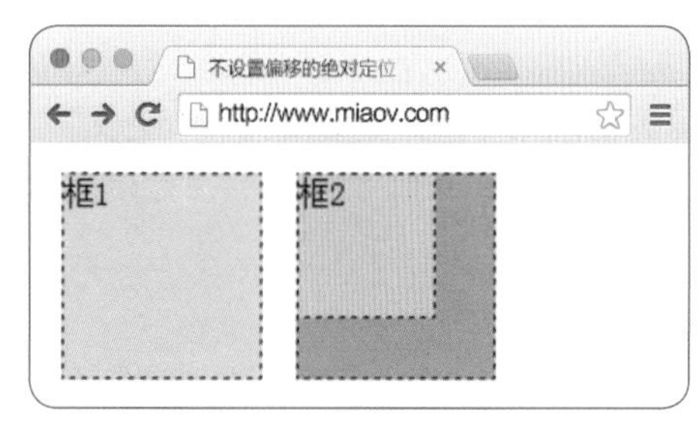

图 12-5　不设置偏移的绝对定位

（2）绝对定位的表现之二：提升层级。

由图 12-5 可看到，框 2 绝对定位以后，会脱离文档流，后面的框 3 会前移占据框 2 的位置，并且被绝对定位框 2 压着。可见，元素绝对定位后可以提升层级。

（3）绝对定位的表现之三：根据距离最近有定位的祖先元素来计算坐标，如果所有的祖先元素都没有定位，就根据最外层的包含框来计算自己的坐标。

绝对定位也可以使用 left、top 等方向属性来设置偏移量，但是与相对定位不同的是，绝对定位不是根据自身来移动位置的，而是根据有定位的祖先元素或者最外层的包含框来计算的。示例如下。

【示例 12-5】绝对定位相对于有定位的父元素偏移。

```
<!doctype html>
<html>
<head>
<meta charset="utf-8">
<title> 绝对定位相对于有定位的父元素偏移 </title>
<style>
body {
    height: 2000px;/* 超大高度 */
}
.box1 {
    width: 200px;
    height: 200px;
    background: yellow;
    position: relative;/* 父级相对定位 */
}
.box2 {
    width: 100px;
    height: 100px;
    background: #00ffc6;
    position: absolute;/* 子级绝对定位 */
    bottom: 0;/* 在右下角向上偏移 0px*/
    right: 0;/* 在右下角向左偏移 0px*/
}
</style>
</head>
<body>
  <div class="box1">
    <div class="box2"></div>
  </div>
</body>
</html>
```

上述代码对父元素 box1 设置 position:relative，即父元素为相对定位，因而子元素 box2 相对 box1 进行绝对偏移。CSS 代码指定 box2 的偏移量分别为 bottom:0 和 right:0，因而 box2 会相对 box1 的右下角分别向上和向左偏移 0px。结果如图 12-6 所示。

图 12-6　绝对定位相对于有定位的父元素偏移

示例 12-5 的子元素是相对于父元素进行绝对定位，现在修改一下上述代码，删除父级 box1 的 position:relative 相对定位设置，而对爷爷级的 body 设置 position:relative 进行相对定位，而子级 box2 保持绝对定位及偏移量，具体代码如下。

【示例 12-6】绝对定位相对于有定位的爷爷级元素偏移。

```
<!doctype html>
<html>
<head>
<meta charset="utf-8">
<title>绝对定位相对于有定位的爷爷级元素偏移</title>
<style>
body {
    height: 2000px;/* 超大高度 */
    position: relative;/* 祖先级相对定位 */
}
.box1 {/* 父级元素没有定位 */
    width: 200px;
    height: 200px;
    background: yellow;
}
.box2 {
    width: 100px;
    height: 100px;
    background: #00ffc6;
    position: absolute;/* 子级绝对定位 */
    bottom: 0;/* 在右下角向上偏移 0px*/
    right: 0;/* 在右下角向左偏移 0px*/
}
</style>
</head>
<body>
  <div class="box1">
    <div class="box2"></div>
  </div>
</body>
</html>
```

上述代码对爷爷级元素 body 设置 position:relative，即 body 元素为相对定位，而父级元素 box1 没有进行任何的定位，因而子元素 box2 相对祖先元素 body 进行绝对偏移。CSS 代码指定 box2 的偏移量分别为 bottom:0 和 right:0，因而 box2 会相对 body 的右下角分别向上和向左偏移 0px。由于 body 设置的高度 2000px，远远超出可视窗口高度，因而会使页面右侧出现滚动条，拖动滚动条，会发现 box2 在 body 的右下角。

示例 12-5 和示例 12-6 在祖先元素中分别只有一个元素有定位，如果在祖先元素中有多个元素有定位，此时，子级元素会相对谁来进行绝对偏移呢？下面通过示例 12-7 来给出这个答案。

【示例 12-7】绝对定位相对于距离最近的有定位的祖先元素偏移。

```
<!doctype html>
<html>
<head>
<meta charset="utf-8">
<title>绝对定位相对于距离最近的有定位的祖先元素偏移</title>
<style>
body {
    height: 2000px;/*超大高度*/
    position: relative;/*爷爷级相对定位*/
}
.box1 {
    width: 200px;
    height: 200px;
    background: yellow;
    position: relative;/*父级相对定位*/
}
.box2 {
    width: 100px;
    height: 100px;
    background: #00ffc6;
    position: absolute;/*子级绝对定位*/
    bottom: 0;/*在右下角向上偏移 0px*/
    right: 0;/*在右下角向左偏移 0px*/
}
</style>
</head>
<body>
  <div class="box1">
    <div class="box2"></div>
  </div>
</body>
</html>
```

上述代码对父级元素 box1 和爷爷级元素 body 都设置 position:relative，即 box1 和 body 元素都为相对定位。此时子元素 box2 到底相对谁进行绝对偏移呢？首先看一下图 12-7 所示的运行结果。从图中发现，box2 是相对于父级元素 box1 进行绝对偏移的。可见，在祖先级中有多个定位元素时，子级元素会相对距离其最近的那个祖先元素进行绝对定位。

图 12-7　绝对定位相对于距离最近的有定位的祖先元素偏移

注意：绝对定位是根据有定位的祖先级元素来计算坐标，祖先级元素可以是相对定位也可以是绝对定位。由于相对定位没有脱离文档流，不会对其他元素造成影响，比较稳定。所以如果祖先级元素只是用于给子元素定位，一般设置“相对定位”即可。

（4）绝对定位的表现之四：不设置宽度时，宽度由内容撑开。

在标准文档流中，块级元素不设置宽度时，宽度会撑满父级元素，但是给元素添加了绝对定位以后，元素的宽度由内容撑开。

【示例 12-8】绝对定位的元素不设置宽度时，宽度由内容撑开。

```
<!doctype html>
<html>
<head>
<meta charset="utf-8">
<title>绝对定位的元素不设置宽度时，宽度由内容撑开</title>
<style>
.box {
    position: absolute;/* 绝对定位 */
    font-size: 26px;
    border: 1px solid #f00;
}
</style>
</head>
<body>
  <div class="box">我是绝对定位的 DIV 块级元素</div>
</body>
</html>
```

上述代码设置 div 元素绝对定位，同时看到该元素没有设置宽度，在 Chrome 浏览器中的运行结果如图 12-8 所示。从图中可以看到，div 的宽度没有撑满父级元素 body，而是由内容撑开其宽度。可见，块级元素设置为绝对定位后，当没有设置宽度时，宽度由内容撑开。

图 12-8　绝对定位元素不设置宽度时大小由内容撑开

（5）绝对定位的表现之五：使行内元素变为块级元素，支持宽、高以及内、外边距等样式设置。

默认情况下，行内元素不能设置宽、高以及上、下外边距，但绝对定位后，行内元素变为块级元素，因而可以设置宽、高以及 4 个方向的内、外边距等样式。

【示例 12-9】绝对定位的行内元素可以设置宽高以及内外边距等样式。

```
<!doctype html>
<html>
<head>
```

```
<meta charset="utf-8">
<title> 绝对定位的行内元素可以设置宽、高以及内、外边距等样式 </title>
<style>
span {
     position: absolute;/* 绝对定位 */
     /* 下面 4 行代码分别设置了宽度、高度以及 4 个方向的内、外边距 */
     width: 260px;
     height: 30px;
     padding: 30px;
     margin: 50px;
     border: 1px solid #f00;
}
</style>
</head>
<body>
  <span> 我是绝对定位的内嵌元素 span</span>
</body>
</html>
```

上述代码设置 span 行内元素绝对定位，同时还设置了该元素宽、高以及 4 个方向的内、外边距，在 Chrome 浏览器中的运行结果如图 12-9 所示。从图中可以看到，span 元素的宽、高以及内、外边距都按 CSS 的设置进行变化。可见，行内元素设置为绝对定位后，支持宽、高以及内、外边距等样式设置。

图 12-9　绝对定位的行内元素支持宽、高以及 4 个方向的内、外边距设置

（6）绝对定位的表现形式之六：触发 BFC。

元素绝对定位后，会触发 BFC。因而可以使用绝对定位来解决子元素浮动所导致的父元素高度塌陷问题。

【示例 12-10】使用绝对定位解决子元素浮动导致的高度塌陷问题。

```
<!doctype html>
<html>
<head>
<meta charset="utf-8">
<title> 使用绝对定位解决子元素浮动导致的高度塌陷问题 </title>
<style>
.father {
     width: 330px;
     position: absolute;/* 父元素绝对定位 */
     border: 5px solid #000;
}
.son1 {
     float: left;/* 设置元素向左浮动 */
```

```
        width: 150px;
        height: 180px;
        background: #09F1A4;
    }
    .son2 {
        float: right;/* 设置元素向右浮动 */
        width: 170px;
        height: 180px;
        background: yellow;
    }
    </style>
    </head>
    <body>
      <div class="father">
        <div class="son1">float:left</div>
        <div class="son2">float:right</div>
      </div>
    </body>
    </html>
```

示例 12-10 代码是在示例 11-6 的基础上做了一些修改：即对父元素 father 添加了 position:absolute 的设置。上述代码在 Chrome 浏览器中的运行结果如图 12-10 所示。从图中可看到使用绝对定位同样可以完美解决子元素浮动引起的高度塌陷问题。

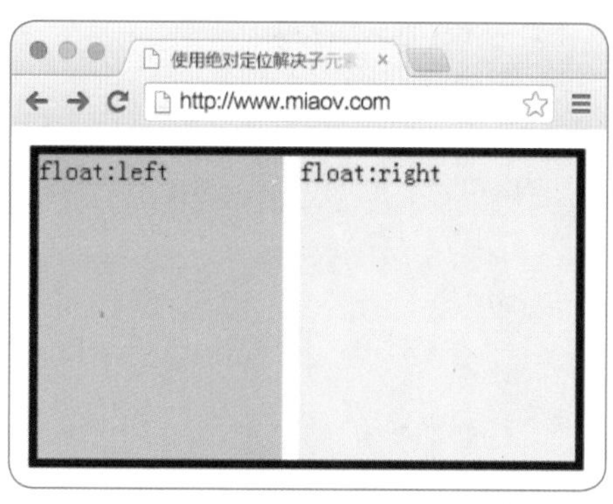

图 12-10　通过绝对定位触发 BFC 解决高度塌陷问题

至此已介绍完绝对定位的各种表现形式，可以总结绝对定位的特征如下。

（1）脱离文档流。

（2）提升层级。

（3）根据距离自己最近的有定位的祖先级元素来计算坐标，如果所有的祖先级元素都没有定位，就根据可视窗口来计算自己的坐标。

（4）使行内元素支持宽、高以及内、外边距等样式设置。

（5）不设置宽度时，宽度由内容撑开。

（6）触发 BFC。

绝对定位的特性（4）~ 特性（6）跟 inline-block 和 float 特性是一样的，大家可以结合记忆。

12.1.4 固定定位

所谓固定定位，是指相对于浏览器可视窗口进行的定位，它的位置固定，不会随网页的移动而移动。固定定位的元素的偏移设置和相对定位的偏移设置完全一样，具体描述请参见 12.1.2 节相对定位中的描述。

固定定位的基本设置语法如下:

```
position: fixed;
```

固定定位常常用在头部导航固定、侧边导航固定、侧边广告固定等地方，当页面滑动时，被固定定位的内容不会跟着滑动，而是始终固定在页面的某个位置。

和绝对定位以及相对定位一样，固定定位也具有多种表现形式，同样可以通过它的表现形式得知固定定位的特征。下面将详细介绍固定定位的各个表现形式。

(1)固定定位表现形式之一：脱离文档流，提升层级。

【示例 12-11】不设置偏移量的固定定位。

```
<!doctype html>
<html>
<head>
<meta charset="utf-8">
<title> 不设置偏移量的固定定位 </title>
<style>
.son1,
.son2,
.son3 {
    width: 100px;
    height: 100px;
    margin: 5px;
    display: inline-block;/* 将块级元素转化为行内块元素 */
    border: 1px dashed black;
}
.son1 {
    background: #0FF;
}
.son2 {
    width: 70px;
    height: 70px;
    background: #9CF;
    position: fixed;/* 不设置偏移的固定定位 */
}
.son3 {
    background: #F9F;
}
</style>
</head>
<body>
  <div class="son1"> 框 1</div>
  <div class="son2"> 框 2</div>
  <div class="son3"> 框 3</div>
</body>
</html>
```

将示例 12–11 代码中框 2 的样式代码中的 position:fixed 注释掉后，得到静态定位效果，如图 12–11 所示。取消 position:fixed 注释后，对框 2 进行固定定位，运行结果如图 12–12 所示。

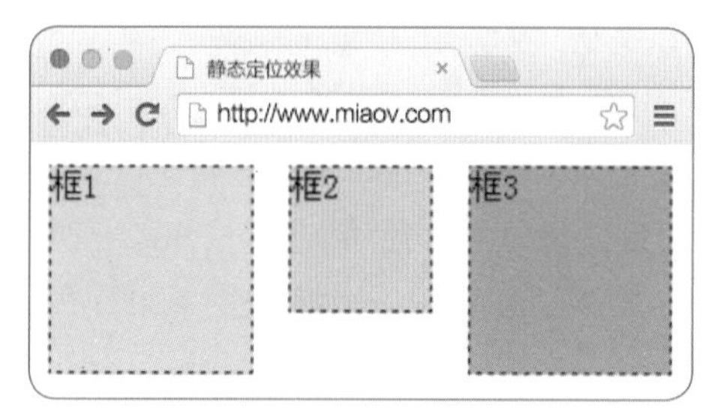

图 12–11　静态定位效果

图 12–12　不设置偏移的固定定位

比较图 12–11 和图 12–12，可以看到，框 2 进行不偏移的固定定位时，框 2 的位置保持不变，但是会脱离文档流，即固定定位的元素不占文档位置。因而后面的框 3 前移占据框 2 的位置，此时框 2 重叠在框 3 的上面。可见，固定定位会使用元素脱离文档流，并提升元素层级。

（2）固定定位的表现形式之二：固定在浏览器可视区的某一个位置上。

固定定位相对于浏览器可视窗口进行定位，定位后位置不会随滚动条的滚动而变化。

【示例 12–12】固定定位元素固定在浏览器可视区的某一个位置上。

```
<!doctype html>
<html>
<head>
<meta charset="utf-8">
<title> 固定定位元素固定在浏览器可视区的某一个位置上 </title>
<style>
body {
    margin: 0px; /* 重置 body 的外边距样式 */
    height: 2000px;
}
.box1 {
    width: 100px;
    height: 100px;
    background: yellow;
    position: fixed; /* 固定定位 */
}
.box2 {
    width: 200px;
    height: 200px;
    background: #00ffc6;
}
</style>
</head>
<body>
  <div class="box1"></div>
```

```
    <div class="box2"></div>
</body>
</html>
```

示例 12-12 代码对第一个 div 设置了 position:fixed 进行固定定位，但没有偏移设置，因而其相对于浏览器窗口可视区的左上角在水平方向和垂直方面分别偏移 0。上述代码在 Chrome 浏览器中运行的最初结果如图 12-13 所示。在图 12-13 中，黄色区块为固定定位 div，下面的碧绿色区块为静态定位 div。当拖动滚动条时，发现静态定位的 div 位置发生变化，而固定定位的 div 的位置不随滚动条的拖动而变化，如图 12-14 所示。可见固定定位元素位置固定，不会随滚动条的移动而发生变化。

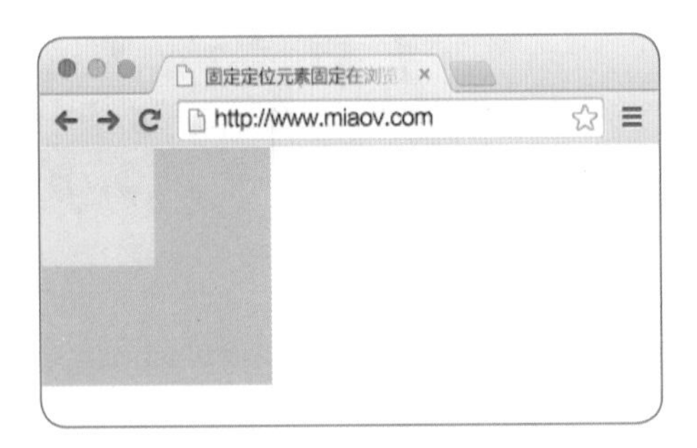

图 12-13　固定定位运行最初效果

图 12-14　拖动滚动条后的效果

（3）固定定位的表现形式之三：根据浏览器的可视窗口来计算位置。

固定定位是以浏览器可视窗口为基准进行偏移的，因而偏移量是相对于浏览器可视窗口的。

【示例 12-13】固定定位根据浏览器的可视窗口来计算位置。

```
<!doctype html>
<html>
<head>
<meta charset="utf-8">
<title> 固定定位根据浏览器的可视窗口来计算位置 </title>
<style>
.box1 {
    width: 200px;
    height: 200px;
    background: yellow;
    position: relative;/* 父元素相对定位 */
}
.box2 {
    width: 100px;
    height: 100px;
    background: #00ffc6;
    position: fixed;/* 固定定位 */
    bottom: 0;/* 相对浏览器可视窗口的右下角向上偏移 0px*/
    right: 0;/* 相对浏览器可视窗口的右下角向左偏移 0px*/
}
```

```
</style>
</head>
<body>
  <div class="box1">静态定位的父 DIV
    <div class="box2">固定定位子 DIV</div>
  </div>
</body>
</html>
```

示例 12-13 代码中父 div 进行了相对定位，而子 div 进行了固定定位。如果子 div 是相对于定位了的父 div 进行定位的话，那它应该显示在父 div 的右下角，但图 12-15 所示的运行结果却并不是这样的，固定定位的子 div 显示在浏览器可视窗口的右下角。可见，固定定位并不是相对于父元素来计算位置的，而是相对于浏览器可视窗口来计算其位置。

图 12-15　拖动滚动条后的效果

（4）固定定位的表现形式之四：使行内元素支持宽、高以及内、外边距等样式，行内元素和块级元素不设置宽度时，宽度都由内容撑开。

默认情况下，行内元素是不能设置宽度、高度以及上、下外边距等样式的。将行内元素固定定位后，行内元素变为一个块级元素，因而块级元素的所有样式设置其都支持。另外，不管是行内元素和块级元素，固定定位后，当不设置元素宽度时，其宽度将由内容撑开。

【示例 12-14】固定定位后行内元素支持所有块级元素样式，且任何元素不设置宽度时，宽度都由内容撑开。

```
<!doctype html>
<html>
<head>
<meta charset="utf-8">
<title>固定定位后行内元素支持所有块级元素样式，元素不设置宽度时，宽度都由内容撑开</title>
<style>
body,
p {
    margin: 0;/* 重置 body 和 p 元素的外边距 */
}
p {
    position: fixed;/* 固定定位 */
    border: 1px solid #f00;
}
span {
    padding: 20px;
    margin: 100px;
    position: fixed;/* 固定定位 */
```

```
    border: 1px solid #f00;
}
</style>
</head>
<body>
  <p> 我是 p 块级元素 </p>
  <span> 我是 span 行内元素 </span>
</body>
</html>
```

示例 12-14 代码中分别对 p 块级元素和 span 行内元素进行了固定定位，且它们都没有设置宽度，在 Chrome 浏览器中的运行结果如图 12-16 所示。从图中可看到两个固定定位元素的宽度都是由内容撑开的，并且两者都是相对于浏览器可视窗口的左上角进行偏移的。span 元素的左上角之所以没有和浏览器的左上角重叠，原因是其设置了外边距，其上外边距和左外边距分别是 span 边框和浏览器左上角的水平间距和垂直间距。在图中可见，行内元素 span 既可以设置宽度和高度，又可以设置上、下外边距。可见，固定定位后，行内元素支持所有块级元素的样式。

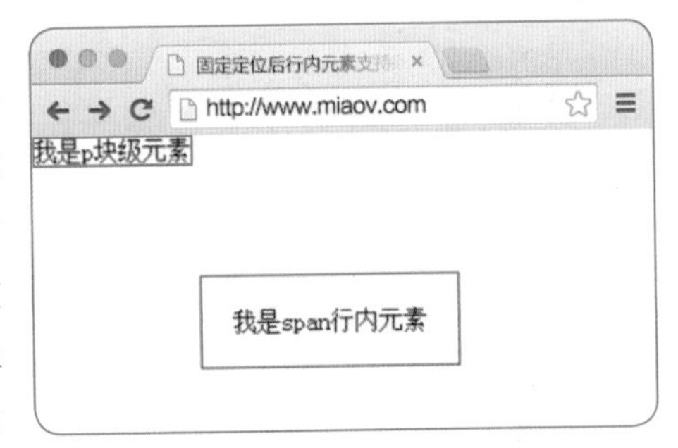

图 12-16　固定定位后行内元素支持所有块级元素样式，不设置宽度时，元素宽度由内容撑开

（5）固定定位的表现之五：触发 BFC。

固定定位像绝对定位一样，会触发 BFC。因此同样可以使用固定定位来解决子元素浮动所导致的父元素高度塌陷问题。

【示例 12-15】使用固定定位解决子元素浮动导致的高度塌陷问题。

```
<!doctype html>
<html>
<head>
<meta charset="utf-8">
<title> 使用固定定位解决子元素浮动导致的高度塌陷问题 </title>
<style>
.father {
    width: 330px;
    position: fixed;/* 父元素固定定位 */
    border: 5px solid #000;
}
.son1 {
    float: left;/* 设置元素向左浮动 */
    width: 150px;
    height: 180px;
    background: #09F1A4;
}
```

```
    .son2 {
        float: right;/* 设置元素向右浮动 */
        width: 170px;
        height: 180px;
        background: yellow;
    }
</style>
</head>
<body>
    <div class="father">
        <div class="son1">float:left</div>
        <div class="son2">float:right</div>
    </div>
</body>
</html>
```

示例 12-15 代码是在示例 11-6 的基础上做了一些修改：就是对父元素 father 添加了 position:fixed 的设置。上述代码在 Chrome 浏览器中的运行结果如图 12-17 所示。从图中可看到使用固定定位同样可以完美解决子元素浮动引起的高度塌陷问题。

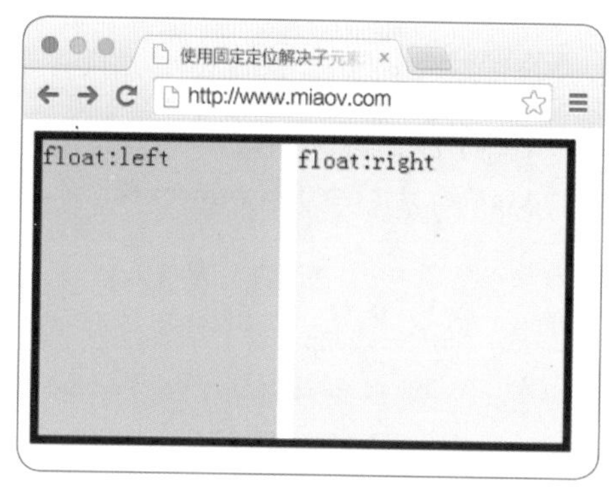

图 12-17　通过固定定位触发 BFC 解决高度塌陷问题

至此已介绍完了固定定位的各种表现形式，由此可以总结固定定位的特征如下。

（1）脱离文档流。

（2）提升层级。

（3）根据浏览器可视窗口来计算自己的位置。

（4）使行内元素支持宽、高以及内、外边距等样式设置。

（5）不设置宽度的时候，宽度由内容撑开。

（6）触发 BFC。

上述特征除了第（3）点和绝对定位不同外，其他都是一样的，大家可以结合两者来记忆。

在实际应用中，在许多需要保证内容不受滚动条滚动影响的情况下都会使用固定定位，例如头部固定导航、页面两侧的弹出广告等内容。在使用固定定位时需要注意的是，固定定位也不一定是用 position:fixed 实现的，很多时候是需要使用 JavaScript 来实现的，比如 IE7 以及 IE7 以下版本的浏览器因为不支持固定定位，对这些浏览器一般就需要使用 JavaScript 来实现固定定位的效果。另外，近年来兴起的移动端，对固定定位的支持也是有问题的，所以对移动端的开发很多时候也是使用 JavaScript 或者用绝对定位来模拟固定定位的。

12.2 定位层级

层级的高低，决定了元素相互堆叠的次序。不同的叠放次序会得到不同的表现效果，所以层级对元素的定位是很重要的。相对定位、绝对定位和固定定位都能提升层级，处于普通层级之上，如果在页面中这三者相遇，那么谁的层级最高呢？后面将给出这个问题的回答。

元素的层级可以使用 z-index 属性来修改。z-index 属性可取的值如表 12-2 所示。

表 12-2　z-index 属性取值及其描述

属性值	描　述
auto	默认值，层级高低与父元素相等
number	设置元素的层级高低，值越高，层级越高
inherit	继承父级元素的 z-index 属性值

注意：使用 z-index 属性可设置元素的堆叠顺序，堆叠顺序高（定位层级高）的元素压在堆叠顺序低（定位层级低）的元素上。

z-index 属性具有以下一些表现特征。

（1）定位元素没有 z-index 属性时，后者定位层级高于前者的定位层级。

没有设置 z-index 属性时，定位元素的层级由元素的位置决定，在后面的定位元素的层级高于前面的定位层级。示例如下。

【示例 12-16】定位元素没有 z-index 属性时，后者定位层级高于前者的定位层级。

```
<!doctype html>
<html>
<head>
<meta charset="utf-8">
<title> 定位元素没有 z-index 属性时，后者定位层级高于前者的定位层级 </title>
<style>
.box1 {
    width: 200px;
    height: 200px;
    background: yellow;
    position: absolute;/* 绝对定位 */
}
.box2 {
    width: 100px;
    height: 100px;
    background: #00ffc6;
    position: absolute;/* 绝对定位 */
}
</style>
</head>
<body>
  <div class="box1">DIV1</div>
  <div class="box2">DIV2</div>
</body>
</html>
```

图 12-18　没有 z-index 属性时，后者定位层级高于前者的定位层级

上述代码中的 DIV1 和 DIV2 都进行了绝对定位，且都没有 z-index 属性，在 Chrome 浏览器中的运行结果如图 12-18 所示。从图中可以很明显地看出后面定位的 DIV2 的元素层级高于前者

定位的 DIV1。

（2）同级的定位元素有 z-index 属性时，数值越大层级越高。

【示例 12-17】同级的定位元素有 z-index 属性时，数值越大层级越高。

```
<!doctype html>
<html>
<head>
<meta charset="utf-8">
<title>同级的定位元素有 z-index 属性时，数值越大层级越高</title>
<style>
.box1{
    width: 100px;
    height: 100px;
    background: yellow;
    position: absolute;/* 绝对定位 */
    z-index:2;/* 设置定位层级 */
}
.box2{
    width: 200px;
    height: 200px;
    background: #00ffc6;
    position: absolute;/* 绝对定位 */
    z-index:1;/* 设置定位层级 */
}
</style>
</head>
<body>
  <div class="box1">DIV1</div>
  <div class="box2">DIV2</div>
</body>
</html>
```

上述代码中的 DIV1 和 DIV2 都进行了绝对定位，且 DIV1 设置了层级 z-index:2，DIV2 设置了 z-index:1，因而 DIV1 的层级高于 DIV2 的层级，结果是 DIV1 堆叠在 DIV2 上面。运行结果如图 12-19 所示。

图 12-19　同级的定位元素有 z-index 属性时，数值越大层级越高

思考：将示例 12-17 中的 DIV2 的 z-index 的值修改为 3，则运行结果会怎样变化？

（3）不同级别的定位元素的 z-index 的值没有可比性。

定位元素的 z-index 值越高，层次越高，这是针对同级元素来说的，对不同级的定位元素的 z-index 的值没有可比性。因为定位元素的层级会受父级层级影响：低层级父级元素中的所有子元素层级（不管其 z-index 的值有多大）低于父级元素的高层级兄弟元素层级。示例如下。

【示例 12-18】不同级别的定位元素的 z-index 的值没有可比性。

```
<!doctype html>
<html>
<head>
<meta charset="utf-8">
<title> 不同级别的定位元素的 z-index 的值没有可比性 </title>
<style>
div {
    font-size: 16px;
    font-weight: 900;
}
.box1 {
    position: relative;
    z-index:1;/* 设置定位层级 */
    width: 300px;
    height: 300px;
    background: yellow;
}
.box2 {
    position: absolute;
    z-index: 3;/* 设置定位层级 */
    left: 50px;
    top: 50px;
    width: 100px;
    height: 100px;
    background: red;
}
.box3 {
    position: absolute;
    z-index: 2;/* 设置定位层级 */
    top: 100px;
    left: 0;
    width: 200px;
    height: 200px;
    background: #00ffc6;
}
</style>
</head>
<body>
  <div class="box1">box1
```

```
        <div class="box2">box2</div>
    </div>
    <div class="box3">box3</div>
</body>
</html>
```

示例12-18代码中，box1包含box2、box1和box3则是并列关系，box1 的层级是 1，box2 的层级是 3，box3 的层级是 2，运行结果如图 12-20 所示。根据 z-index 的数值越高，层级就越高的原理，box2 应该压着 box3，但在图 12-20 中，结果恰恰相反，box3 压着 box2。可见，定位元素的层级除了受 z-index 值的影响外，还要受父级的层级影响。在低层次的父级元素中的子元素的层次永远低于高层次的父级元素的兄弟元素，不管子元素的 z-index 值多大。

图 12-20　定位元素的层次受父级元素的层级影响

注意：z-index 只能在定位元素上使用，并且 z-index 元素支持负的属性值。

12.3 定位相关知识

至此已经学习了定位的绝大部分知识，现在可以尝试运用这些知识做出如图 12-21 所示的"优酷登录框"布局案例。

图 12-21　优酷登录框

图 12-21 所示的效果的实现涉及技术比较多，除了前面所介绍的定位的内容外，还涉及全屏 div 的设置、透明背景的设置以及元素水平垂直居中设置等内容。下面对这些内容一一进行讲解。

12.3.1 全屏的 div 设置

想要做一个全屏的 div，读者朋友可能会想到，只要设置 div 的大小跟计算机屏幕一样大就可以了。但是每个人的计算机型号或者分辨率都不尽相同，怎样才能兼顾到这些不同情况呢？

html、body 和 div 都是块级元素，所以默认情况下，div 的宽度由 body 决定，body 的宽度由 html 元素的宽度决定，而 html 的宽度由浏览器的屏幕大小决定；body 的高度由 div 的高度决定，html 元素的高度又由 body 的高度决定。由此，当设置 html、body 和 div 的宽度都等于各自父元素的 100%，同时把 body 的默认外边距取消，这时 div、body 和 html 三者就可以变得和浏览器的屏幕一样大小了，从而实现全屏的 div。具体代码如下所示。

【示例 12-19】全屏的 div 设置。

```
<!doctype html>
<html>
<head>
<meta charset="utf-8">
```

```
<title> 全屏的 div 设置 </title>
<style>
html,
body,
div {/* 宽、高等于包含框的大小 */
    width: 100%;
    height: 100%;
}
body {
    margin: 0;/* 取消 body 默认外边距样式 */
}
div {
    background: #ccc;
}
</style>
</head>
<body>
  <div></div>
</body>
</html>
```

上述代码在 Chrome 浏览器中的运行结果如图 12-22 所示。

图 12-22　全屏的 div

12.3.2 透明度 / 透明滤镜

透明度就是透明的程度。元素默认都是不透明的，可以通过 opacity 来设置元素（包括图像）的透明程度。但是 opacity 属性是不兼容的，低版本的 IE 浏览器没有 opacity 属性。在 IE 浏览器中实现透明设置有它自己专属的滤镜属性。因此对 IE 浏览器，可以通过滤镜属性来设置元素的透明程度。下面将分别介绍使用 opacity 属性和滤镜属性来设置元素的透明度。

（1）使用 opacity 属性设置元素的透明度

在标准浏览器中，元素的透明度由 opacity 属性值来决定。opacity 属性可取的值如表 12-3 所示。

表 12-3　opacity 属性取值及其描述

属性值	描　述
number	规定透明度，取值从 0.0（完全透明）到 1.0（完全不透明）
inherit	继承父级的 opacity 属性值

注意: 透明度的参数是 0~1 的两位小数，并且不带单位。浏览器默认元素的透明度为 opacity:1，即完全不透明。如果想让元素呈现半透明状态，只需要给元素设置 opacity:0.5 即可。

【示例 12-20】 使用 opacity 设置透明度。

```
<!doctype html>
<html>
<head>
<meta charset="utf-8">
<title> 使用 opacity 设置透明度 </title>
<style>
.box {
    width: 300px;
    height: 168px;
    position: relative;
    border: 10px solid red;
}
.box .mask {
    position: absolute;
    left: 0;
    bottom: 0;
    width: 100%;
    height: 40px;
    opacity: .3;/* 设置背景颜色的透明度 */
    background: #000;
    /* 下面的样式用于设置文本 */
    color: #fff;
    text-align: center;
    font: 16px/40px " 宋体 ";
}
</style>
</style>
</head>
<body>
  <div class="box">
    <img src="images/img.jpg" />
    <div class="mask"> </div>
  </div>
</body>
</html>
```

上述代码中的外层 div 的底部使用一个内层 div 设置了一个高 40px 的黑色背景，为了能看清底部的图片，同时又能使底部图片有一点朦胧的感觉，对内层 div 使用了 opacity 属性并设置其透明度为 0.3。上述代码在 Chrome 浏览器中的运行结果如图 12-23 所示。

需要注意的是，元素设置了透明度之后，里边所有的东西都会变成透明的。所以当对上述示例中的内层 div 添加文本后，运行的结果如图 12-24 所示。

图 12-23　使用 opacity 设置元素的透明度

图 12-24　透明元素中的文本也是透明的

为了使透明区域中的文本能显示得更清晰，一般情况下需要将文本从透明区域中独立出来，并对文本单独设置样式。为此将示例 12-20 做如下修改。

【示例 12-21】单独设置 opacity 透明区域的文本样式。

```
<!doctype html>
<html>
<head>
<meta charset="utf-8">
<title>单独设置 opacity 透明区域的文本样式 </title>
<style>
.box {
    width: 300px;
    height: 168px;
    position: relative;
    border: 10px solid red;
}
.box .mask {
    position: absolute;
    left: 0;
    bottom: 0;
    width: 100%;
    height: 40px;
    background: #000;
    opacity: .3;/* 设置背景颜色的透明度 */

}
.box .text {/* 单独设置文本样式 */
    position: absolute;
    left: 0;
    bottom: 0;
    width: 100%;
```

```
        text-indent: 5px;
        color: #fff;
        font: 16px/40px " 宋体 ";
        text-align: center;
    }
    </style>
    </head>
    <body>
      <div class="box">
          <img src="images/img.jpg" />
          <span class="mask"></span>
          <span class="text">papi 酱：一个集美貌与才华于一身的女子 </span>
      </div>
    </body>
    </html>
```

示例 12-21 代码将透明区域中的文本独立出来，并单独设置文本的样式，在 Chrome 浏览器中的运行结果如图 12-25 所示。

图 12-25　单独设置 opacity 透明区域的文本样式

使用 opactiy 透明属性时要注意以下几点。

①透明度的参数是 0~1 的小数，0 表示完全透明，1 表示完全不透明。

②元素设置了透明度之后，里面所有的东西都会变成透明的。一般透明层都是单独设置的。

③设置透明度时，透明度参数小数点前的 0 是可选的，比如 opacity:0.3; 也可以用 opacity:.3 来表示。

（2）filter:alpha(opacity=0~100)

opacity 透明属性是针对标准浏览器来设置透明度的，对于较低版本的 IE 浏览器，不能使用 opacity。这些 IE 浏览器设置元素的透明度是由专有的滤镜 filter 来设置的。基本设置语法如下：

```
filter: alpha(opacity= 透明度取值 );
```

语法说明：参数 opacity 的取值范围是 0~100 的正整数，0 代表完全透明，100 代表完全不透明。

在实际应用中，为了兼容 IE 低版本浏览器，一般在 opacity:0.3 的属性后再添加一条 filter:alpha(opacity=30)。注意两者的透明程度应该保持一致。

【示例 12-22】同时使用 opacity 和滤镜设置元素透明度。

```
<!doctype html>
<html>
<head>
<meta charset="utf-8">
```

```
<title>使用 opacity/ 滤镜设置透明度 </title>
<style>
.box {
    width: 300px;
    height: 168px;
    border: 10px solid red;
    position: relative;
}
.box .mask {
   position: absolute;
   left: 0;
   bottom: 0;
   width: 100%;
   height: 40px;
   background: #000;
   opacity: .3;/*opacity 设置透明度 */
   alpha:filter(opacity=30);/* 滤镜设置透明度 */
}
.box .text {
   position: absolute;
   left: 0;
   bottom: 0;
   width: 100%;
   text-indent: 5px;
   color: #fff;
   font: 16px/40px " 宋体 ";
   text-align: center;
}
</style>
</head>
<body>
  <div class="box">
      <img src="images/img.jpg" />
      <span class="mask"></span>
      <span class="text">papi 酱：一个集美貌与才华于一身的女子 </span>
  </div>
</body>
</html>
```

上述代码同时使用了 opacity 和滤镜设置元素的透明度，因而在较低版本的 IE 浏览器中也能显示和 Chrome 等标准浏览器中一样的透明效果。

12.3.3 margin 负值

在页面布局中也常常使用 margin 来移动元素的位置。margin 的值既可以是正值，也可以是负值。前面各章节的所有案例中，遇到的 margin 绝大部分都是正值。表 12-4 描述了 margin 为正值的含义。

表 12-4　margin 为正值时的含义

属性名	元素移动方向
margin-left	元素向右移动
margin-top	元素向下移动
margin-right	元素向左移动
margin-bottom	元素向上移动

以 margin-left 和 margin-top 为例，属性值为正值时，元素的位置移动如图 12-26 所示。

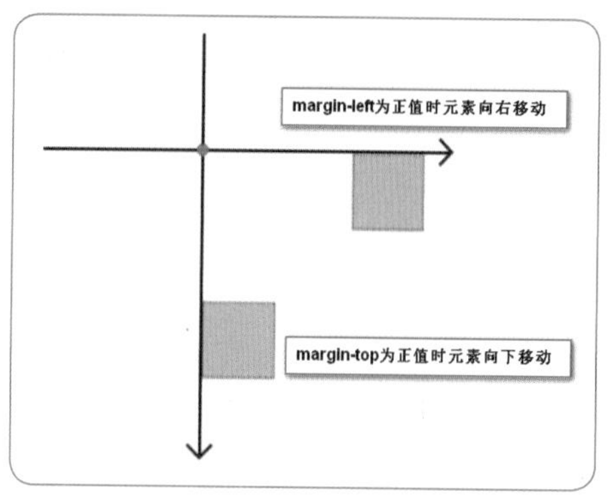

margin-left为正值时元素向右移动
margin-top为正值时元素向下移动
图 12-26　margin 取正值时元素的移动图示

margin 为正值是比较常用的，也是比较好理解的。margin 取负值，理解起来不如正值那么容易，也不如正值常用，但 margin 取负值在某些情况下能为布局网页带来极大的便利。因而 margin 取负值常常用于网页的布局。需要注意的是，margin 取负值并不是向左移动或者向上移动。当给元素设置了 margin 负值时，它会放弃自身原来占据的位置，后面元素就会紧随其后“跟”上来。

下面通过几个图示来说明 margin 取负值时产生的一些情况。

图 12-27 中有背景色的那个是 div 元素，后面没背景的是 p 元素，且 p 和 div 的 margin 都设置为 0。

下面给 div 设置 margin-bottom:-10px，结果如图 12-28 所示。

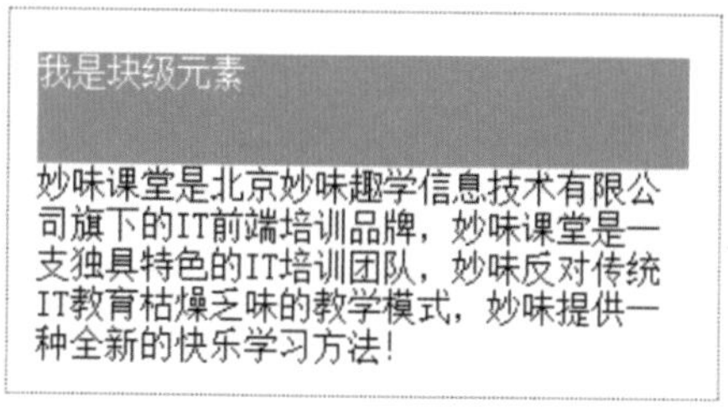

我是块级元素
妙味课堂是北京妙味趣学信息技术有限公司旗下的IT前端培训品牌，妙味课堂是一支独具特色的IT培训团队，妙味反对传统IT教育枯燥乏味的教学模式，妙味提供一种全新的快乐学习方法！
图 12-27　div 的 margin 为 0 的情况

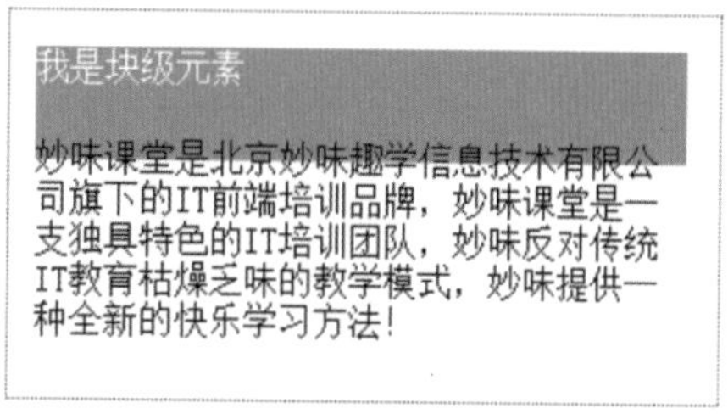

我是块级元素
妙味课堂是北京妙味趣学信息技术有限公司旗下的IT前端培训品牌，妙味课堂是一支独具特色的IT培训团队，妙味反对传统IT教育枯燥乏味的教学模式，妙味提供一种全新的快乐学习方法！
图 12-28　div 的 margin 为 -10px 的情况

从图 12-28 中可以看到，div 的位置并没有发生变化，只不过是 div 的底部“奉献”了 10px 的位置，所以 p 元素挤上来了。对此，可以理解为 div 占的位置减小了。

有关盒子在网页中的占位大小，有如下所示的一个公式：

```
盒子占位宽 = width/height + padding + border + margin;
```

可以使用上面的公式来解释图 12-28 所示的结果：假设 div 盒子大小为 200px，给了 div 一个 margin-bottom:-10px。根据公式计算得出 div 占的高度大小为 200+(-10)=190px，即 div 高度占 190px，因而后面的 p 元素会上移由 div 之前所占据的 10px。

下面再使用图 12-29 所示的代码和图示来说明 margin 取负值时出现的情况。

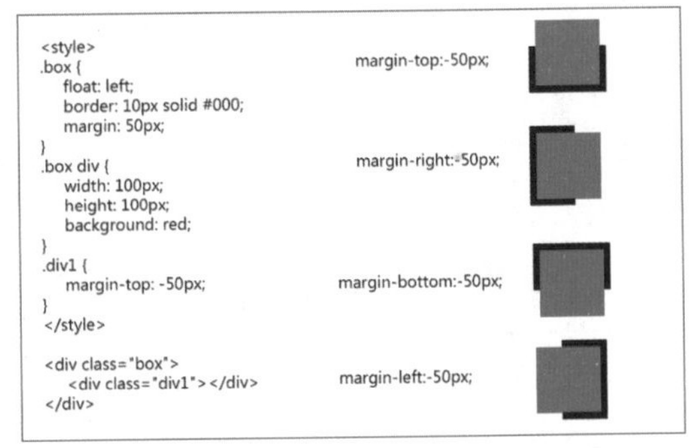

图 12-29　margin 四个方向分别取负值的情况

margin 取负值的魅力在网页中也是随处可见，简单的导航效果，复杂的“圣杯”布局和“双飞翼”布局都是运用 margin 取负值来实现的。下面分别演示 margin 取负值在导航条的创建以及“圣杯”布局网页中的应用。

案例一：使用 margin 实现如图 12-30 所示的导航条效果。

图 12-30 中的每个菜单项 4 个方向都有 1px 的边框，因而可以对每个菜单项设置 1px 的边框，但这样设置会使相邻的两个菜单项之间有 2px 的边框，如图 12-31 所示。此时就可以使用 margin-right:-1px，使两个边框合并为一个，因而最终得到 1px 的边框。通过给 margin-right 设置负值省去了很多麻烦。

首页　发现　订阅　会员　我的

图 12-30　使用 margin 负值实现导航条

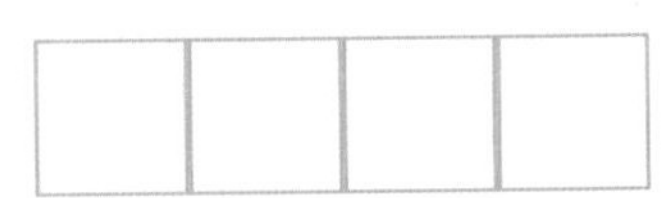

图 12-31　各个菜单项设置边框后出现相邻的两个菜单项的边框为 2 倍宽度

【示例 12-23】 margin 取负值在创建导航中的应用。

```
<!doctype html>
<html>
<head>
<meta charset="utf-8">
<title>margin 负值在创建导航中的应用 </title>
<style>
.box {
    float: left;
    width: 50px;
    height: 50px;
    line-height: 50px;
    text-align: center;
    margin-right: -1px;/*margin 取负值 */
    border: 1px solid #000;
}
</style>
</head>
<body>
    <div class="box">1</div>
    <div class="box">2</div>
    <div class="box">3</div>
    <div class="box">4</div>
</body>
</html>
```

上述代码设置各个 div 的右外边距为 -1px，这样就可以合并相邻两个 div 的左边框和右边框，从而得到一个 1px 的边框，在 Chrome 浏览器中的运行结果如图 12-32 所示。如果注释掉 margin-right:-1px 代码，则运行结果如图 12-33 所示。

图 12-32　相邻 div 的边框合并为一个边框

图 12-33　相邻 div 的边框组成双倍边框

案例二："圣杯"布局

"圣杯"布局的出现是来自于 2006 年 a list part 上的 In Search of the Holy Grail 文章。其布局思路是：两边固定宽度，中间自适应的 3 栏布局，且中间栏放到文档流前面，保证先行渲染中间栏。

"圣杯"布局用到的知识点：浮动、margin 取负值、相对定位等。

1. html 结构

```
<body>
    <div class="container">
      <!--#middle 必须放在 #left 和 #right 元素前面 -->
      <div class="middle">#middle</div>
      <div class="left">#left</div>
      <div class="right">#right</div>
    </div>
</body>
```

2. 样式表

```
body {
    margin: 0;
    font-size: 20px;
    text-align: center;/* 文本居中 */
}
#container{
    margin: 0 auto; /* 使容器中的内容水平居中 */
    overflow: hidden;
}
#middle{
    float: left;
    width: 100%;/* 中间栏自适应父元素宽度 */
    height: 360px;
    background: #fcc;
}
```

```
#left{
    float: left;
    width: 150px;
    background: #cff;
    height: 300px;
}
#right {
    float: left;
    width: 150px;
    background: #cff;
    height: 300px;
}
```

上述样式表中，中间部分需要根据浏览器宽度的变化而变化，所以要用 100%，左中右 3 列浮动，因为中间部分为 100%，所以左侧和右侧根本无法上去，如图 12-34 所示。

为了让左、右两栏排列在中间栏的两侧，需要对上述样式表做以下修改。

（1）将左栏的左外边距设置为 -150px，发现左栏上移到中间栏的右侧了。运行结果如图 12-35 所示。代码修改如下所示。

```
#left{
    float: left;
    width: 150px;
    background: #cff;
    height: 300px;
    margin-left: -150px;/* 对左栏的左外边距设置负值，使左栏上移到中间栏的右侧 */
}
```

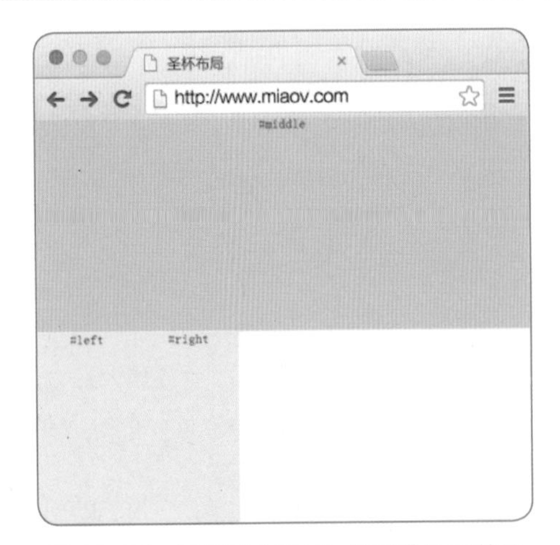

图 12-34　只设置浮动时的“圣杯”布局效果

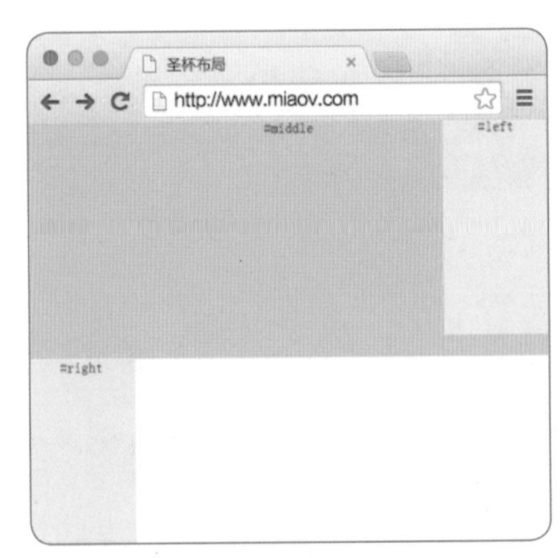

图 12-35　对左栏设置负的左外边距时的“圣杯”布局效果

（2）按照上述修改方法，可以得出左栏如果往左挪动 #container 容器宽度的距离，就可以从容器的右边移动到左边了，由此想到可以给它一个 -100% 的左外边距；而对于还在下面的右栏则按照步骤（1）的方法给一个 -150px，左外边距就可以让它移上去了。这样就可以将左、右栏定位在中间栏的两侧了。运行结果如图 12-36 所示。代码修改如下所示。

```
#left{
    float: left;
    width: 150px;
    background: #cff;
    height: 300px;
    /* 为 #container 容器宽度的 100%，使左栏上移一行并从该行右边移到最左边 */
    margin-left: -100%;
}
#right {
    float: left;
    width: 150px;
    background: #cff;
    height: 300px;
    margin-left: -150px;/* 对右栏的左外边距设置负值，使右栏上移到中间栏的右侧 */
}
```

（3）按照步骤（2）的修改方法，左、右栏虽然能定位在中间栏的左、右两侧，但中间栏的两边分别被左、右栏遮住了。因为左、右两栏是固定宽度的，且中间栏宽度等于 #containe 容器宽度，如果中间栏的左、右两侧和容器之间的间距分别等于左、右两栏的宽度，然后再让左、右两栏分别相对于当前的位置向左和右移动各自宽度的距离，这样就可以解决中间栏被遮住的问题。由于左中右 3 栏都在同一个容器 #containe 中，所以中间栏和容器左、右两侧的间距为容器的左、右内边距。因此这一步需给 #container 容器加左、右 padding 以及对左、右两栏分别进行相对定位，且向左和向右的偏移量分别为各自的宽度。运行结果如图 12-37 所示。代码修改如下所示。

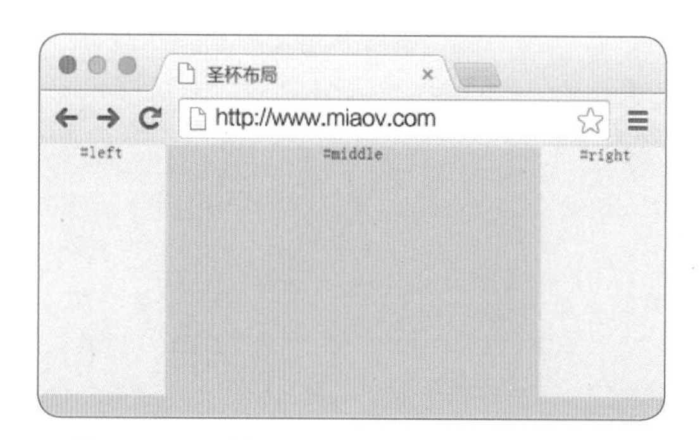

图 12-36　对左、右栏分别设置负的左外边距时的“圣杯”布局效果

图 12-37　对容器添加左、右内边距以及左、右栏相对定位时的“圣杯”布局效果

```
#container{
    margin: 0 auto;
```

```
    overflow: hidden;
    padding: 0 150px;/* 为左、右两栏腾出空间 */
}
#left{
    float: left;
    width: 150px;
    background: #cff;
    height: 300px;
    /* 为 #container 容器宽度的 100%，使左栏上移一行并从该行右边移到最左边 */
    margin-left: -100%;
    /* 使用相对定位，使左栏在当前位置往左边移 150px*/
    position: relative;
    left: -150px;
}
#right {
    float: left;
    width: 150px;
    background: #cff;
    height: 300px;
    margin-left: -150px;/* 对右栏的左外边距设置负值，使右栏上移到中间栏的右侧 */
    /* 使用相对定位，使右栏在当前位置往右移 150px*/
    position: relative;
    right: -150px;
}
```

“圣杯”布局的完整代码如下所示。注意，示例 12-24 中的代码修改了中间栏的高度，使其和左、右两栏的高度一样。

【示例 12-24】“圣杯”布局的完整代码。

```
<!doctype html>
<html>
<head>
<meta charset="utf-8">
<title> 圣杯布局 </title>
<style>
body {
    margin: 0;
    font-size: 20px;
    text-align: center;/* 文本居中 */
}
#container{
    margin: 0 auto; /* 使容器中的内容水平居中 */
    overflow: hidden;
```

```
        padding: 0 150px;/* 为左、右两栏腾出空间 */
    }
    #middle{
        float: left;
        width: 100%;/* 自适应父元素的宽度 */
        height: 300px;
        background: #fcc;
    }
    #left{
        float: left;
        width: 150px;
        background: #cff;
        height: 300px;
        /* 为 #container 容器宽度的 100%，使左栏上移一行并从该行右边移到最左边 */
        margin-left: -100%;
        /* 使用相对定位，使左栏在当前位置往左边移 150px*/
        position: relative;
        left: -150px;
    }
    #right {
        float: left;
        width: 150px;
        background: #cff;
        height: 300px;
        margin-left: -150px;/* 对右栏的左外边距设置负值，使右栏上移到中间栏的右侧 */
       /* 使用相对定位，使右栏在当前位置往右移 150px*/
       position: relative;
       right: -150px;
    }
    </style>
    </head>
    <body>
     <div id="container">
       <!--#middle 必须放在 #left 和 #right 元素前面 -->
       <div id="middle">#middle</div>
       <div id="left">#left</div>
       <div id="right">#right</div>
     </div>
    </body>
    </html>
```

上述代码在 Chrome 浏览器中的运行结果如图 12-38 所示。

"双飞翼"布局源于淘宝的 UED，其灵感来自于页面渲染，是对页面的形象表示，它将左、右两栏比作小鸟的两个翅膀。"双飞翼"布局是"圣杯"布局的改进版，这两种布局解决的问题是一样的，就是两边定宽，中间自适应的 3 栏布局，中间栏要在放在文档流前面以优先渲染，所以在 html 中需要先写中间的结构。限于篇幅的原因，有关“双飞翼”布局的内容在此不作详细的介绍，感兴趣的读者可查阅我们提供的附赠文档。

图 12-38 “圣杯”布局效果

margin 取负值因为自身不用添加额外标记就能实现定位元素的效果，因此在前端开发中发挥的作用越来越大。随着浏览器的升级，更多的网站也会更依赖于它，作为前端开发人员更应该对 margin 取负值有深入了解及认识。

margin 取负值除了上面所看到的两个常用案例外，还经常用于元素的绝对居中。在实际应用中，可以根据定位的特性以及 marginq 取负值来完成常见的元素水平及垂直居中的效果，如图 12-21 所示的优酷登录框。该登录框在页面的正中间，并且会随着浏览器的扩大或缩小来动态地改变自己的位置，使其一直处于一个水平及垂直居中的状态。下面来看看怎样使一个元素保持一个绝对的居中状态。

12.3.4 元素的绝对居中

要让元素水平及垂直居中，就必须保证元素的中心点和其父级元素的中心点是重合的，如图 12-39 所示。

如果父级的宽、高不确定，那子级相对于父级的位置就不能用具体数值了。此时可以用百分比表示，这样中心点距离左、右两边的距离都是 50%。但是在 CSS 中，元素的位置偏移是以左上角为参考点的，比如给子级元素定位，距离父级左侧和上侧都是 50%，显示的结果如图 12-40 所示。

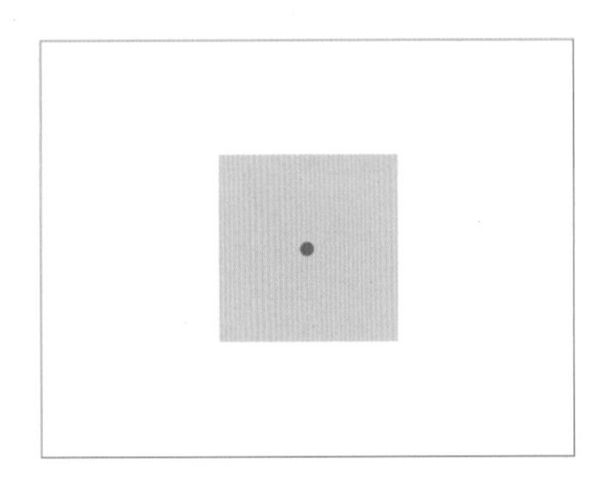

图 12-39 元素的中心点和其父级元素的中心点重合

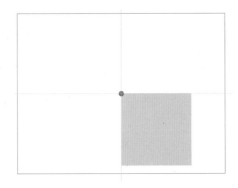

图 12-40 CSS 中的元素相对于左上角偏移 50% 的结果

由图 12-41 可以看到，如果想让子级与父级的中心点重合，则需要子级的位置向上移动本身高度的一半，和向左移动本身宽度的一半。因此元素的绝对居中样式的代码如下。

```
div {
        width: 200px;
        height: 200px;
        background: red;
        position: absolute;
        top: 50%;
        left: 50%;
        margin-left: -100px;
```

```
        margin-top: -100px;
    }
```

根据上述样式代码，在实现元素的绝对垂直居中时应注意以下几点。

（1）根据父级进行绝对定位，如果在浏览器中水平垂直居中，那么父级就是 html 元素。

（2）top 值和 left 值为父级的 50%。

（3）margin-left 为元素宽度的一半，margin-top 为元素高度的一半。

练习题

请结合本章及前面各章所学知识，创建图 12-41~ 图 12-43 所示效果的页面。

图 12-41

图 12-42

图 12-43

Chapter 13

第13章 技术的世界只崇拜实干者：整站静态页面开发

看文字太累？那就看视频！

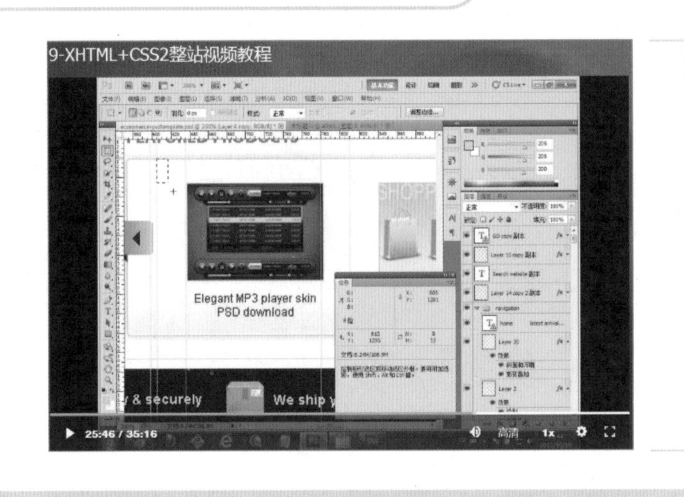

妙味视频

遇到困难？去社区问高手！

技术交流社区

踏入编程领域的你，既要做好理论准备，又得具备实战能力。心中纵有平天下之策，手中亦当具备盖世神功；就现在，动起你的小手来，写点代码，开始做个页面吧！

终于走到了这一章，本章不再学习各类技巧或特性，而是通过制作“妙味课堂”这一完整的静态页面项目把之前所学知识串联起来，学以致用，希望大家能够举一反三。接下来正式开始建站生涯的第一个实战项目吧。

13.1 网站前期规划

在建设网站之前，首先要对网站进行前期的规划，规划内容包括：网站目录划分、网站文件夹和文件的命名，以及网站整体规划。

13.1.1 网站目录划分

1. 建立根目录文件夹

通常情况下，网站的页面以及其他与网站相关的东西，会放到一个专门的文件夹中，一方面便于管理，二来便于后期将页面提交给服务器。这个文件夹称为网站根目录或者“站点”，图 13-1 为以“miaov”命名的站点。

2. 建立文件夹目录

为了能正确地访问，以及日后维护和管理的方便，我们需要对网站规划保存各类资料的文件夹目录。

在站点根目录中需要放置的是与页面相关的所有文件或图片，通常把功能相同的文件放到同一文件夹里。通常来说，搭建一个网站需要 html 文件、大量的图片以及 css 样式等，因此我们可以把这些不同类型的文件分别放在不同的文件夹，如图 13-2 所示。

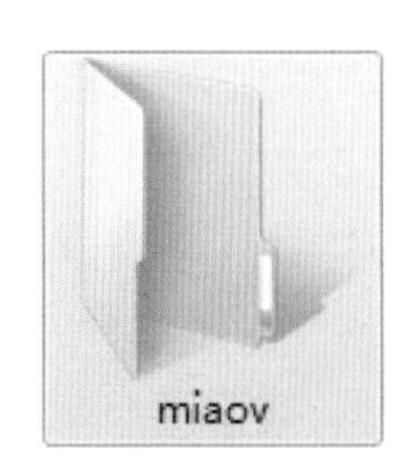

图 13-1 创建名为“miaov”的站点

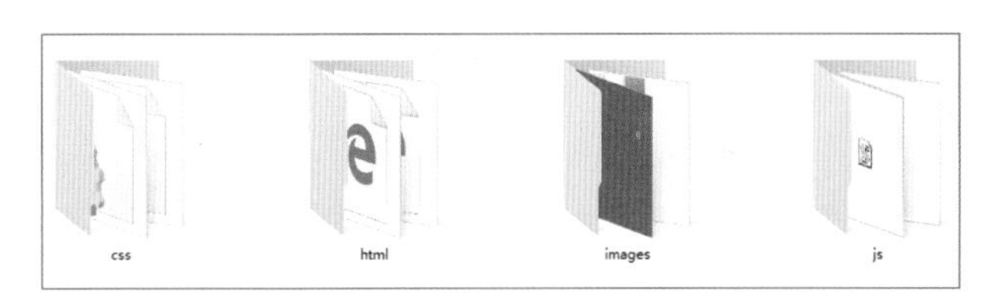

图 13-2 为不同类型的文件创建文件夹

图 13-2 中，html 文件夹专门存放 html 静态页面，css 文件夹专门存放 css 样式文件，images 文件夹则专门存放页面需要的图片。除了图 13-2 所示的文件夹结构外，也可以有其他形式，图 13-3 就是一种文件夹和文件相组合的形式。

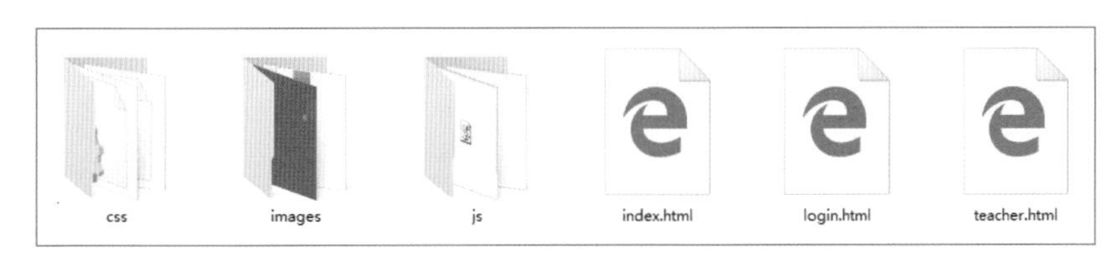

图 13-3 文件夹和文件的组合形式

注意: 服务器的上传目录默认 html 是根目录文件，所以在通常情况下我们会把首页（index.html）放到根目录下。

无论采用哪种方式，目的都是为了建立清晰明了的结构，便于查找以及日后的维护和管理。在规划网站目录时，我们需要遵循这样的原则：目录的层次不要太深，一般不超过 3 层；不要使用中文目录；尽量使用意义明确的目录名称。

设计一个网站的目录一般分为以下步骤。

第一步 创建一个站点根目录。

第二步 根据网站主页中的导航条，在站点根目录下为每个导航栏目建一个目录（除首页栏目外）。

第三步 在站点根目录下创建一个用于存放公用图片的 images 文件夹。

第四步 在站点根目录下创建一个保存样式文件的 css 文件夹。

第五步 在站点根目录下创建一个保存脚本文件的 js 文件夹（如果有 JS 文件的话）。

第六步 如果有 flash、avi 等多媒体文件，则可以在站点根目录下再创建一个用于保存多媒体文件的 media 文件夹。

第七步 创建主页，将主页命名为 index.html 或 default.html，并存放在站点根目录下。

第八步 将每个导航栏目的文件分别存放在相应导航栏目录下。

13.1.2 网站文件夹、文件的命名

在建立网站目录时，有些文件夹的命名是固定的，有些文件夹的命名是约定俗成的，而有些文件夹的命名则是根据当前网站的功能或者内容来确定的。说起命名，大多人并不是很重视，但实际上如果没有良好的命名习惯，一味地乱起名称，将会增加网站的管理和维护难度。

1. 文件夹的命名规则

文件夹命名时统一使用小写的英文字母、数字和下划线的组合，不能包括汉字、空格和特殊字符。网站中的文件夹大多都有特定的名称去命令，如表 13-1 所示。

表 13-1　文件夹命名

文件夹命名	描述
images	存放网站常用的图片
css	存放 css 文件
flash	存放 flash 文件
psd	存放 PSD 源文件
temp	存放所有临时图片和其他文件
js	存放 js 文件

表 13-1 的文件夹命名是比较常用的，当然也可以自己命名。需要注意的是，不管如何命名都要与存放的内容相贴切。

2. 图片命名规则

图片命名时一般使用英文字母、数字、下划线的组合，不能包含汉字、空格和特殊字符。图片是网站的重要组成部分，图片命名时也需要与图片内容相呼应，尽量以最少的字母表达清楚图片的作用。图片命名一般采用以下 3 种方法：驼峰命名法，下划线命名法以及中划线命名。

驼峰命名法：第一个单词以小写字母开始，第二个及以后的单词的首字母都采用大写字母，例如：headBg（头部背景）。

下划线命名法：两个单词之间用下划线连接，例如：head_bg（头部背景）。

中划线命名法：两个单词之间用中划线连接，例如：head-bg（头部背景）。

除了上述三种方法外，还有其他一些命名方法，不过这些方法用的不是特别多，在这里就不做介绍了。大家可以根据自己的喜好来选择命名的方法，但是无论选择哪种方式，在整个网站中应保持命名方式一致。

注意：命名时可以使用缩写的方式，例如：button 用 btn 代替，background 用 bg 代替。表 13-2 中总结了在图片命名时常用的单词（单词缩写）。

表 13-2 图片命名

图片类型	图片命名
背景	bg（缩写）
按钮	btn（缩写）
装饰性图片	pic/img（缩写）
页面主广告	banner
热点图片	hot
头部	header（头部背景：header_bg）
主题	main
底部	footer
三角	arr
图标	icon

如果图片名称包含两个或两个以上的单词时，建议使用驼峰命名法，或者使用下划线或中划线将单词连接起来。命名尽量短，尽量能复用。

3. html 文件命名规则

html 文件命名时，尽量使用小写英文单词或汉语拼音。一个网站会有很多页面，包括首页、若干个二级页面以及其他相关的子页面。首页是打开网站后看到的第一个页面（也是网站的默认页面），通常用 index 来命名。首页中有导航，点击导航进入二级页面，二级页面会根据页面的内容或者功能来命名。表 13-3 列举了一些常用 html 文件命名。

表 13-3 常用 html 文件命名

文件名	描述
index.html	首页
joinus.html	加入我们
partner.html	合作伙伴
aboutus.html	关于我们
contact.html	联系我们
company.html	公司介绍
service.html	服务
map.html	地图页面
culture.html	企业文化

以上是比较常用的一些 html 文件命名。不同业务的公司，涉及的页面也会有所不同，在命名文件时，根据当前页面的主要内容采用英文命名即可。二级页面或者三级页面可以采用“**_**.html”的方式来命名，例如：产品列表页 product_list.html。如果栏目名称复杂且不好以英文单词来命名，则统一使用该栏目名称拼音或拼音的首字母表示。

4. CSS/JS 命名

CSS 和 JS 命名时一般使用英文字母、数字、下划线的组合，不能包含汉字、空格和特殊字符。CSS 和 JS 在命名时也主要根据自身的主要内容来命名，例如公共的 CSS 样式可以设置为 public.css，自身独有的 CSS 可以设置为 **.css。

5. html 中标签类名和 ID 名命名规则

标签的类名和 ID 名使用英文字母、数字和下划线的组合，不能包含汉字、空格和特殊字符。当页面内容比较多时，涉及的标签会比较多，对初学者来说，此时最大的困扰估计就是标签的命名了。相信有很多初学者经常给标签的类名或 ID 名起“aa”“bb”“one”“two”等这样没有语义的名字，时间一长，估计连自己都不知道这些名字代表的是哪个标签了。为了便于代码的阅读，以及日后维护，在实际开发中，需要给标签使用有语义化的命名，此外，命名标签时也要遵循一定的规则：当名称是由两个或两个以上的单词组成时，可以使用驼峰命名，例如 headerNav（头部导航）；也可以使用下划线命名，例如 header_nav（头部导航）。同样的，不管使用哪一种命名方式，整个网站一定要保持命名方式一致。

一般会根据标签的功能或者描述的内容来给标签命名，例如，常常用 nav 来表示导航，用 banner 来表示广告等。表 13-4 中给出了一些常用的标签命名。

表 13-4　常用 html 标签命名

表示内容	命名
头部	header
内容	content/container
尾部	footer
导航	nav
侧栏	sidebar
栏目	column
页面外围控制整体布局宽度	wrap
左中右	left center right
登录条	loginbar
标志	Logo
广告	banner
页面主体	main
热点	hot
新闻	news
下载	download
子导航	subnav
菜单	menu
子菜单	submenu
搜索	search
友情链接	friendlink
版权	copyright
滚动	scroll
标签页	tab
文章列表	list

续表

表示内容	命名
提示信息	msg
小技巧	tips
栏目标题	title
加入	joinus
指南	guild
服务	service
注册	regsiter
状态	status
合作伙伴	partner
商标	label
注释	note
面包屑（即页面所处位置导航提示）	breadCrumb
当前	current
购物车	shop

以上总结了一些常用命名，大家在开发时可以对照着使用。

根据本小节所学内容，我们将“妙味课堂”网站的结构案例文件划分为图 13–4 所示的几部分。

图 13–4 网站案例文件结构

13.1.3 网站整体规划

在完成了网站目录划分以及文件夹和文件命名后，还需要对网站进行整体规划，主要包括对 html 文件、CSS 以图片等内容的规划。下面将以本章所讲案例为例，分别介绍这些内容的规划。

1. html 规划

本章所讲案例的整个网站共有 4 个页面，分别是：首页（index.html）、讲师详情页（teacher.html）、注册登录页面（login.html）、一周学习安排页面（table.html）。首页是网站最重要的页面，同时也是包含知识点最多的页面，因此将对首页进行详细讲解，其他页面简单讲述，代码可通过扫描本章节后的二维码进行查看。

2. CSS 规划

以首页为例，页面分为：头部（见图 13–5）、主体部分（见图 13–6）、底部（见图 13–7）。可以发现页面头部和底部内容是相同的，且网站需要兼容 IE6 低版本浏览器。所以我们将 CSS 样式表划分为以下 4 种：重置样式表（reset.css）、全局通用样式（global.css）、IE 兼容性（fixIE.css），以及各个页面的单独样式表。

图 13–5 网站头部

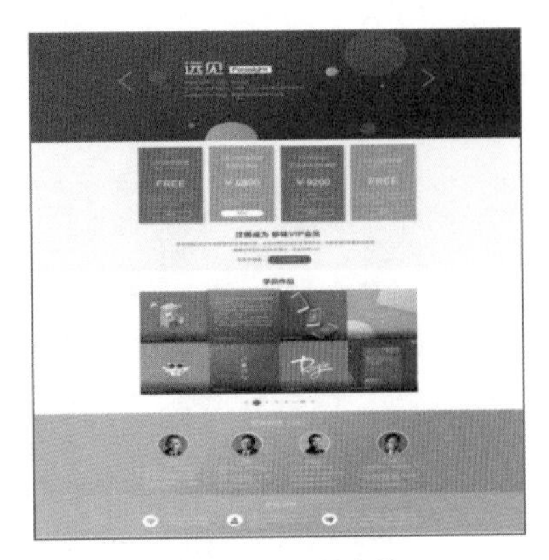

图 13-6　网站主体

图 13-7　网站尾部

3. 图片规划

在网站中，图片和图表是必不可少的，因此，要事先准备好需要的图片和图表，注意，过多的图片会使浏览器的加载速度变慢，为了优化代码，可将图片适当地进行调整，调整图片时可使用精灵图（css sprites）。有关精灵图的内容将会在 13.2.5 小节中详细介绍。

13.2 网站首页制作

13.2.1 网站首页结构

网站的首页是一个网站的门面，是网站内容的汇总和索引。在本小节中，将以图 13-8 所示“妙味课堂”网站首页为例，详细介绍首页各版块内容的制作。

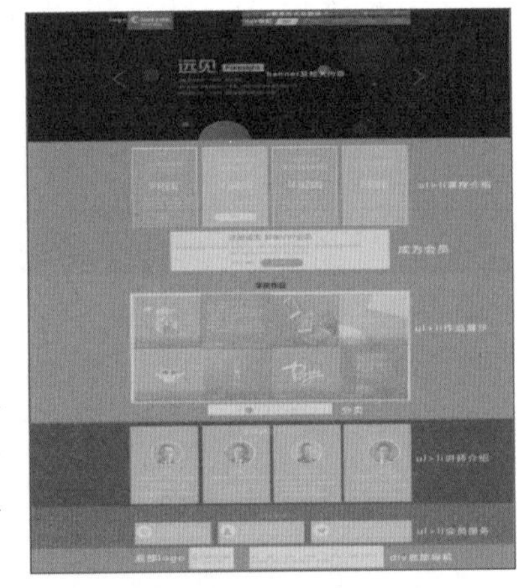

图 13-8　网站首页结构

网站由一个个的页面组成，每个网页又由许多内容各一的小版块组成，每个小版块之间又存在一定的联系，所以在做网页布局时，要从整体考虑。建议大家在编写页面之前，先把页面的大体结构图画出来，捋清布局思路。

图 13-8 是“妙味课堂”网站首页的页面大致结构图。该结构图将首页拆分为：头部 &banner、课程介绍、作品展示、讲师介绍、会员服务、底部导航等版块。在接下来的小节，我们将带领大家来学习首页的制作，讲解如何解决在网页制作过程中遇到的问题。

13.2.2 网站首页之头部 &banner 版块的制作

图 13-9　头部和 banner 布局效果

首页的头部和 banner 通常归为一个版块。本案例的这一版块将用到浮动和定位等知识，布局效果如图 13-9 所示。

头部的布局效果如图 13-10 所示，主要涉及定位、定位层级以及浮动等知识。

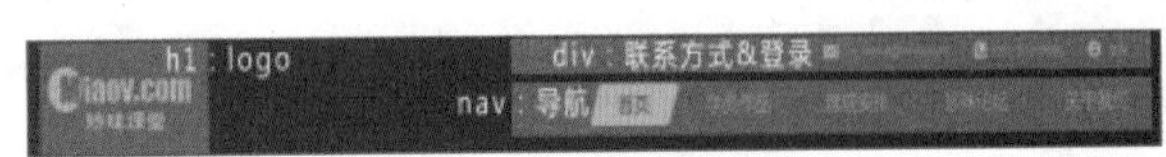

图 13-10　网站头部布局效果

从图 13-10 可看到，头部由 Logo、导航、联系方式 & 登录这三部分组成，布局代码如下：

```
<header id="header">
    <div class="warp clearFix">
         <h1 class="logo">...</h1>
         <nav class="headerNav">...</nav>
         <div class="headerMsg>...</div>
         ::after
     </div>
</header>
```

上述代码中，使用了 <header></header> 标签设置头部的各部分内容，包括 Logo、导航、联系方式 & 登录三个小区域：Logo 在页面中的权重最高，所以使用 <h1></h1> 标签来设置，并且使用了“以图换字”的方法；导航区域使用的是 <nav></nav> 标签，由于导航的背景图是不规则的，所以使用了“滑动门”的方法，同时使用浮动或定位方式将其布局到头部的右下角；联系方式 & 登录区域使用 <div></div> 标签来设置，该区域会用到三个小图标，可将这些小图标合并成一张图，即“精灵图”，该区域在头部的右上角，所以可以通过 header 元素将该区域定位到右上角。因为头部在 banner 区域的上方，因此可以对头部使用定位的相关特性。

从图 13-9 中可以看出，banner 区域有一幅大背景图，包含文本和左右箭头。左右箭头用来控制背景图的切换，布局代码如下：

```
<div id="indexBanner">
  ...
</div>
```

综上所述，可得到头部 &banner 的布局代码如下：

```
<!-- header-->
<header id="header">
    <div class="warp clearFix">
       <h1 class="logo">...</h1>
       <nav class="headerNav">...</nav>
       <div class="headerMsg>...</div>
       ::after
    </div>
</header>
<!-- banner-->
<div id="indexBanner">
  ...
</div>
```

在头部版块中，我们提到了 3 个新知识点：以图换字、滑动门和精灵图，这 3 个知识点在实际项目开发中比较常见。下面我们将一一介绍它们的使用方法。

13.2.3 以图换字

以图换字，顾名思义就是用图片替换文字。文字在浏览器中的表现形式比较单一，很多效果无法实现。在设计网页的 Logo 或者标题时，通常会使用到一些漂亮美观的字体，如图 13-11 所示。这些字体设计单纯靠文字是表现不出来的，所以通常情况下会用图片来替换这些文字。使用图片虽然满足了设计需求，但是却不利于搜索引擎抓取信息（搜索引擎只能搜索到这里有张图片，不能获取图片上的内容，从而使网页失去被查看的机会）。为此，我们需要一种既能保证网页美观，同时又有利于搜索的方法。“以图换字”就是这样一种方法——用图片替换文字展现给用户，同时保留文字但让文字不可见，它将美观呈现给用户，又将文字提供给搜索引擎用于搜索，一举两得。

图 13-11　网站 Logo 示例

下面用“以图换字“的方法来实现 Logo 效果，首先，在布局 Logo 区域时，让文字和背景图并存，代码如下：

```
<h1 class="logo"><a href="http://www.miaov.com">妙味课堂</a></h1>
```

上述代码中的 <a> 标签主要是为了跳转页面，而 <h1> 标签主要是为了提升 Logo 关键字的权重。给 <a> 标签添加一个背景图片或其他样式后，会发现背景与文字重合在了一起，如图 13-12 所示。要对图 13-12 所示的 Logo 实现“以图换字”的效果，就必须保证在不删除文字的前提下，让文字隐藏，只显示背景，这是“以图换字”最关键的一步。

图 13-12　对文字设置背景图片

接下来，介绍几种实现“以图换字”效果的方法。

（1）以图换字方法一：把文字标签的高度设置为 0，padding-top 的值设置为与背景图片高度一致，以显示背景，同时设置文字溢出隐藏。代码如下：

```
<style>
a {
    text-decoration: none;
}
.logo {
    background: #904c8e;/*logo 图片是白色的，设置背景颜色用以显示图片 */
}
.logo a {
    display: block; /* 转为块级元素，支持所有样式 */
    width: 242px;
    height: 0; /* 高度必须为 0*/
    overflow: hidden; /* 必须和溢出隐藏一起使用 */
    padding-top: 70px; /*padding-top 的值是图片的高度 */
    background: url(images/logo.png) no-repeat;
}
</style>
  <h1 class="logo"><a href="http://www.miaov.com">妙味课堂</a></h1>
```

上述代码给 <a> 标签设置 display:block 使 <a> 标签支持宽高。背景图片的高为 70px，为了只显示图片，所以设置 <a> 标签的高度设为 0，同时设置 <a> 标签的 padding-top 为 70px 以刚好显示背景图片。此时超链接中的文本会显示在背景图片下面，为了隐藏这些文本，需要给 <a> 标签设置 overflow:hidden，使文本隐藏起来。

使用此方法需要注意以下几个问题。

①需要进行以图换字的标签高度必须设置为 0，如果不设置高度为 0，标签的高度将由内容撑开。

②使用 padding-top 属性来显示背景图片，padding-top 的属性值是背景图片的高度。

③必须有 overflow:hidden，overflow:hidden 用于隐藏溢出。一开始，我们给标签设置了高度为 0，那么标签内的文本就会在高度以外显示，使用 overflow:hidden 能将溢出的文本隐藏起来。

（2）以图换字方法二：超大行高配合溢出隐藏。

文字的超大行高可以调整文本行基线间的垂直距离，即文字在文本行之间的位置，如图 13-13 所示。

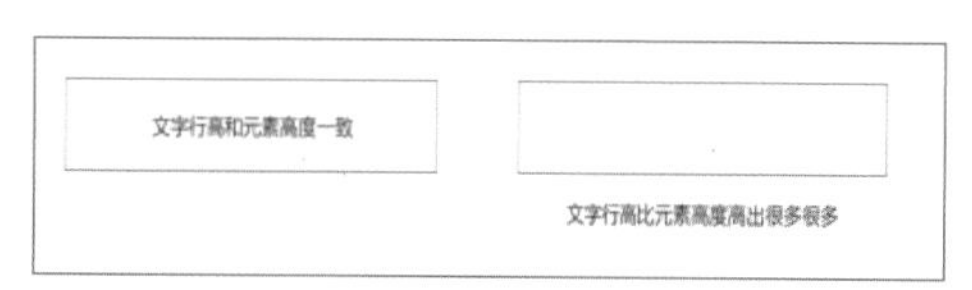

图 13-13　文字行高超过元素高度时的效果

从图 13-13 中可以看到，在文字行高比标签高度高很多的情况下，文字会在标签外显示，此时配合上 overflow:hidden，文字将被隐藏。代码如下。

```
<style>
a {
    text-decoration: none;
}
.logo {
    background: #904c8e;
}
.logo a {
    display: block; /* 转为块级元素，支持所有样式 */
    width: 242px;
    height: 70px; /* 高度等于背景图片高度 */
    overflow: hidden; /* 必须和溢出隐藏一起使用 */
    line-height: 200px; /* 超大行高可以将文字挤出标签高度以外 */
    background: url(images/logo.png) no-repeat;
}
</style>
<h1 class="logo"><a href="http://www.miaov.com"> 妙味课堂 </a></h1>
```

使用此方法来实现以图换字的功能需要注意以下 3 点：

①标签必须有高度，不然文字行高会撑开标签高度。

②文字行高要超出标签高度很多，至于高出多少，并没有强制的标准，只要能使文字完全显示在标签的外面即可。

③必须配合 overflow:hidden 来隐藏溢出的文字。

上面两种方式是常用的以图换字的方法，下面介绍的方法（3）和（4）也可以实现以图换字的功能，但是不推荐的，不过，大家可以了解一下。

（3）以图换字方法三：缩进超大负值。代码如下。

```
<style>
a {
    text-decoration: none;
}
.logo {
    background: #904c8e;
}
.logo a{
    display: block; /* 转为块级元素，支持所有样式 */
    width: 242px;
    height: 70px; /* 高度必须等于背景图片高度 */
    overflow: hidden; /* 必须和溢出隐藏一起使用 */
    text-indent:-2000px; /* 缩进超大负值，将文字溢出可见区域 */
    background: url(images/logo.png) no-repeat;
}
</style>
<h1 class="logo"><a href="http://www.miaov.com"> 妙味课堂 </a></h1>
```

text-indent 用于设置首行缩进，可以支持负数，设置为负数时代表文字向左偏移 2000 像素。这种方式看似将文字隐藏了，但是当用户强制缩小页面（Ctrl+ 滚轮滚动可强制缩小页面）时，文字可能就会被看见。所以，使用 text-indent 设置超大负值这种方式是不推荐的，因为这种方式很耗性能且不能保证任何时候的效果完全一致。

（4）以图换字方法四：给文字标签添加 display:none 样式。代码如下。

```
<style>
a {
    text-decoration: none;
}
div {
    background: #904c8e;
}
.logo {
    width: 242px;
    height:70px; /* 高度必须等于背景图片高度 */
    background: url(images/logo.png) no-repeat;
}
.logo a {
    display: none;
}
</style>
<div><h1 class="logo"><a href="http://www.miaov.com"> 妙味课堂 </a></h1></div>
```

我们给 <h1> 标签添加了一个背景，然后给 <a> 标签设置 display:none 样式，这样文字将不会显示在页面中，看似达到了以图换字的功能。但是，display:none 不仅仅是让标签中的内容消失，本身也会消失，即 <a> 标签本身也消失了，那么链接也没有了。所以这种方法也是不推荐的。

13.2.4 滑动门

导航是跳转页面的重要载体，保障着网站的正常运行，开发人员对导航的设计重视程度越来越高，为导航设计增加了许多创新之处：独特的外形、丰富的色彩，以及对实物的模仿。具有创意的设计往往需要制作复杂的图像。图 13-14 是本章案例网站中的导航条，该导航条使用了不规则的图形，单纯使用 CSS 样式是无法制作出来的。那可以通过切图做背景来实现吗？通过切图显然是不明智的，因为导航的内容长度不一，如果切图需要切多个，而且只要内容稍加改变，切图就有可能用不了。

图 13-14　导航条

为了获得图 13-14 所示的导航条效果，我们需要学习一项称为“滑动门”的新技术。之所以叫滑动门是因为背景图像允许层叠，并可根据内容字数的长短调整滑动位置，好似滑动门一样。

我们知道，通常情况下，一个标签只能设置一个背景，所以想要实现滑动门的效果就要通过多层标签嵌套来完成。滑动门的实现方法有很多种，在此只介绍其中两种方案，对滑动门感兴趣的读者可以查阅相关资料。

下面以图 13-14 所示的导航条为例，讲解两种不同的滑动门实现方法。

（1）第一种滑动门：三个标签是并列关系。

图 13-14 中导航的背景图是一个不规则的圆角矩形，左右两侧边倾斜，所以在切图的时候要先把两侧切下来，中间的矩形可以使用白色背景图来表示，切图示意图如图 13-15 所示。

图 13-15　对导航栏切图

对图 13-15 的布局代码如下：

```
<nav>
    <a href="#">
      <span class="navLeft"></span>
      <span class="navText"> 首页 </span>
      <span class="navRight"></span>
    </a>
</nav>
```

上述代码中，一个 <a> 标签中包含三个 <span> 标签，navLeft 的背景是导航栏左侧的背景图，navText 的背景是导航栏中间的白色背景，navRight 的背景是导航栏右侧的背景图。三者并列显示，所以 <span> 标签要添加浮动属性。上述代码的 CSS 代码如下：

```
nav {
    height: 40px;
    padding: 20px;
    background: #904c8e;
}
```

```
a {
    float: left;
    color: #fff;
    font-size: 14px;
}
.navLeft {
    float: left;
    width: 15px;
     height: 40px;
    background: url(images/navLeft.png) no-repeat;
    }
.navText {
    float: left;
    padding: 0 18px;
    color: #333;
    height: 40px;
    line-height: 40px;
    font-size: 14px;
    background: #fff;
}
.navRight {
    float: left;
    width: 15px;
    height: 40px;
    background: url(images/navRight.png) no-repeat ;
}
```

在使用三层并列布局时，需要注意以下 3 点。

①导航栏一行显示，所以 <a> 标签需要添加浮动；<a> 标签添加浮动后就具有了块属性，标签宽度靠内容撑开。

② navLeft 和 navRight 分别添加浮动，并且有宽高属性和背景图片。

③ navText 有一个左右 padding，用来与左右两边的边框保持一定距离。

本案例给每个子级标签设置了浮动属性，那么可不可以使用 inline-block ？可以，但是需要注意的是 inline-block 的换行会被解析成空格哦！

（2）第二种滑动门：三个标签是嵌套关系。

结构代码如下：

```
<nav>
    <a href="#" class="navLeft">
      <span class="navRight">
          <span class="navText">首页</span>
      </span>
    </a>
  </nav>
```

上述代码中 <a> 标签和两个 <span> 标签是嵌套的布局方式，那为什么在最里层的 <span> 标签中放文字？因为我们希望标签大小由内容撑开，并且最里层的 <span> 标签的背景是纯白色，第一个 <span> 标签的背景是左侧圆角，第二个标签的背景是右侧圆角。上述结构代码对应的 CSS 代码如下：

```
nav {
    height: 40px;
    padding: 20px;
    background: #904c8e;
}
a {
    float:left;
    height: 40px;
    font-size: 14px;
    color: #333;
}
.navText {
    float: left;
    padding:0 19px;
    height: 40px;
    line-height: 40px;
    font-size: 14px;
    background: #fff;
}
.navLeft {
    float: left;
    padding-left:15px;
    height: 40px;
    background: url(images/navLeft.png) no-repeat;
}
.navRight {
    float: left;
    height: 40px;
    padding-right:15px;
    background: url(images/navRight.png) no-repeat right;
}
```

使用三层嵌套需要注意以下 3 点。

①导航条一行显示，所以 <a> 标签需要添加浮动；<a> 标签添加浮动后就具有了块属性，标签宽度靠内容撑开。

② navText 靠文本撑开，并且有一个纯色背景，因为 navText 在最里层，背景会遮盖住导航两侧的背景，所以需要给 navLeft 和 navRight 分别加上一个内边距。

③最里层的 <span> 标签有一个左右 padding，用来与左右两边的边框保持一定距离，因为 navLeft 和

navRight 分别有一个 2 像素的内边，所以 navText 的 padding 在测量时左右两边需要减去 2px。

13.2.5 CSS 精灵图

如果一个网页只包含文本信息，浏览器可以很快地把文本显示出来，但如果网页中包含了很多的图片，大量图片的加载将严重地拖慢网页的加载速度，在移动端加载图片尤其明显。为了解决因加载图片而导致的网页加载速度变慢的问题，通常会把一系列的图片放到一张图片上，这张图片就是 CSS 精灵图（CSS sprites，也叫 CSS 雪碧图），这样就只需加载一次图片就可以了，从而减少了向服务器请求加载的次数，页面的加载速度自然就变快。当加载了 CSS 精灵图后，可以通过 CSS 样式来控制在页面中需要显示的精灵图中的图片，样式中起关键作用的属性是 background-position 属性。

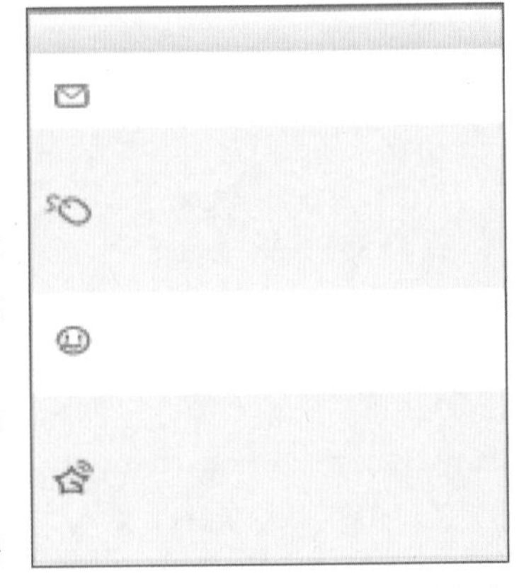

图 13-16　制作 CSS 精灵图的各个小图标

下面以图 13-16 所示的各个小图标为例来讲解如何制作及使用 CSS 精灵图。

（1）在 Photoshop 中将所有的小图标切出来。

使用选框单独选中每一个小图标，按 Ctrl +C 组合键复制，然后在图层上按 Ctrl+V 组合键粘贴。全部图标粘贴完成以后，Photoshop 页面中会多出 4 个图层，如图 13-17 所示。

（2）按 Ctrl+N 组合键新建一个空白文件，然后把图层 1~ 图层 4 放到新建文件中，并把 4 个小图标依次排列好，如图 13-18 所示。

注意：图标在新建文件中，可以横着排也可以竖着排，每个图标之间要稍微留点距离。

（3）将画布缩小，将背景色隐藏，得到如图 13-19 所示结果。按 Shift+Ctrl+Alt+S 组合键将文件保存为 png 格式，取名 all.png。

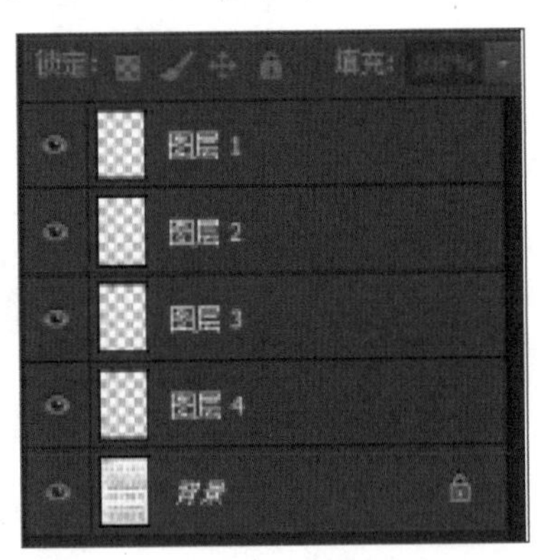

图 13-17　图标全部粘贴到图层上

图 13-18　将图层上的图标放到新建文件上

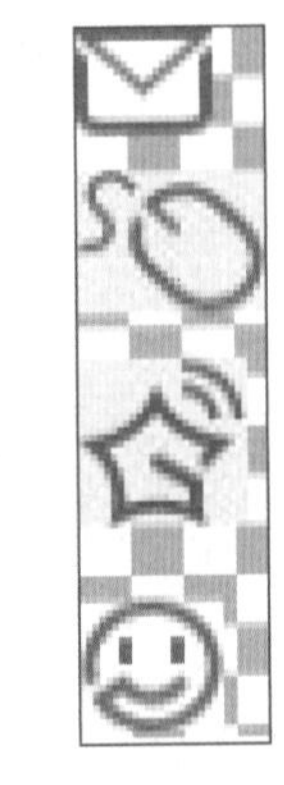

图 13-19　缩小画布

以上 3 步完成了精灵图的创建，接下来就可以使用精灵图了。我们在做练习题的时候大多会给每一个 <div> 标签添加不同的背景图，然后根据效果图来设置背景的位置，但是现在我们把图片放在了一个图片上，给 <div> 标签设置背景色时，如果 <div> 标签宽高大于单个小图标，在引用某一图标时容易受其他图标的影响。所以在使用精灵图的时候大多背景都需要用标签单独包起来。示例代码如下：

```
<div id="content">
```

```
    <div id="con1"><em></em></div>
    <div id="con2"><em></em></div>
    <div id="con3"><em></em></div>
    <div id="con4"><em></em></div>
</div>
```

（4）给有背景图片的 em 元素引入 png 图片，代码如下：

```
em {
    background: url(all.png) no-repeat;
}
```

（5）给每个 div 的 em 元素设置大小以及背景图位置。

使用 Photoshop 测量每个图标距离上层和左侧的距离。例如鼠标图标，它与左侧的距离为 0，与上层的距离为 23，测量结果如图 13-20 所示。

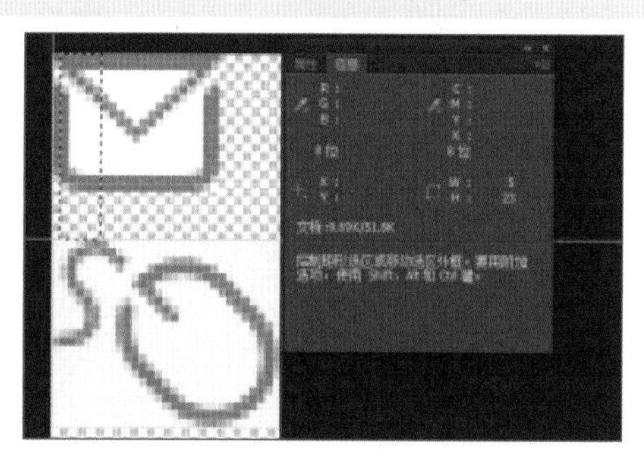

图 13-20　使用 Ps 测量图标位置

元素默认的背景图显示在 (0,0) 坐标，如果想让第二个 em 显示鼠标背景，需要将 all.png 向上移动 23px，所以第二个 em 的图标位置为（0,-23），样式代码如下：

```
#con2 em {
    background-position: 0 -23px;
}
```

（6）根据设计图，给每个 em 定位位置。

按图 13-21 所示测量图标的左上角到 <div> 标签边框的距离，这个就是 em 定位的 left 值和 top 值。

图 13-21　测量图标的左上角到 <div> 标签边框距离

注意：切图时，图标最好紧贴边缘，这样方便测量以及计算。

每个精灵图都可以包含不同尺寸的图像，这些图像之间的距离可以不同，排列方式可以是横排也可以是竖排。

CSS 精灵图是网页制作中最常见的图片处理方式，它有以下 4 个优点。

①使图片变小，把每个小图片的大小相加后与精灵图的大小做对比，就会发现精灵图减少了图片所占的字节数。

②减少了网页 http 请求，从而大大提高了页面的性能。

③解决了单个图片命名的烦恼，只需要对集合图片命名即可。

④操作以及维护起来更方便，如果想改变图片颜色或者其他样式，只需要在一张图片上修改即可。

CSS 精灵图的优点很多，但并不代表 CSS 精灵图就完美无缺，CSS 精灵图还是有一些缺点是需要注意的：

①在合并图片时，要把多张图片有序合理地合并成一张图片，还要留好足够的空间；

②需要考虑在宽屏浏览器或高分辨率的浏览器下图片宽度是否合适，如果不合适，那么背景图就会出现

裂痕等问题。

综上所述，在使用 CSS 精灵图之前，需要权衡其利弊，然后再决定是否需要应用 CSS 精灵图。

13.2.6 网站首页之课程介绍版块的制作

课程介绍版块包括“课程列表”和“会员注册”两部分，该版块主要涉及列表、圆角、盒阴影以及以图换字等知识点，版块布局效果图 13-22。

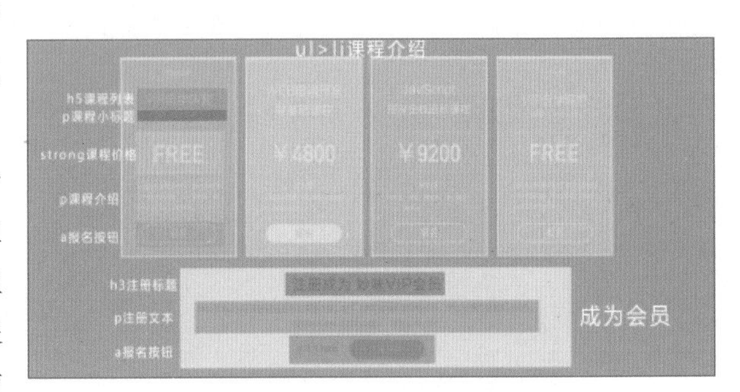

图 13-22　课程介绍版块布局效果图

图 13-22 中的“课程介绍”部分使用了 <ul></ul> 列表，里面有四个 li 元素。四个 li 元素大体相似，主要由课程标题、课程价格、课程介绍和报名按钮组成。课程列表中的每门课程使用了以图换字的方法来创建。列表中报名按钮，不再使用背景图，而是使用 border-radius 圆角样式。列表阴影使用的是 box-shadow 盒阴影。

图 13-22 中的“注册成为妙味 VIP 会员”部分中的报名按钮，同样使用的是 border-radius 圆角。

该版块的结构代码如下：

```
<section id="courseIntro">
    <section class=" lesson warp clearFix">
      <ul class="clearFix">
        <li class="coalitionA">
          <span class="pop">Popular</span>
          <h5 class="lessonTitle">VIP 自学阵营 </h5>
          <p>A 联盟 - HTML&CSS</p>
          <div class="lessonDetail">
            <strong class="pngImg">free</strong>
            <p> 以免费公开课的形式，解决你在学习中遇到的问题，加入 A 阵营，解决 HTML&CSS 的问题。</p>
            <a href="javascript:;"> 报名 </a>
          </div>
        </li>
        <li class="basicCourse">
          <h5 class="lessonTitle">Web 前端开发 <br> 零基础课程 </h5>
          <div class="lessonDetail">
            <strong class="pngImg"> ￥4800</strong>
            <p><span>2 个月 </span>PC 端静态页面，移动端静态页面制作、响应式开发 ...</p>
            <a href="javascript:;"> 报名 </a>
          </div>
        </li>
        <li class="seniorCourse">
          <h5 class="lessonTitle">JavScript <br> 资深全栈进阶课程 </h5>
          <div class="lessonDetail">
```

```
          <strong class="pngImg"> ￥9200</strong>
          <p><span>4 个月 </span> 作用域、闭包、原型链、核心算法、EC6、移动端 ...</p>
          <a href="javascript:;"> 报名 </a>
        </div>
      </li>
      <li class="coalitionB">
        <span class="pop">Popular</span>
        <h5 class="lessonTitle">VIP 自学阵营 </h5>
        <p>B 联盟 - JavaScript</p>
        <div class="lessonDetail">
          <strong class="pngImg">free</strong>
          <p> 以免费公开课的形式，解决你在学习中遇到的问题，加入 B 阵营，解决 JavaScript 的问题。</p>
          <a href="javascript:;"> 报名 </a>
        </div>
      </li>
    </ul>
  </section>
  <!-- miaov ad -->
  <section class="ad warp">
    <h3> 注册成为 妙味 VIP 会员 </h3>
    <p class="adTxt"> 即刻观看妙味历年来超值的实体课程内容。感受正统的前端开发课程体系、体验超值的海量
      实战案例，<br> 凝聚妙味全体讲师知识精华，尽在妙味 VIP！ </p>
    <p class="adEnlist">
      <span> 仅需 <strong> ￥199 元 </strong></span>
      <a href="javasrcitp:;"> 立即报名 </a>
    </p>
  </section>
</section>
```

在许多项目中，为了增加页面的质感，常常会对页面内容添加阴影、圆角等样式。下面将详细介绍对页面内容添加阴影以及边框圆角的方法。

代码查看

该版块的 CSS 样式代码共计 123 行，请扫描二维码进行查看。

CSS 样式代码

13.2.7 文字阴影 text-shadow

CSS 属性 text-shadow 用于给文本设置阴影，可实现在不使用图像的情况下为段落、标题等文本添加阴影的效果。文字阴影最早在 CSS2 中出现，但是在 CSS2.1 中又被抛弃了，如今在 CSS3 中又重新实现并被广泛使用。text-shadow 的使用语法如下：

```
text-shadow: X-offset Y-offset blur color
```

text-shadow 属性的各个值描述见表 13-5。

表 13-5　text-shadow 属性参数

参数	描述
X-offset	水平阴影的位置，允许负值，必选参数
Y-offset	垂直阴影的位置，允许负值，必选参数
blur	模糊半径，只能取正数，可选参数
color	阴影的颜色，可选参数

表 13-1 中的 X-offset 参数表示阴影水平偏移的距离，参数值为正数时阴影向右偏移，为负数时阴影向左偏移。Y-offset 表示阴影垂直偏移的距离，参数为正数时阴影向下偏移，为负数时阴影向上偏移。text-shadow 有两个可选参数：blur 和 color：blur 的值越大，效果越模糊；color 可以使用英文关键字、rgb 或十六进制数等多种表示方法。如果没有这两个参数，浏览器默认是没有模糊并且阴影颜色默认为文字颜色。

text-shadow 是 CSS3 新增属性，所以在 IE6 中是无法解析的，考虑到 IE6 的市场占有率极低，在这里我们可以忽略 IE6 的实现。但为了供大家学习参考，下文中我们仍然介绍了 IE6 下滤镜实现阴影的方式。下面使用两个示例演示一下如何使用 text-shadow 属性设置文字阴影。

【示例 13-1】 使用 text-shadow 属性设置文字阴影

```
<!doctype html>
<html>
<head>
<meta charset="UTF-8">
<title> 使用 text-shadow 属性设置文字阴影 </title>
<style>
div {
    font-size: 40px;
}
.box1 {
    color: #000;
    text-shadow: 4px 4px;
}
.box2 {
    text-shadow: -4px -2px #ccc;
}
.box3 {
```

```
    text-shadow: 4px 4px 4px #ccc;
}
.box4 {
    color:#fff;
    text-shadow: 2px 2px 6px #000 ;
}
</style>
</head>
<body>
  <div class="box1">MiaoV</div>
  <div class="box2">MiaoV</div>
  <div class="box3">MiaoV</div>
  <div class="box4">MiaoV</div>
</body>
</html>
```

示例 13-1 CSS 代码中，第一个 <div> 标签只有 *x* 偏移值和 *y* 偏移值，并且为正数，所以阴影分别向右和向下偏移，在不设置阴影颜色的时候，阴影颜色与文字颜色一致；第二个 <div> 标签设置了 *x* 和 *y* 偏移值，并设置了阴影颜色，*x* 偏移和 *y* 偏移为负数，所以阴影向左和向上偏移；第三和第四个 <div> 标签都给文字阴影添加上了模糊半径，所以看到的阴影是模糊的。上述代码在 Chrome 中的运行结果如图 13-23 所示。

图 13-23　文字阴影效果

在示例 13-1 中，给文字设置了一层阴影，还可以给文字设置多层阴影，每层（每组）阴影用逗号隔开，通过结合不同的阴影样式，可以创建出特殊而有趣的效果。示例如下。

【示例 13-2】给文字设置两层阴影

```
<!doctype html>
<html>
<head>
<meta charset="UTF-8">
<title>给文字设置两层阴影 </title>
<style>
.box {
    font-size: 60px;
    color: #000;
    /* 给文字设置两层阴影 */
    text-shadow: 2px 2px #fff,
                 4px 4px 4px #ccc;
}
</style>
</head>
<body>
```

```
  <div class="box">MiaoV</div>
</body>
</html>
```

上述 CSS 代码中，文本有两层阴影：一个白色阴影和一个灰色阴影。视觉上显得更加立体，如图 13-24 所示。

MiaoV

图 13-24　文字两层阴影效果

在设置文字阴影时需要注意以下 3 点。

① 文字阴影的模糊半径和阴影颜色是可选参数，如果不设置这两个属性，模糊半径默认值为 0，阴影颜色与字体颜色保持一致。

② 文字阴影可以有多层，每层阴影用“,”号隔开，每层阴影的属性值之间用空格隔开。

③ *x* 偏移和 *y* 偏移可以是正数也可以是负数，但是模糊半径必须是正数，不设置的情况下，三者的初始值为 0。

提示：在 IE6 下，可以使用 IE 滤镜来实现文本阴影，语法如下：

```
E{filter:shadow(color= 颜色值 ,direction= 数值 ,strength= 数值 )}
```

说明：E 是元素选择器，color 用于设定对象的阴影色；direction 用于设定阴影的方向，取值为 0 即零度（表示向上方向），45 为右上，90 为右，135 为右下，180 为正下方，225 为左下方，270 为左方，315 为左上方；strength 是强度，作用类似于 text-shadow 中的 blur 属性。

13.2.8 盒阴影 box-shadow

CSS 属性 box-shadow 用于给盒子设置阴影。上小节介绍的 text-shadow 只是给文字添加阴影，而 box-shadow 则是给标签本身添加阴影，这两个属性的使用很类似，但是 box-shadow 比 text-shadow 多两个可选参数，使用语法如下。

```
box-shadow: X-offset Y-offset blur spread color inset;
```

说明：box-shadow 属性的参数描述见表 13-6。

表 13-6　box-shadow 属性参数

参数	描述
X-offset	水平阴影的位置，允许负值，必选参数
Y-offset	垂直阴影的位置，允许负值，必选参数
blur	模糊半径，只能取正数，可选参数
spread	拓展半径，设置阴影大小，可取负数，可选参数
color	阴影的颜色，可选参数
inset	默认为外部阴影，可通过 inset 改为内部阴影，可选参数

注意：上表中的 X-offset 取正数时，表示在阴影在盒子的右边，取负数时表示阴影在盒子的左边；Y-offset 取正数时表示阴影在盒子的下边，取负数时表示阴影在盒子的上边；color 和 blur 参数的用法与 text-shadow 属性的这些参数用法相同；可选参数 spread 用于设置阴影大小，值为正数时增加阴影范围，为负数时减小阴影范围。另外，浏览器默认阴影是黑色不模糊状态。

box-shadow 使用示例代码如下：

```
<style>
/*css 代码 */
#box {

    width:100px;
    height: 100px;
    border:1px solid red;
    box-shadow:2px 2px; /* 设置盒阴影的水平和垂直方向的正向偏移 */
}
    <!--html 代码 -->
     <div id="box"></div>
```

上述代码只对 box 盒阴影设置了水平偏移和垂直偏移两个必选参数，且都是正数，因而阴影会在右下方。在 Chrome 中运行的效果如图 13-25 所示。

因为浏览器默认阴影是黑色不模糊状态，所以上述代码中虽然只给出了元素水平和垂直偏移的位置，但页面也是可以显现出阴影的。在上述示例中，可以看到，盒阴影水平偏移和垂直偏移的属性值为正数时，阴影在盒子的右下方；若将水平偏移和垂直偏移的属性值设置为负数，阴影将出现在左上方。如图 13-26 所示。

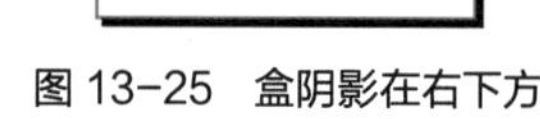

图 13-25　盒阴影在右下方

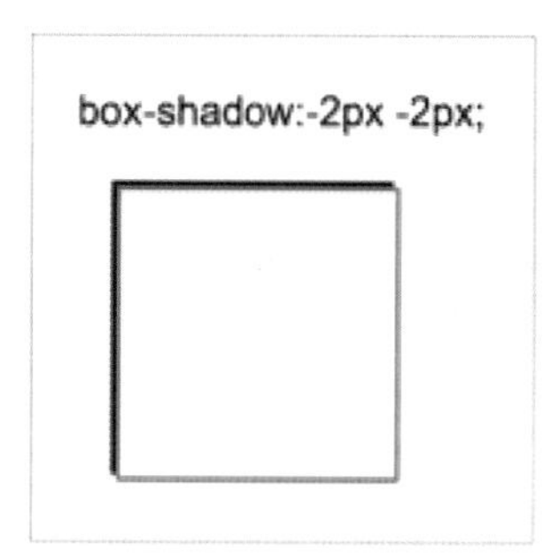

图 13-26　盒阴影在左上方

下面我们使用盒阴影的其他可选参数来设置一下阴影的相关属性。

【示例 13-3】使用 box-shadow 属性设置盒阴影。

```
<!doctype html>
<html>
<head>
<meta charset="UTF-8">
<title>使用 box-shadow 属性设置盒阴影 </title>
<style>
div {
    width: 100px;
    height: 100px;
    margin: 20px;
    display: inline-block;
    border: 2px solid red;
}
.box1 {
    box-shadow: 2px 2px;/* 设置阴影在右下方 */
}
```

```
    .box2 {
        box-shadow: 2px 2px 4px;/* 设置阴影具有 4px 的模糊效果 */
    }
    .box3 {
        box-shadow: 2px 2px 4px 2px;/* 设置扩展半径为正数增加阴影范围 */
    }
    .box4 {
        box-shadow: 2px 2px 4px -2px;/* 设置扩展半径为负数减小阴影范围 */
    }
    .box5 {
        box-shadow: 2px 2px 4px 2px blue inset;/* 设置阴影为蓝色且在盒子里面 */
    }
    .box6 {
        box-shadow: 2px 2px 4px -2px blue inset;
    }
</style>
</head>
<body>
  <div class="box1"></div>
  <div class="box2"></div>
  <div class="box3"></div>
  <div class="box4"></div>
  <div class="box5"></div>
  <div class="box6"></div>
</body>
</html>
```

上述代码包含了六个 <div> 标签。第一个 div 只设置了它的盒阴影的水平偏移和垂直偏移两个属性；第二个 div 的盒阴影增加了模糊半径，当模糊半径的数值越大时，阴影就越模糊；第三个 div 的盒阴影增加了拓展半径，比第二个 div 多出一些清晰的阴影，即扩展半径会增大阴影的范围；第四个 div 的盒阴影把第三个 div 的拓展半径改为了负数，此时阴影的范围会减少；第五个 div 的盒阴影在第四个 div 的基础上增加了颜色和 inset 两个属性，此时阴影颜色由默认的黑色改为蓝色，并且在标签内部显示阴影；第六个 div 盒阴影把第五个 div 的拓展半径改为负数，此时标签的阴影会减小。以上代码在 Chrome 浏览器中的运行结果如图 13-27 所示。

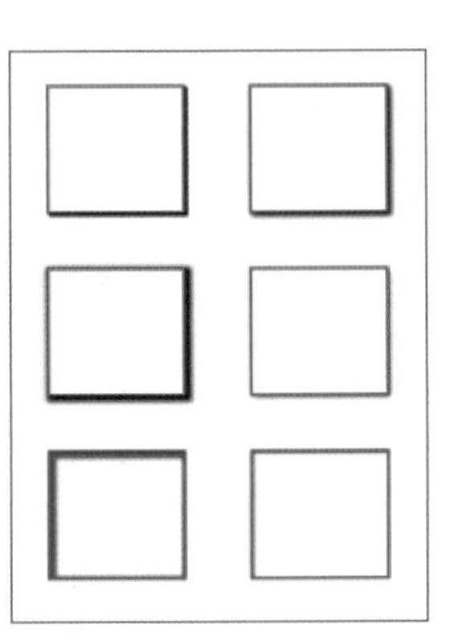

图 13-27　盒阴影通过属性获得不同阴影效果

和 text-shadow 属性可以设置多层阴影一样，box-shadow 也可以设置多层盒阴影，每一层阴影用逗号隔开。

【示例 13-4】给盒子设置三层阴影

```
<!doctype html>
<html>
<head>
<meta charset="UTF-8">
<title>给盒子设置三层阴影 </title>
<style>
.box {
    width: 100px;
    height: 100px;
    border: 1px solid red;
    /* 给盒子设置三层阴影 */
    box-shadow:2px 2px 4px -2px blue inset,5px 5px 10px #000,10px 10px red;
}
</style>
</head>
<body>
  <div class="box"></div>
</body>
</html>
```

上述 CSS 代码给盒子设置了三层阴影，每一层使用逗号隔开。注意先写的阴影将出现在后写的阴影的上边。上述盒阴影中的第二层设置了 10px 的模糊效果，增加了盒子的立体感。代码在 Chrome 浏览器中的运行结果如图 13-28 所示。

图 13-28　盒子三层阴影效果

通过上面的介绍，我们已了解了 box-shadow 属性的用法。下面来总结一下使用 box-shadow 时的注意事项。

（1）box-shadow 水平偏移和垂直偏移可以是正值也可以是负值。属性值都为正数时，阴影在标签的右下方；都为负数时，阴影在元素的左上方；其他值的组合阴影位置依此类推。

（2）box-shadow 的模糊半径默认值为 0，属性值越大，阴影就越模糊。

（3）拓展半径可取正、负值，如果不设置，默认值为 0。负的拓展半径值会让阴影范围减小，反之会扩大阴影范围。

熟悉盒阴影以后，就可以自由搭配阴影之间的各个属性，从而制作出多种样式，比如图 13-29 所示的立体导航、立体按钮等。

图 13-29　使用盒阴影创建的立体按钮

13.2.9 圆角 border-radius

使用 border-radius 属性可以在不引入额外图像或标签的情况下创建圆角。

在 CSS3 之前，圆角的制作大多是通过使用的是一张或多张圆角图片作为背景，然后使用定位或者浮动使其显示到相应的位置上来实现的，具体实现不做过多说明，只看叙述就知道这种方法很折磨人。CSS3 中 border-radius 属性的出现，为开发人员省去了很多烦恼，给前端开发带来了很多好处：首先，在制作上，减少了圆角图片的制作时间、减少了图片的更新制作、代码的替换；其次，减少了背景图片的使用，同时也减少了其他样式代码，如定位代码，因而提高了网站的性能；最后，使用 border-radius 可以获得更加精致的效果，提高了视觉美观性。

圆角设置语法代码如下：

```
border-radius: 1-4 length | 1-4 %;/* 同时设置四个角 */
border-*-*-radius: length | %;/* 设置指定方向的圆角 */
```

说明： border-radius 属性可以同时设置四个方向的圆角，其中的 length 和 % 都可取 1~4 个值；border-*-*-radius 属性只针对指定方向设置圆角，第一个"*"可取 top 和 bottom 两个值，第二个"*"可取 left 和 right 两个值。length 值表示使用具体数值来定义标签的圆角形状，单位为 px；% 值使用相对于标签自身尺寸的一个百分比来定义标签的圆角形状。

使用 length 值设置圆角示例代码如下：

```
/*css 代码 */
.box {
    width: 90px;
    height: 160px;
    border-radius: 15px;
    border: 6px solid #000;
   }
<!--html 代码 -->
<div class="box"></div>
```

上述代码给 <div> 标签设置了圆角，代码在 Chrome 中运行结果如图 13-30 所示。

使用 % 值设置圆角示例代码如下：

```
/*css 代码 */
.box {
    width: 90px;
    height: 160px;
    border-radius: 50%;
    border: 6px solid #000;
   }
<!--html 代码 -->
<div class="box"></div>
```

上述代码给 <div> 标签设置了圆角，代码在 Chrome 中运行结果如图 13-31 所示。

注意： 百分比是相对于标签自身尺寸的一个值。上述示例中，由于标签的宽高不一样，使得圆角的 x 轴和 y 轴半径不一样，所以标签显示成一个椭圆状，如果宽高一样，50% 的圆角就能显示为一个圆。有关圆角的 x 轴和 y 轴在本小节后面将进行详细的介绍。

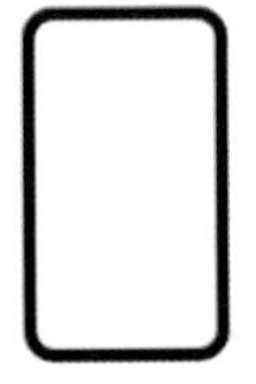

图 13-30　使用 length 值设置圆角

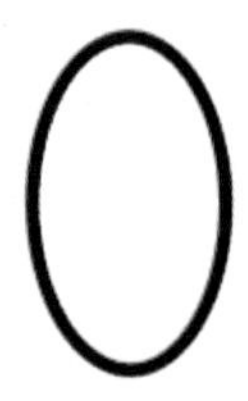

图 13-31　使用 % 值设置圆角

圆角属性与边框属性一样，既可以使用一个简写属性来同时设置四个方向的圆解，也可以把各个角拆分来一一进行设置。表 13-7 描述了 border-radius 属性的使用方法，表 13-8 描述了 border-*-*-radius 属性表示的方向。

表 13-7　border-radius 属性的使用

属性值的个数	描述
一个参数：border-radius:10px;	上下左右四个角都是 10px 的圆角
两个参数：border-radius:10px 20px;	左上角和右下角为 10px 圆角 右上角和左下角为 20px 圆角
三个参数：border-radius:10px 20px 30px;	左上角为 10px 圆角 右上角和左下角为 20px 圆角 右下角为 30px 圆角
四个参数：border-radius:10px 20px 30px 40px;	顺序分别为左上角、右上角、右下角和左下角

表 13-8　border-*-*-radius 属性表示的方向

属 性	标签的方向
border-top-left-radius	左上角
border-top-right-radius	右上角
border-bottom-right-radius	右下角
border-bottom-left-radius	左下角

【示例 13-5】通过对 border-radius 属性设置多个参数值来设置圆角

```
<!doctype html>
<html>
<head>
<meta charset="UTF-8">
<title>对 border-radius 属性设置多个参数值来设置圆角 </title>
<style>
.box {
    width: 100px;
    height: 200px;
    border: 10px solid #000;
    margin: 30px auto;
    padding: 20px;
    border-radius: 20px 40px 60px 80px;/* 使用四个参数分别设置四个圆角 */
}
</style>
</head>
<body>
  <div class="box"></div>
</body>
</html>
```

上述 CSS 代码使用了四个参数来分别设置四个圆角形状。代码在 Chrome 浏览器中的运行结果如图 13-32 所示。图 13-32 中的圆角是比较圆滑的，每一个圆角都是由一个 *x* 半径和 *y* 半径组成的，如图 13-33 所示。

图 13-32　使用简写属性设置四个圆角形状

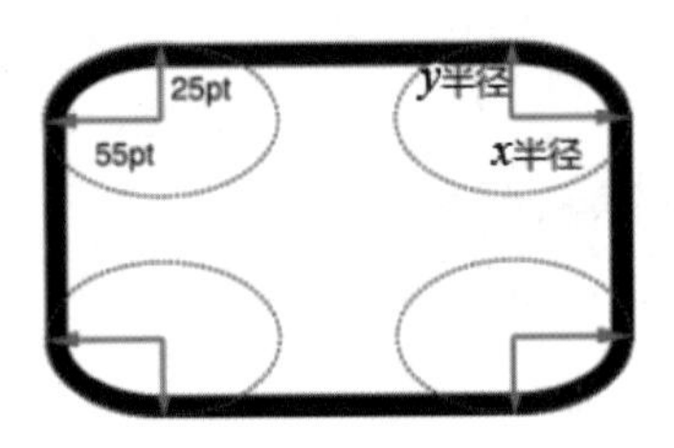

图 13-33　圆角由 *x* 半径和 *y* 半径组成

当 *x* 和 *y* 的数值一样时圆角会比较圆滑，如果不一样，就会出现不规则的圆角。如果标签的圆角要呈现不规则的效果，需要分别设置 *x* 半径和 *y* 半径，且 *x* 半径和 *y* 半径之间使用 / 来分隔。设置语法如下：

```
border-radius: 1-4 X-length/Y-length | 1-4 X-%/Y-%/* 同时设置四个角 */
border-*-*-radius: X-length/Y-length | X-%/Y-%;/* 设置指定方向的圆角 */
```

和规则圆角设置方法一样，不规则的圆角 border-radius 属性也可以取 1~4 个属性值，每个值的“/”的左边为 *x* 半径，右边为 *y* 半径。设置顺序为：左上角（top-left）、右上角（top-right）、右下角（bottom-right）和左下角（bottom-left）。如果省略 bottom-left，则与 top-right 相同；如果省略 bottom-right，则与 top-left 相同；如果省略 top-right，则与 top-left 相同。

使用 border-radius 设置一个 *x*/*y* 值的示例代码如下：

```
<style>
.box {
    width: 90px;
    height: 160px;
    border-radius: 40px/100px;
    border: 6px solid #000;
   }
</style>
<div class="box"></div>
```

上述 CSS 代码对 border-radius 属性设置一个值，该值分别设置 *x* 和 *y* 半径，因此四个圆角的 *x* 半径都是 40px，*y* 半径都是 100px。代码在 Chrome 中运行结果如图 13-34 所示。

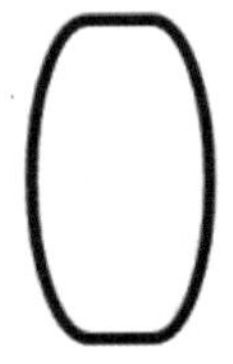

图 13-34　对 border-radius 属性设置一个 *x*/*y* 值

使用 border-radius 设置多个 *x*/*y* 值示例代码：

```
<style>
.box {
    width: 90px;
    height: 160px;
```

```
    border: 6px solid #000;
    border-radius: 20px 40px 60px 80px/10px 20px 30px 40px;
  }
</style>
<div class="box"></div>
```

上述 CSS 代码对 border-radius 属性设置多个值，每个值分别设置 x 和 y 半径，因此左上角 x 半径为 20px，y 半径都是 10px，右上角 x 半径为 40px，y 半径都是 20px，右下角 x 半径为 60px，y 半径都是 30px，左下角 x 半径为 80px，y 半径都是 40px。代码在 Chrome 中的运行结果如图 13-35 所示。

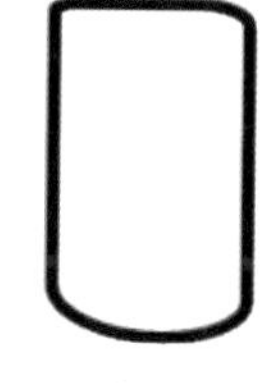

图 13-35　对 border-radius 属性设置多个 x/y 值

从图 13-35 中可看到，四个角都是不规则的圆角形状。

注意：低版本浏览器不支持 border-radius 圆角属性，会以方角代替圆角来呈现。另外，border-radius 仅仅影响自身的样式，是不会被继承的，即它不会影响子级元素的角。如果子元素有背景或者边框，这个背景或边框就有可能会显示在父元素边角的位置上，从而影响整体样式。对此可以给元素添加 overflow:hidden 属性来隐藏溢出。

13.2.10 网站首页之学员作品展示版块的制作

学员作品展示版块包括“学员作品展示”和“分页”两部分，布局效果图 13-36 所示。

图 13-36　学员作品展示版块布局效果图

在该版块中的学员作品展示部分主要用到了列表、定位及定位层级等知识点。版块中的分页部分主要用到了 border-radius 和测量的相关知识。需要注意的是，在该版块中，每个 li 元素都有 hover 状态，但是在 IE6 浏览器中，不支持 <a> 标签以外的元素的 hover 状态，所以在 IE6 下，元素需要使用 js 来控制。

代码查看

学员作品展示版块的结构代码有 124 行，CSS 样式代码有 141 行，请扫描二维码进行查看。

结构和样式代码

13.2.11 网站首页之讲师介绍版块的制作

讲师介绍版块包括“标题”和“讲师介绍列表”两部分，布局效果图 13-37 所示。

图 13-37　讲师介绍版块布局效果图

该版块主要涉及列表和标题标签等知识点。从图 13-37 中可以看到，版块中的标题部分又分了标题文本和标题按钮，在此将两者分别放到 h3 标题标签中。讲师介绍使用了四个无序列表项来分别介绍四个讲师。每个 li 列表中包括了讲师的头像、姓名以及讲师介绍，每个列表的布局是相同的，只是图片和内容不相同。下面将给出一个列表的布局代码和样式代码。

代码查看

讲师介绍列表的结构代码有 58 行，样式代码有 102 行，请扫描二维码进行查看。

结构和样式代码

13.2.12 网站首页之妙味服务版块的制作

妙味服务版块包括“标题”和“服务列表”两部分，布局效果如图 13-38 所示。

图 13-38　妙味服务版块布局效果图

该版块主要涉及 UL 列表、标题标签以及精灵图等知识点。服务介绍中使用了三个无序列表项，包括了三方面的服务，每种服务介绍前面的图片使用了精灵图。该版块的结构代码如下：

```
<section class="vip">
    <section class="warp">
      <h3>VIP 服务 </h3>
      <ul class="clearFix">
        <li class="vipListVF">
          <p> 成为 VIP 会员后，即刻观看“妙味 VIP 视频库”中任何视频 </p>
        </li>
        <li class="vipListPublic">
          <p> 妙味官方会不定期安排公开课，VIP 会员可以零距离与讲师接触、探讨各种技术问题 </p>
        </li>
        <li class="vipListRecruit">
          <p>" 作品展示、工作推荐、举办个人技术活动、招聘 " 等。妙味官网会大力支持，并会在官方平台上大力宣传、
             全力协助 VIP 会员达成心愿 !</p>
        </li>
      </ul>
    </section>
  </section>
```

代码查看

妙味服务版块的 CSS 样式代码共计 40 行，请扫描二维码进行查看。

样式代码

13.2.13 网站首页之页脚版块的制作

页脚版块包括“Logo”和“导航条及版权”两部分，布局效果图 13-39 所示。

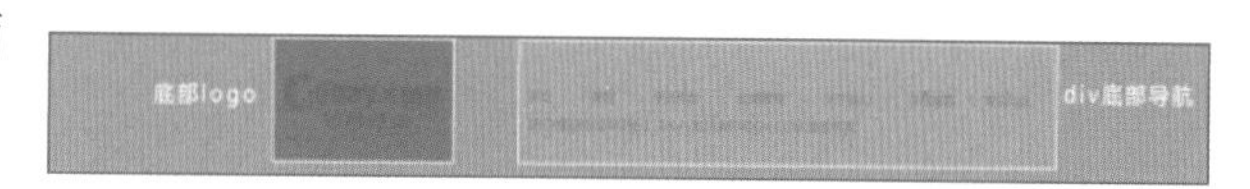

图 13-39　页脚版块布局效果图

该版块主要涉及以图换字、使用 UL 列表创建导航条等知识点。该版块的结构代码如下所示：

```
<footer id="footer">
    <div class="warp clearFix">
      <h3 class="footerLogo"><a href="http://www.miaov.com"> 妙味课堂 </a></h3>
      <div class="footerNavs">
        <nav class="footerNav clearFix">
          <a href="javascript:;"> 首页 </a>
          <span></span>
          <a href="javascript:;"> 课程 </a>
          <span></span>
          <a href="javascript:;"> 学员作品 </a>
          <span></span>
          <a href="javascript:;"> 视频教程 </a>
          <span></span>
          <a href="javascript:;"> 关于我们 </a>
          <span></span>
          <a href="javascript:;"> 在线留言 </a>
          <span></span>
          <a href="javascript:;"> 常见问题 </a>
        </nav>
        <p> 京 ICP 备 08102442 号 -1 2007-2016 MIAOOV.COM 版权所有 </p>
      </div>
    </div>
</footer>
```

代码查看

页脚版块的 CSS 样式代码共计 50 行，请扫描二维码进行查看。

样式代码

13.3 网站其他页面的制作

至此已经把案例首页的各部分内容涉及的相关知识点，以及内容的布局和格式化代码等介绍完了。接下来，将介绍网站的 login.html、teacher.html、table.html 页面。

login.html（登录页面）的布局效果如图 13-40 所示。

login.html 页面主要涉及对表单的操作。页面需要兼容IE6，因此需要注意 IE6 下表单的兼容性问题。在 IE6/IE7 下，表单控件上下都有 1px 的空隙，解决方法是给输入表单设置浮动。所以在布局的时候需要把这个因素考虑进去。同时需要注意的是，背景图出现的含义并不是 banner，而是装饰背景。

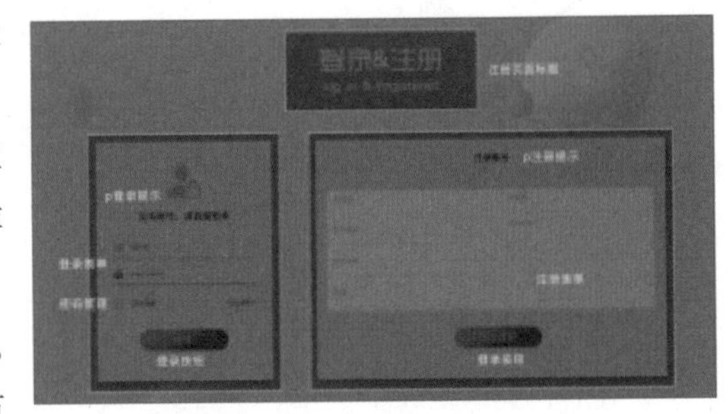

图 13-40　登录页面布局效果图

teacher.html（妙味团队页面）的布局效果如图 13-41 所示。

teacher.html 页面中的讲师介绍与首页的讲师介绍版块布局相似，且相对简单。

table.html（学习安排页面）主要涉及表格的制作，页面的布局效果如图 13-42 所示。

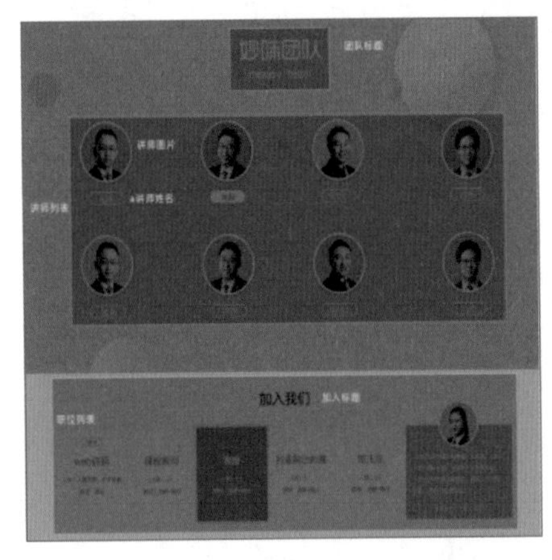

图 13-41　妙味团队布局效果图

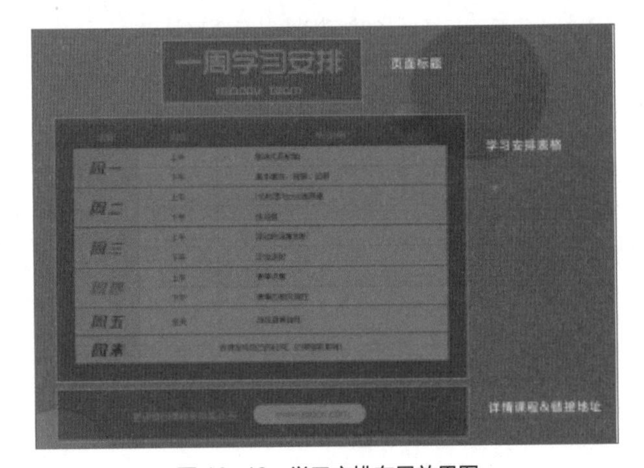

图 13-42　学习安排布局效果图

需要注意的是，图 13-42 中表格中的日期是通过“以图换字”的方法来实现的，页面中心其他内容在制作时需注意细节的调整。

代码查看

以上 3 个页面的结构代码和 CSS 代码篇幅太长，请扫描二维码进行查看。

结构和样式代码

13.4 网站优化

至此已经将本章中的案例网站制作完成，但因为是分版块逐个讲解，所以并没有做太多的代码优化：每个版块都包含了重复的元素重置样式代码；不同页面都包含了页眉和页脚这些公共内容，这些公共内容的样式将重复出现在各个页面中。重复出现相同的代码无疑会增加文件的大小。另外，网站也没有对 IE6 等浏览器进行兼容处理。可见，前面建设的网站并没有达到最优的效果。本节将对前面建设的网站进行优化，优化内容包括：

①将重置样式代码专门放到文件名为 reset.css 的文件中；

②将首页（index.html）、登录页面（login.html）、讲师介绍页面（teacher.html）以及学习安排页面（table.

html）公共的头部和页脚的样式代码抽取出来放到文件名为 public.css 的文件中；

③引入 html5shiv.min.js 实现 IE6 兼容 HTML5 标签以及创建兼容 IE6 的样式文件 fixIE。

代码查看

因篇幅原因，index.html、login.html、teacher.html 以及 table.html 优化后的代码请扫描二维码进行查看。

结构代码

需要特别说明的是，在 index.html 代码中，通过使用 <link> 把 reset.css 和 public.css 引入到页面中，实现对样式重置代码和公共样式代码的重用；通过 <script> 引入 html5shiv.min.js，实现 IE6 兼容 HTML5 标签。另外，代码中还通过条件注释语句引入了 fixIE.css 以及 DD_belatedPNG_0.0.8a.js 实现 IE6 兼容透明图片等样式的兼容处理。另外，将 首页内容的样式代码则放到 index.css 文件中，以实现 CSS 和 HTML 代码的分离。

代码查看

首页、登录页面、讲师介绍页面、学习安排页面的 CSS 代码，以及各个页面的样式重置代码 reset.css、各个页面所包含的页眉和页脚的样式代码 public.css、兼容IE6的样式代码 fixIE.css 均请扫描二维码进行查看。

样式代码

all.js 脚本代码通过鼠标移入和移出事件来实现学生作品图片和翻转效果。有关 JS 的相关内容请参见本系列教材中的 JavaScript 内容。all.js 代码如下：

```
window.onload = function(){
    // 首页学生作品效果
    var workList = document.getElementById("workList");
    var workUl = document.getElementById("workPage").getElements0ByTagName ("ul")[0];
    var Lis = workList.getElementsByTagName("li");

    for(var i= 0;i<Lis.length;i++){
        Lis[i].onmouseover = function(){
            var hoverDiv = getByClass("hoverDiv", this)[0];
            hoverDiv.style.display = "block";
        }
        Lis[i].onmouseout = function(){

            var hoverDiv = getByClass("hoverDiv", this)[0];
            hoverDiv.style.display = "";
        }
    }
}
```

```
function getByClass(classname, context, tagname){
    var context = context || document,
        tagname = tagname || '*',
        elems = context.getElementsByTagName(tagname),
        re = new RegExp('(^|\\s)'+ classname +'(\\s|$)'),
        results = [];

        for (var i=0; i<elems.length; i++) {
            if (re.test(elems[i].className)) {
                results.push(elems[i]);
            }
        }

        return results;
}
```

13.5 网站建设技巧

至此，整个网站已经搭建起来了，本节将介绍常用的用于提高网站用户体验的技巧，包括“最小宽度 / 最小高度”问题、“最大宽度 / 最大高度”问题、“text-overflow 文本溢出”问题。

13.5.1 最小宽度 / 最小高度

默认情况下，块级元素或者图像都会按照设置好的 width、height 属性值来显示，如果不设置，块级元素会撑满父级元素，图像则会按照自身原始尺寸来显示，这种布局被称为固定布局。固定布局是很常见的，它能使开发者很容易地控制页面布局，但这种布局却是有缺点的，因为元素固定宽高以后就不会随着浏览器的变化而变化了。现在的计算机分辨率尺寸众多，加之手机端越来越普遍，所以固定宽高在页面适应的表现中越来越不灵活：当屏幕宽度变化时，块级元素或图像就不一定合适了。图 13-43 所示的图像，在显示屏宽高变化后，有些内容就看不见了。

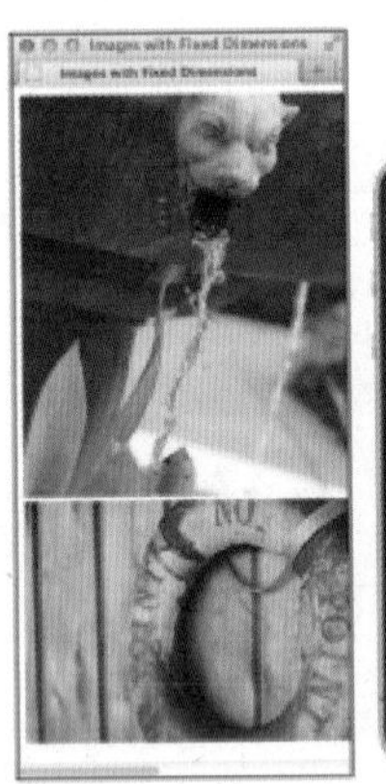
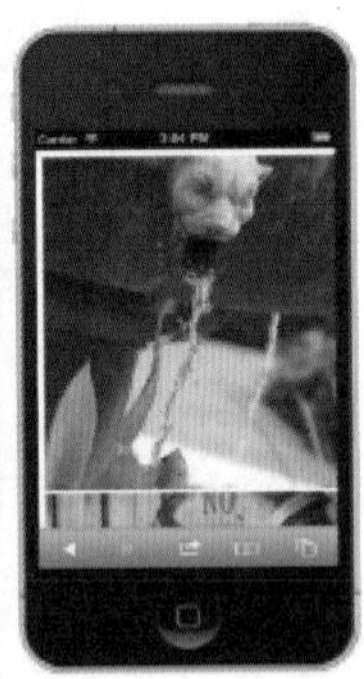

图 13-43　固定宽高后图片的宽高不能自适应屏幕变化

图像伸缩技术可以解决这一问题。所谓“图像伸缩”，通俗来讲，就是元素在可用的空间内自由缩放。注意：可用空间由元素父级或者 body 来控制。要实现图像在可用空间中自由伸缩，其中一种方式就是使用一些相关的属性，比如 min-width/min/height 以及 max-width/max-height 属性。在本小节将介绍 min-width/min/height 属性的使用，下一小节将介绍 max-width/max-height 属性的用法。

min-width/min-height 属性用于对元素的宽度或高度设置一个最小的限制，元素可以比 min-width/min-height 属性指定值宽或高，但不能比其窄。这两个属性的取值情况如表 13-9 所示。

表 13-9 min-width/min-height 属性取值

取值	描述
length	定义元素的最小宽、高，单位为 px，不能为负值
%	定义元素的最小宽、高，相对于其父级元素的宽、高来取值，不能为负值
inherit	继承父级元素的最小宽高值

min-width/min-height 属性使用示例代码如下：

```
.wrap {
    min-width: 980px;
    margin: 0 auto;
    height: 80px;
    background: blue;
}
<div class="wrap"></div>
```

上述 CSS 代码给一个 <div> 标签设置了最小宽度，当页面尺寸小于 980px 时，会出现横向滚动条；当页面尺寸大于 980px 时，元素将整屏显示。

注意：IE6 不支持 min-width/min-height。

13.5.2 最大宽度 / 最大高度

max-width/max-height 属性用于对元素的宽度或高度设置一个最大的限制，元素可以比 max-width/max-height 属性指定值小，但不能比其大。这两个属性的取值情况如表 13-10 所示。

表 13-10 max-width/max-height 属性取值

取值	描述
none	默认值，对元素的最大宽度没有限制
length	定义元素的最大宽、高，单位为 px，不能为负值
%	定义元素的最大宽、高，相对于其父级元素的宽、高来取值，不能为负值
inherit	继承父级元素的最小宽高值

max-width/max-height 属性使用示例代码如下：

```
.wrap {
    max-width: 980px;
    margin: 0 auto;
    height: 80px;
    background: blue;
}
<div class="wrap"></div>
```

上述 CSS 代码给一个 <div> 标签设置了最大宽度，当页面尺寸大于 980px 时，元素会显示为 980px；当页面尺寸小于 500px 时，元素会撑满整屏，并随着父级尺寸伸缩。

注意：IE6 不支持 max-width/max-height。

13.5.3 text-overflow 文本溢出

text-overflow 属性是 CSS3 的一个属性，它规定了当文本溢出父级元素时采取的处理方式。该属性可取两种值，描述如表 13-11 所示。

表 13-11　text-overflow 属性取值

取值	描述
clip	文本溢出时，剪切文本（默认值）
ellipsis	剪切的文本用省略号来代替

从上表中可以看到，text-overflow 属性的默认值为 clip，即文本溢出时应该把溢出文本剪切掉。但经测试，我们却发现，当文本超出父级元素时，溢出文本并没有被剪切，而是换行显示了，如图 13-44 所示。

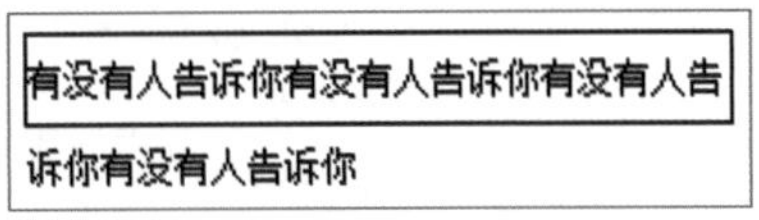

有没有人告诉你有没有人告诉你有没有人告诉你有没有人告诉你

图 13-44　纯粹使用 text-overflow 属性不能剪切溢出文本

其实，图 13-44 之所以不能剪切溢出文本，原因是 text-overflow 属性没有和 overflow:hidden 配合使用，只有两者配合才能发挥 text-overflow 的作用。如果想要实现用省略号代替修剪的文本，还必须配合 white-space:nowrap 一起使用。

text-overflow 属性和 overflow 属性配合使用示例代码如下：

```
p {
    width: 300px;
    height: 30px;
    line-height: 30px;
    overflow: hidden;
    white-space: nowrap;
    border: 1px solid #000;
    text-overflow: ellipsis;
}
<p> 有没人告诉你有没人告诉你有没人告诉你有没人告诉你有没人告诉你有没人告诉你有没人告诉你 </p>
```

上述代码在 Chrome 中的运行结果如图 13-45 所示。

注意： 使用 text-overflow 有一个局限性，那就是文本只能一行显示，如果想要实现多行文字后出现省略号，需要使用 JS 脚本代码来实现。

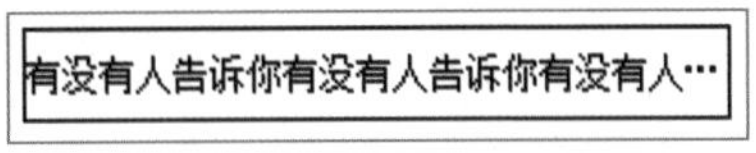

有没有人告诉你有没有人告诉你有没有人…

图 13-45　溢出文本使用省略号表示

练习题　请从配套资源中获取本章节设计图 PSD 源文件（扫描封底二维码即可下载），独立制作完成该静态项目。